工程总承包计价丛书

建设项目工程总承包计价规范应用指南

JIANSHE XIANGMU GONGCHENG ZONGCHENGBAO JIJIA GUIFAN YINGYONG ZHINAN

谢洪学　袁春林　主编

中国计划出版社

·北　京·

图书在版编目（CIP）数据

建设项目工程总承包计价规范应用指南 / 谢洪学，
袁春林主编. -- 北京 : 中国计划出版社，2024.6
（工程总承包计价丛书）
ISBN 978-7-5182-1595-9

Ⅰ. ①建… Ⅱ. ①谢… ②袁… Ⅲ. ①建筑工程－计
量－指南②建筑造价管理－指南 Ⅳ. ①TU723.3-62

中国国家版本馆CIP数据核字(2024)第021127号

责任编辑：刘　原　陈　杰　李晴文　常欣悦　　封面设计：韩可斌

中国计划出版社出版发行
网址：www.jhpress.com
地址：北京市西城区木樨地北里甲 11 号国宏大厦 C 座 4 层
邮政编码：100038　电话：（010）63906433（发行部）
北京天宇星印刷厂印刷

787mm×1092mm　1/16　14.25 印张　311 千字
2024 年 6 月第 1 版　2024 年 6 月第 1 次印刷

定价：86.00 元

编审人员名单

审 稿 人： 杨丽坤　王中和　谭　华　舒　宇　弋　理
　　　　　　陶学明　李开恕

主　　编： 谢洪学　袁春林

资料查询： 辜　琴　张　琴

序

进入新时代，我国建筑业正在从量的扩张向质的提升转变。工程总承包、全过程咨询将全面推动建筑业的转型升级。中国建设工程造价管理协会以团标发布的《建设项目工程总承包计价规范》以及房屋工程、市政工程、城市轨道交通工程总承包计量规范四本标准（以下简称《计价计量规范》），坚持问题导向的原则，总结借鉴国内外的先进做法，较好地处理当前工程总承包各方关注的问题。提出了具有前瞻性、可操作性的思路和方法，解决了工程总承包计价计量规则缺位的问题，填补了我国工程总承包计价计量规则的空白，有助于规范工程总承包计价活动。这是我国继 21 世纪初实行工程量清单计价改革以来，现行工程计价体系的又一次重大完善。适应了建设市场需求，标志着我国适应不同设计深度、不同发承包方式、不同管理需求的工程计价体系已经建立，必将更好地促进工程总承包的健康、可持续、高质量发展。

为引导《计价计量规范》的正确实施，参加规范编制的专家们编写了《建设项目工程总承包计价计量规范应用指南》。该应用指南从编制思路、条文解读、要点分析、案例应用四个维度，以《计价计量规范》的内容为主线，以帮助工程实践中的应用为目标，既有条文的内在逻辑分析，也有不同项目的案例应用，为工程总承包的各方提供了清晰的具有可操作性的计价指引。

2023 年 12 月 30 日

建立工程总承包计价计量规则，推动工程总承包高质量发展

杨丽坤

一、规范的编制背景

1. 工程总承包在我国的发展历程

工程总承包模式起源于 20 世纪 60 年代，其最早为设计—建造（Design—Build，DB）模式，在美国最早采用 DB 模式实施的公共项目是 1968 年的一个学校建筑。20 世纪 80 年代初，在美国首次出现了设计—采购—施工（EPC）模式，1985 年，美国建筑师协会（AIA）编印 DB 合同条件。1999 年，FIDIC（国际咨询工程师联合会）编印了 EPC 合同条件，促进了 EPC 的推广应用。工程总承包已成为国际工程占主导地位的工程建设组织模式。

施工总承包在我国基本建设工程中一直占据主导地位，工程总承包作为国际工程承包中被普遍采用的模式在 20 世纪 80 年代初开始被我国试点采用，经过 40 余年的发展，石油、化工、有色金属等专业工程项目的工程总承包取得了丰硕成果。在房屋建筑和市政基础设施项目上，工程总承包作为新型的工程建设组织实施方式，近年来被大力推广。

（1）起步试点阶段（1982—1991 年）。

1982 年 6 月化工部印发了《关于改革现行基本建设管理体制，试行以设计为主体的工程总承包制的意见》，“决定进行以设计为主体的工程总承包管理体制的试点”，开启了工程总承包模式的探索之路。

1984 年 9 月《国务院关于改革建筑业和基本建设管理体制若干问题的暂行规定》（国发〔1984〕123 号）要求建立工程承包公司，接受建设单位的委托或投标中标的项目建设的可行性研究、勘察设计、设备选购、材料订货、工程施工、生产准备直到竣工投产实行全过程的总承包。

1984 年 11 月国家计委、城乡建设环境保护部印发《工程承包公司暂行办法》（计设〔1984〕2301 号）；1987 年 4 月国家计委、财政部、中国人民建设银行、国家物资局印发《关于设计单位进行工程建设总承包试点有关问题的通知》（计设〔1987〕619 号），选定了 12 家试点单位；1989 年国家计委、财政部、中国人民建设银行、国家物资局、建设部印发《关于扩大设计单位进行工程总承包试点及有关问题的补充通知》（〔89〕建设字第 122 号），试点单位扩大到 31 家。

（2）实行资质阶段（1992—1998 年）。

经过 10 年的试点经验总结，1992 年 4 月建设部印发《工程总承包企业资质管理暂

行规定》（建施字第189号），1992年11月建设部印发《设计单位进行工程总承包资格管理的有关规定》（建设〔1992〕805号），对建设项目工程总承包资质管理作出了规定。先后有560余家设计单位取得甲级工程总承包资格证书，2 000余家设计单位取得乙级工程总承包资格证书。

（3）规范推广阶段（1999—2016年）。

1999年8月，建设部印发《关于推进大型工程设计单位创建国际型工程公司的指导意见》（建设〔1999〕218号）。

2003年建设部印发《关于培育发展工程总承包和工程项目管理企业的指导意见》（建市〔2003〕30号），首次明确了工程总承包的不同模式及其定义和内涵。

2005年《建设项目工程总承包管理规范》GB/T 50358—2005发布。

2014年住房城乡建设部印发《关于推进建筑业发展和改革的若干意见》（建市〔2014〕92号），提出“加大工程总承包推动力度”。

2015年6月交通运输部印发《公路工程设计施工总承包管理办法》（交通运输部令2015年第10号），2016年5月住房城乡建设部印发《关于进一步推进工程总承包发展的若干意见》（建市〔2016〕93号）。

（4）大力推行阶段（2017年至今）。

2017年2月国务院办公厅印发《关于促进建筑业持续健康发展的意见》（国办发〔2017〕19号），提出完善工程建设组织模式，其措施之一就是加快推行工程总承包，并要求政府投资工程应完善建设管理模式，带头推行工程总承包。

2019年12月住房城乡建设部、国家发展改革委印发《房屋建筑和市政基础设施项目工程总承包管理办法》（建市规〔2019〕12号）。

2. 国家相关法律规定

1981年颁布的《中华人民共和国经济合同法》第十八条规定：“建设工程承包合同，包括勘察、设计、建筑、安装，可以由一个总包单位与建设单位签订总包合同。”1999年10月，《中华人民共和国合同法》取代《中华人民共和国经济合同法》，保留了上述内容。

《中华人民共和国民法典》（以下简称《民法典》）合同编第七百八十八条第二款规定：“建设工程合同包括工程勘察、设计、施工合同”，第七百九十一条规定：“发包人可以与总承包人订立建设工程合同，也可以分别与勘察人、设计人、施工人订立勘察、设计、施工承包合同。”

《中华人民共和国建筑法》（以下简称《建筑法》）第二十四条规定：“提倡对建筑工程实行总承包，禁止将建筑工程肢解发包。建筑工程的发包单位可以将建筑工程的勘察、设计、施工、设备采购一并发包给一个工程总承包单位，也可以将建筑工程勘察、设计、施工、设备采购的一项或者多项发包给一个工程总承包单位；但是，不得将应当由一个承包单位完成的建筑工程肢解成若干部分发包给几个承包单位。”

上述法律解决了工程总承包的合同适用问题。

3. 工程总承包合同范本的制定

在推行工程总承包中，国家发展改革委、住房城乡建设部等管理部门在工程总承包合同制定方面作了大量工作。

2011 年 9 月，住房城乡建设部、国家工商总局印发了《建设项目工程总承包合同（示范文本）》GF-2011-0216。

2011 年 12 月，国家发展改革委等九部委发布的《中华人民共和国标准设计施工总承包招标文件》（2012 年版）中附有通用合同条款。

2020 年 11 月，住房城乡建设部、国家市场监督管理总局印发了《建设项目工程总承包合同（示范文本）》GF-2020-0216。

但从 40 多年的实践来看，各种政策性的详细规定仍然是施工发承包占据主导地位，工程计价规则还是建立在施工图发承包基础上，导致用施工总承包思维推行工程总承包，没有达到预期效果。

4. 工程总承包计价计量规则的研制

为推行工程总承包，完善有关计价办法，住房城乡建设部颁布了《建设工程工程量清单计价规范》GB 50500—2013（以下简称“2013 清单计价规范”）；2014 年住房城乡建设部印发《关于进一步推进工程造价管理改革的指导意见》（建标〔2014〕142 号），提出“完善工程项目划分，建立多层级工程量清单，……满足不同设计深度、不同复杂程度、不同承包方式及不同管理需求下工程计价的需要。”

2015 年、2016 年住房城乡建设部标准定额司先后组织中国建筑西南设计院、西华大学、四川省造价工程师协会完成了“多层级清单编制研究”以及“适应工程总承包计价规则研究”两个课题，为编制工程总承包计价计量规范提供了技术支撑。

2017 年 1 月，住房城乡建设部办公厅《关于印发 2017 年工程造价计价依据编制和管理工作计划的通知》（建办标函〔2017〕24 号），下达了由四川省造价协会负责编制《工程总承包计价计量规范》的计划。同年 3 月正式启动了编制工作。

2017 年 9 月，住房城乡建设部印发《关于加强和改善工程造价监管的意见》（建标〔2017〕209 号），第二条中提出：“加快编制工程总承包计价规范，规范工程总承包计量和计价活动”。

编制组加强调查研究，既学习借鉴外国好的做法，更注重国内经验的总结。经过一年半的努力，2018 年 12 月住房城乡建设部标准定额司在住房城乡建设部网站上对《房屋建筑和市政基础设施项目工程总承包计价计量规范》（征求意见稿）进行了公示，编制组对收集的 729 条建议进行了认真梳理，进一步修改完善了征求意见稿，于 2019 年 7 月完成了送审稿。

2018 年 3 月，住房城乡建设部办公厅印发《可转化成团体标准的现行工程建设推荐性标准目录（2018 年版）》（建办标函〔2018〕168 号），共有 171 个推荐性国家标准和 181 个推荐性行业标准，其中包括 3 个工程造价标准《建筑工程建筑面积计算规范》GB/T 50353—2013、《建设工程计价设备材料划分标准》GB/T 50531—2009、《建设工程人工材料设备机械数据标准》GB/T 50851—2013。

2018 年 12 月，住房城乡建设部标准定额司印发《国际化工程建设规范标准体系表》（建标标函〔2018〕261 号，以下简称《体系表》）。《体系表》由工程建设规范、术语标准、方法类和引领性标准项目三部分组成。工程建设规范部分为全文强制的国家工程建设规范项目；有关行业和地方工程建设规范，可在国家工程建设规范基础上补充、细化、提高。术语标准部分为推荐性国家标准项目；有关行业、地方和团体标准，可在推荐性国家标准基础上补充、完善。方法类和引领性标准部分为自愿采用的团体标准项目。现行国家标准和行业标准的推荐性内容，可转化为团体标准，或根据产业发展需要将现行国家标准转为行业标准，今后发布的推荐性国家标准和住房城乡建设部推荐性行业标准可适时转化。其中就包括“2013 清单计价规范”和《房屋建筑与装饰工程工程量计算规范》GB 50854—2013 等 10 个专业工程的计量规范以及《建设工程造价咨询规范》GB/T 51095—2015、《建设工程造价鉴定规范》GB/T 51262—2017、《建设工程造价指标指数分类与测算标准》GB/T 51290—2018 等现行的国家工程造价标准和行业标准。

由于工程建设标准化工作改革的推进，不少工程造价的国际标准将转化为团体标准，故《房屋建筑和市政基础设施项目工程总承包计价计量规范》未予审查颁发。

5. 总承包计价计量规范的编制发布

工程总承包缺少计价计量规则的问题越来越被人们所重视，为贯彻落实《国务院办公厅关于促进建筑业持续健康发展的意见》（国办发〔2017〕19 号），加快推行工程总承包，不少专业人员建议在国家标准还不能出台的情况下，由中国建设工程造价管理协会（以下简称中价协）组织编制工程总承包的团体标准供社会采用，拾遗补缺，待成熟后再转化为国家标准。

正是在这一背景下，《计价计量规范》的编制填补了这一空白。其将与“2013 清单计价规范”一起，为发承包双方了解、选择不同发承包模式下的计价规则提供指引。这一工作是对现行工程计价体系的一次重大改革和完善，是适应建设市场需求、改进工程建设组织方式，以及工程造价管理机制改革的重大举措。

二、规范的编制过程

1. 项目的立项

2021 年 7 月，中价协在“全国团体标准信息平台”网站上发布了“中国建设工程造价管理协会关于《建设工程总承包计价规范》等 7 项团体标准立项的公告”。其后，中价协委托四川省造价工程师协会、中国建筑西南设计研究院等有关单位承担了《计价计量规范》的编制任务。

2. 项目的启动

主编单位接受编制规范的工作任务后，立即按照工程建设标准编制规定的要求组建编制组，并开始编制方案的起草工作。

2021年10月18日，中价协在四川成都召开了《计价计量规范》编制工作启动会议，共有45位来自部分省财政评审机构、造价总站、造价协会、建设单位、设计院、施工企业、造价咨询企业、律师事务所的编制组代表参加了会议。会议强调，《计价计量规范》的编制目的是以高标准引领国内建设项目工程总承包业务的高质量发展，有力促进工程造价咨询行业的创新、提升与进步，要求编制组在编制过程中严格遵守团体标准的相关规定及程序，相互协调、相互配合、互为补充。

会议讨论了《计价计量规范》编制方案（初稿)，并提出了需进一步改进和完善的意见与建议。

3. 初稿及征求意见稿的形成

编制组根据编制方案开始《计价计量规范》初稿的正式编写工作。在编写过程中，编制组以多种形式召开专题研讨会，以解决各种技术问题。《建设项目工程总承包计价规范》T/CCEAS 001—2022（以下简称《计价规范》）编制组于2021年11月27日在编制组微信工作群就市场价格波动调整、里程碑时间节点以及当发包人未按照约定支付进度款时，承包人是否继续施工等问题进行了讨论。《房屋工程总承包工程量计算规范》T/CCEAS 002—2022、《市政工程总承包工程量计算规范》T/CCEAS 003—2022、《城市轨道交通工程总承包工程量计算规范》004—2022（以下简称《计量规范》）编制组于2021年11月29日在编制组微信工作群就项目编码、措施项目等问题进行了讨论。初稿形成后，主编单位在编制组内征求意见，对收到的22个单位及个人提出的229条修改意见进行了梳理，并逐条给出了处理意见，汇总形成了“修改意见表”，修改《计价计量规范》初稿后发至编制组微信工作群。编制组于2021年12月2日通过网络会议的形式召开了编制组内部初稿讨论会。会议期间，主编单位围绕“修改意见表”及处理意见作了详细汇报；同时，参会专家对初稿的各章节和各条目问题进行了认真讨论和交流梳理。会后，主编单位经进一步完善与修改，于2021年12月19日正式形成征求意见稿。

4. 征求意见阶段

2022年1月10日—2月28日，中价协通过其官网面向全国征求对4个规范征求意见稿的建议和意见，并面向有关单位和专家定向征求了意见。截止到2022年2月28日，《计价规范》共收到建议和意见414条，其中对条文的建议393条，《计量规范》共收到建议和意见92条。

此后，《计价规范》编制组对反馈建议进行了逐条研究，形成《建设工程总承包计价规范》（征求意见稿）修改建议处理汇总表。《计量规范》编制组对修改建议进行了梳理，并于2022年3月18日在成都召开了征求意见稿修订会议，逐条进行了讨论和修订。

5. 送审稿的形成

《计价规范》编制组根据专家反馈意见对征求意见稿进行了修订与完善，对部分内容进行了文字方面的推敲与修订，于2022年3月29日形成送审稿并报中价协。中价协标准学术部、王中和秘书长分别于2022年4月29日、5月24日向编制组反馈“专家建议汇总”，编制组对专家建议进行研讨后，对送审稿进行了局部修改和调整，于2022年6月10日形成最终送审稿报中价协。

在成都会议后，《计量规范》编制组根据会议精神，对该规范内容表述的一致性按照工程建设标准编写的有关规定进行了全面系统的修改与完善。对部分内容又进行了最后文字方面的推敲与修订，并于2022年3月29日形成送审稿并报中价协。

6. 报批稿的形成

中价协于2022年6月24日召开《建设项目工程总承包计价规范（送审稿）》审查会。受国内疫情影响，审查会采用了线上、线下相结合的形式，其中部分专家参加了设在四川成都的线下会议。审查会成立了以胡传海为组长的7人专家审查组。审查组通过逐条审查，一致通过了该规范，并对进一步完善该规范提出了修改意见。会后，编制组对审查意见逐条分析，并分别于2022年7月7日、7月13日在编制组微信工作群进行讨论研究后，对部分内容进行了修订。其中按照审查意见，将规范名称修改为“建设项目工程总承包计价规范”，通用术语定义内容减少9条；实质性条文修改共计26条，仅对条文部分文字修改共计36条。最终于2022年7月27日形成报批稿。

中价协于2022年6月28日、29日分别召开《房屋建筑工程总承包工程量计算规范（送审稿）》《市政工程总承包工程量计算规范（送审稿）》《城市轨道交通工程总承包工程量计算规范（送审稿）》审查会。受国内疫情影响，审查会采用了线上、线下相结合的形式，其中部分专家参加了设在四川成都的线下会议。3个审查组通过逐条审查，一致通过了3本规范，并对进一步完善3本规范提出了修改意见。会后，编制组对审查意见逐条分析，并于2022年7月11日在编制组微信工作群进行意见征集，最终于8月3日形成3个规范的报批稿。

三、编制规范的原则和依据

我国的工程计价计量体系主要是建立在施工图基础上的，因此在建设项目采用工程总承包时，没有与之相适应的计价、计量规则，导致实践中往往运用现行的施工发承包工程计价体系，采用“模拟清单”“费率下浮”的方式进行招标发包。这种方式不符合工程总承包的客观规律，导致合同约定总价形同虚设，出现如下后果：一是“模拟清单”或“费率下浮”，结算时只能再按承包人设计的施工图重新算量计价，为承包人过度设计打开方便之门，本应由承包人承担的风险转由发包人承担，造成不少项目的工程结算远超签约合同价，不少政府投资项目投资失控、严重超概。又倒退回“事前不算账，事后算总账”的老路，加重了政府财政压力。二是承包人按照工程总承包的正常做法，通过优化施工设计、优化施工组织、优化施工措施等降低成本的方式，但结算时也只能按施工图重新算量计价，造成了承包人的一切优化随风吹，违背合同的诚信原则，严重挫伤了承包人的积极性。这种总承包计价方式背离了工程总承包的目标，与推行工程总承包的初衷背道而驰，制约了工程总承包的顺利推行。

开展工程总承包的40余年，我们仍然有不少问题没有得到真正解决，需要我们面对问题，直面痛点、勤于思考、勇于实践，持续提升适用于工程总承包的管理能力，推动我国工程总承包的健康、可持续发展。

1. 编制规范的意义

（1）是推行工程总承包的必然要求。在社会主义市场经济条件下，工程价款的结算与支付均应当通过发承包双方的工程合同约束，这就需要合理界定工程总承包计价的范围，价款约定、价款的调整与索赔、价款的结算与支付等，以规范发承包双方签约和履约行为，因此出台计价规范是改变当前工程总承包计价缺乏依据的迫切要求。

（2）是投资评审和审计的客观需要。政府投资项目由政府投资主管部门进行投资评审，审计部门进行审计监督是必备程序，由于没有适应工程总承包计价程序、计价规则等方面的规定，财政评审、工程审计只好仍沿用施工图发承包的规定，有的地方明文规定工程总承包采用总价合同，但又规定结算按施工图预算评审办理，导致合同约定前后矛盾，从而增加合同纠纷。因此，出台总承包计价规范是确保投资评审、工程审计有据可依的客观需要。

（3）是规范建设市场行为的重要前提。工程计价运行机制是推行工程总承包最重要的组成部分，但受传统施工承包模式计价的影响以及在强调市场决定价格时，忽视计价规则方面的引导，导致长期以来适应工程总承包的计价规则缺失，为避免出现“穿着工程总承包的新鞋，走着施工总承包的老路”的现象，出台工程总承包计价规范是规范市场行为的重要前提。

2. 编制原则

（1）问题导向原则。当前，推行工程总承包存在种种问题。《计价计量规范》本着问题导向的原则，全面系统梳理了工程总承包计价活动中存在的问题，并加以认真分析研究，以此为基础编写《计价计量规范》，才能“知不足而后进”“防患于未然”，认真地解决问题，使工程总承包计价活动有章可依、有规可循。

（2）遵循规律原则。规律是不以人的意志为转移的客观存在的规则。“天不言而四时行，地不语而万物生”。建设项目工程总承包作为工程建设组织模式的一种，也必须在遵循客观规律的基础上进行。《计价计量规范》遵循这一基本原则，在费用项目组成、工程价款结算与支付、工程计价风险的分摊等方面，体现工程总承包计价的内在逻辑。

（3）权责对等原则。权责对等原则指权利应当具有与责任相应的准则，即责任和权利应当相等，相互匹配，且应当统一、不能分开。在社会主义市场经济条件下，发包人与承包人之间的交易价格应做到公平。因此，《计价计量规范》根据工程总承包的特点，按照权责对等的原则，对于发承包双方在工程总承包计价中各自应承担的风险作了合理划分。

（4）博采众长原则。博采众长意指广泛采取各方面的优点、长处。《计价计量规范》在编制中认真总结了我国不同专业工程总承包的经验教训，参照了不同的工程总承包合同范本，同时借鉴了国际上特别是 FIDIC 合同条件有关工程总承包的做法，结合我国工程总承包的特点、实际设置条文，力争为工程总承包做好引导。

（5）简明适用原则。简明适用一直是我国工程定额编制的基本原则，即大道至简的体现，主要指一是简单明了，二是适用性强。《计价计量规范》借鉴这一原则，简明是指《计价计量规范》的条文应当简单明确，即将复杂问题简单化。适用是指《计价计量规范》的条文具有可操作性，按照有关部门对工程建设设计深度的规定设置项目，便于各方理解使用。

（6）守法从约原则。守法即遵守法律规定，是民法典对民事主体从事民事活动的基本要求，《计价计量规范》对条文做到依法设置。例如，有关招标投标和合同价款约定的设置，遵循《民法典》《中华人民共和国招标投标法》（以下简称《招标投标法》）的相关规定；有关工程结算的设置，遵循《民法典》《建筑法》以及相关司法解释相关规定。

从约即遵从合同约定，建设工程计价活动是发承包双方在法律框架下签约、履约的活动。因此，遵从合同约定，履行合同义务是双方的应尽之责。《计价计量规范》在条文上坚持“按合同约定”的引导，但在合同约定不明或没有约定的情况下，或发承包双方发生争议且不能协商一致时，规范就会在处理争议方面发挥积极作用。

3. 规范的编制依据

（1）《民法典》总则编和合同编、《建筑法》《招标投标法》《政府投资条例》等相关法律法规。

（2）《国务院办公厅关于促进建筑业持续健康发展的意见》（国办发〔2017〕19 号）。

（3）国家标准化管理委员会、民政部印发的《团体标准管理规定》（国标委联〔2019〕1 号）。

（4）住房城乡建设部、国家发展改革委印发的《房屋建筑和市政基础设施项目工程总承包管理办法》（建市规〔2019〕12 号）。

（5）国家发展改革委等九部委印发的《标准设计施工总承包招标文件》（发改法规〔2011〕3018 号）。

（6）住房城乡建设部、国家市场监管总局发布的《建设项目工程总承包合同（示范文本）》GF-2020-0216。

（7）财政部印发的《基本建设项目建设成本管理规定》（财建〔2016〕504 号）。

（8）住房城乡建设部以及有关工程管理部门发布的专业工程投资估算、设计概算编制办法中的建设项目投资费用构成。

（9）2018 年《房屋建筑和市政基础设施项目工程总承包计价计量规范》（征求意见稿）。

（10）《建筑工程设计文件编制深度规定（2016 版）》（建质函〔2016〕247 号），《市政公用工程设计文件编制深度规定（2013 版）》（建质〔2013〕57 号），《城市轨道交通工程设计文件编制深度规定》（建质〔2013〕160号）。

（11）工程建设标准编制指南。同时借鉴 FIDIC《生产设备和设计——施工合同条件》《设计采购施工（EPC）/交钥匙工程合同条件》（2017版）。

四、规范解决的主要问题

1.《计价规范》

（1）明确了工程总承包应当采用的计价规则。本规范正本清源，全面、系统、详尽地对工程总承包的计价作了引导式的规范，与适用于施工总承包的“2013清单计价规范”区分开了。

（2）重新定义了工程计价应当遵循的原则。本规范依据《民法典》的规定，将工程计价应当遵循的原则定义为平等、自愿、公平、诚信、守法、绿色。首次明确了处理计价争议的原则。

（3）定义了工程总承包计价需要的术语。根据总承包计价的需要制定了工程总承包、工程费用、里程碑等术语，修改了工程变更、税金等术语的内涵，与施工总承包下的工程变更从内涵上予以区分，与营业税下的税金作了区分。

（4）明确了工程总承包不同模式及其在不同发包阶段的适用条件。不同的工程总承包模式下的计价存在明显区分，有其各自的适用条件，本规范对此作了明确界定，避免对EPC的滥用。可行性研究、方案设计或初步设计下的工程总承包内容是不同的，本规范对此作了界定，为选择工程总承包模式作了引导。

（5）明确了工程总承包的费用项目组成。改变了目前工程总承包一般仅包括设计费和建安工程费的认知，根据可行性研究及方案设计或初步设计阶段下建设项目总投资项目费用组成，提出了工程总承包的费用组成，可以根据发承包范围予以增减，同时，在用词上与其保持了一致，如不使用暂列金额而采用预备费，作了无缝衔接。

（6）明确了“发包人要求”是采用工程总承包模式的前提。“发包人要求”在工程总承包中具有不可替代的重要地位，本规范为此在多个条文中均有涉及该文件的规定。

（7）明确了工程总承包投资控制的基础。本规范将工程总承包投资控制的目标前移至投资估算或设计概算，避免工程总承包仍按施工图预算评审控制投资的不恰当做法，使工程总承包的投资控制目标与其发承包范围一致，便于实现。

（8）界定了不同工程总承包模式下勘察、设计的范围。根据《岩土工程勘察规范》GB 50021—2001和各专业工程设计文件编制深度的规定和要求，对不同工程总承包模式、不同工程发承包阶段下发承包人负责勘察、设计的范围作了指引。

（9）厘清了工程总承包适用的合同方式。本规范明确了工程总承包宜采用总价合同，同时又规定总价合同条件下，对施工条件易变的项目可采用工程量×单价的方式。

（10）明确了“营改增”后工程总承包合同中的税金处理方式。本规范通过“营改增”后工程计价实践的调查研究，根据税法，对税金作了明确定义，即进入工程造价的是应纳增值税，而非销项税。提出了税金在工程总承包合同约定中的两种处理方法，即税金计入价格清单或税金单列。

（11）明确了工程总承包的材料、设备由承包人采购。本规范明确工程总承包由承包人负责材料、设备采购，并在条文说明中指出甲供材料设备在工程总承包中的弊端，首次在计价规范中明确材料、设备需加工定制的处理方式，以及工程实施过程中更换材料、设备的责任归属。

（12）明确了工程总承包计价风险的分担。本规范根据 EPC 和 DB 的不同，明确了不同工程总承包模式下发承包双方合理分担各自的风险和责任。

（13）明确了项目清单和价格清单的编制和作用。根据工程总承包的逻辑，明确项目清单、价格清单的数量及其价格仅作为变更和支付的参考，并对项目清单、价格清单的形成与使用作了规定，与“2013 清单计价规范”的工程量清单和已标价工程清单区分开了。

（14）明确了工程总承包发包阶段的标底或最高投标限价的选择、形成和评标。本规范优先推荐工程总承包发包时采用标底作为投资控制的限额，并规定了评标定价的注意事项。明确标底或最高投标限价直接采用与发承包阶段相对应的投资估算或设计概算中与发承包范围一致的估算、概算金额作为标底或最高投标限价，而无须另外重新编制。

（15）明确了工程总承包的计量。本规范按照工程总承包的规律，明确规定工程总承包采用总价合同除工程变更外，工程量不予调整。同时，对施工条件变化无法把握的个别项目可以单独立项，按照实际工程量和单价进行结算。

（16）明确了预备费在可调和固定总价合同中的用途。本规范根据可调总价合同和固定总价合同的不同，明确规定预备费在固定总价合同中应作为风险包干费用不予调整。

（17）明确了承包人在合同约定范围内设计收益的归属。本规范针对工程总承包中承包人优化设计、深化设计以及进行设计优化形成利益或增加的费用调整容易产生的争议，根据工程总承包的内在逻辑进行了界定。

（18）明确了联合体承包范围内的设计变更由承包人负责。工程总承包由设计单位和施工企业组成联合体承包的，应确定牵头单位，设计单位对合同约定范围内的设计进行变更的，应由承包人（联合体）负责。

（19）明确了合同价款调整的事项和方法。工程总承包合同虽然是总价合同，除发承包双方将其签订为固定总价合同外，引起合同约定条件变化的因素出现时，仍可调解合同价款，本规范在第 6 章作了规定。本规范采用国际通行做法，根据《标准设计施工总承包招标文件》（2012 版）中的通用合同条款和《建设项目工程总承包合同示范文本》的相关条文，提出采用适应工程总承包的指数法调整价差。

（20）明确了工程总进度计划与里程碑节点的划分。本规范根据工程总承包的特点，明确了工程总进度计划与里程碑节点的划分，作为控制工程进度和工程款支付分解的依据。

（21）明确了工程总承包合同价款期中结算与支付。本规范适应工程总承包的合同价款结算与支付的需要，提出采用合同价款支付分解表，按照承包人实际完成工程进度计划的里程碑节点进行结算与支付。

（22）明确了工程总承包竣工结算与支付。本规范按照相关文件规定，明确合同工程实施过程中，已经办理并确认的期中结算价款应直接进入竣工结算。

（23）明确了工程总承包的工期管理。工期与工程价款的确定密切相关，本规范根据工程总承包的需要，首次将工期列入了计价规范，以便于发承包双方对工期的重视。

（24）明确了工程总承包合同解除后的计价与支付。本规范根据工程总承包合同解除的不同原因（协议解除、违约后解除、因不可抗力解除），明确了其计价范围的结算与支付。

（25）明确了调解在工程总承包合同价款与工期争议中的作用。本规范根据中共中央关于建立多元化纠纷调解机制的要求，在《计价规范》第 9 章中单列一节对调解及其程序作了规定。

2.《计量规范》

（1）解决工程总承包的计量问题。本规范结合工程总承包招标图纸深度特点制订了适用于工程总承包发包阶段方案设计或初步设计的不同设计深度的工程量计算规则，解决了工程总承包不同设计深度发包图纸与项目清单工程量计算规则之间的匹配性问题。

（2）解决项目编码科学设置的问题。科学设置适应于不同阶段的工程总承包和施工总承包的编码体系，以便计算机识别进行大数据处理，方便得出不同专业工程所需的计价数据。

（3）解决了工程造价数据采集问题。工程总承包编码体系根据工程造价数据规律对编码赋函，按照专业工程分类码、工程类型分类码、单位工程分类码、方案设计后分类码、扩大分部分类码、扩大分项分类码、自编码进行编码，形成了可粗可细、可收可放的工程造价编码体系，有利于工程造价分类分层次采集，有利于工程造价数据的归纳和应用。

（4）解决了不同阶段工程计价数据统一问题。根据投资估算、设计概算、标底或最高投标限价、合同价、工程结算编制结构、框架层次统一性问题，形成了贯穿建设项目全过程的数据体系，打通了建设项目全过程造价数据传递通道，有利于工程造价的全过程管理。

（5）解决工程总承包不同阶段发包设计深度工程量计算问题。工程总承包工程量计算规范根据工程总承包发承包阶段特点，以可行性研究、方案设计深度、初步设计深度为依据，形成可行性研究或方案设计后以单位工程为项目单元、初步设计后以扩大分项工程为项目单元的项目清单设置原则和项目清单工程量计算规则，从而解决了方案设计后、初步设计后发包工程工程量计算深度问题。

（6）解决了工程总承包计量规范使用便利性问题。工程总承包工程量计算规范各专业工程均包含了本专业建设项目工程建筑安装工程造价的全部内容，如房屋工程包括土建、装饰、给排水、强电、弱电智能化、暖通、室外总平、专项工程、外部配套等全部工程，在使用时可以在一本规范中找到全部适用项目，解决了工程总承包计量规范使用便利性问题。

（7）解决了工程总承包需求变化与工程造价的联动性问题。工程总承包项目清单以实体工程为对象，以全费用构成为综合单价构成，有利于实时反映分部分项工程造价变化，动态反映需求变更造价变化情况，有利于工程总承包项目设计优化。

（8）解决了机电安装工程初步设计深度工程量计算的适应性问题。工程总承包初步设计后发包时，由于机电安装工程初步设计设计深度原因，机电安装工程末端管线等相关内容在初步设计图纸中没有反映，本规范机电安装工程计算规则结合机电安装工程设计深度特点，以服务面积、服务容量、服务点位等关键指标进行计量，如空调系统项目清单按空调服务面积进行计量，变配电系统项目清单按变配电负荷进行计量，视频监控系统按末端点位进行计量等，从而解决了机电安装工程初步设计深度工程量计算的适应性问题。

3.《计价计量规范》与“2013 工程量清单计算规范”的主要区别

（1）适用范围不同。“2013 工程量清单计算规范”适用于完成施工图设计后发包的施工总承包项目，相应的项目编码规则、项目特征描述方式以及工程量计算规则都是在项目已经具备了施工图的基础上进行规定的。但是在我国的工程实践中，越来越多的项目并不是在施工图设计完成后才进入发承包阶段，尤其是《国务院办公厅关于促进建筑业持续健康发展的意见》（国办发〔2017〕19 号）提出“加快推行工程总承包”后，EPC 方式的普遍采用使得发承包时点大大提前于施工图阶段。因此，要求施工图设计完成后才能编制工程量清单的制度与现实的需求越来越脱节，即传统的“工程量清单”的定义及编制规则已经不能满足目前建设项目不同发承包时点的需要。正是基于这些现象，《计量规范》应运而生。《计量规范》适用于完成方案设计或初步设计发包的工程总承包项目，总包计量规范附录按适用于方案设计（可行性研究）后工程总承包项目和适用于初步设计后工程总承包项目两个层级进行编排，使得工程项目划分更加完善，建立多层级工程量清单，满足不同设计深度、不同复杂程度需求下工程计价的需要。

（2）清单子目的设置原则与结构不同。总包计量规范中的项目清单子目设置按两阶段分别与方案设计、初步设计深度相匹配，与“2013 工程量清单计算规范”的分部分项子目相比，包含的内容有所扩大，将需要承包人应完成的设计深化与设计深化带来的风险包含在相应项目清单子目中，由承包人承担。同时将承包人在不同设计深度下拥有的设计优化权力交还给承包人。

（3）清单编码方式不同。与“2013 工程量清单计算规范”的五级清单编码相比，总包计量规范中的项目清单编码分为七级。从下图中可知，相较于“2013 清单计价规范”，《计价计量规范》清单编码分为方案设计后项目清单编码和初步设计后项目清单编码，新增房屋类型分类码，并根据清单子目设计原则将自编码按设计阶段分为方案设计后自编码与初步设计后自编码。以房屋工程为例：

房屋类型分类码的增加，考虑了数据库进行项目数据归集的需要，在房屋工程、市政工程与城市轨道交通工程的一级专业编码下进一步细分了房屋类型并赋予两位数编码，便于不同建筑类型指标收集与统计。

在房屋分类的基础上，总包计量规范将项目清单编码按方案设计和初步设计两个阶段分层级逐级编码，使用时进行排列组合，便于分层级逐级收拢，同时与原有工程量清单的分部分项相衔接。

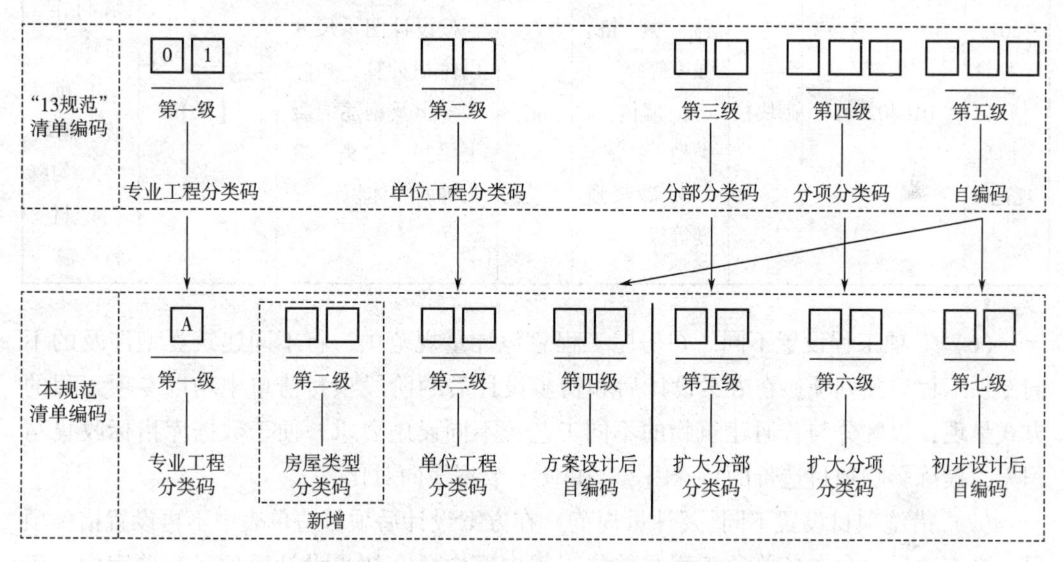

《计量规范》与“2013 工程量清单计算规范”清单编码方式对比图

（4）清单编码含义不同。《计量规范》清单编码每级编码均对应不同层级造价数据指标，一级~七级编码形成可收缩可展开的工程造价数据体系，有利于工程造价指标的收集和整理。

（5）项目清单表构成不同。《计量规范》中的项目清单表由项目编码、项目名称、计量单位、计量规则、工程内容 5 项构成。“2013 工程量清单计算规范”中的分部分项清单表由项目编码、项目名称、项目特征、计量单位、计量规格、工作内容 6 项构成。变化之一是：总包计量规范项目清单表中取消“项目特征”，对项目清单的工作要求通过“发包人要求”进行约束；变化之二是：将重点描述工作工序的“工作内容”转变为描述组成该项目清单应包括的“工程内容”，即明确综合单价所包含的所有工程内容，只考虑最终交付成果是否满足发包人要求，不考虑完成工作工序的工作内容，将设计深化与设计深化带来的风险分摊至承包人，也能在一定程度上促进承包人积极发展施工工艺与技术。

以砌筑工程为例进行对比见下表。

《计量规范》与“2013 工程量清单计算规范”项目清单表构成

计量规范	项目编码	项目名称	项目特征	计量单位	计量规则	工程内容	工作内容
《计量规范》	A××2×××0603	砌筑柱	【取消】	m^3	按设计图示尺寸以体积计算，过梁、圈梁、反边、构造柱等并入砌块砌体体积计算	【新增】包括砌体、钢筋等全部工程内容	【取消】
“2013 工程量清单计算规范”	010402002	砌块柱	1. 砌块品种、规格、强度等级 2. 墙体类型 3. 砂浆强度等级	m^3	按设计图示尺寸以体积计算，扣除混凝土及钢筋混凝土梁垫、梁头、板头等所占体积	【无】	1. 砂浆制作、运输 2. 砌砖、砌块 3. 勾缝 4. 材料运输

（6）专项工程设置不同。在房屋工程总包计量规范中，将不同建筑类型涉及的不同专项工程单独列项，在方案设计后和初步设计后两阶段项目清单中均以专项工程的方式呈现，以区分与普通建筑物的不同工艺、不同设施要求，便于数据库指标收集与积累，提炼影响项目造价的特殊因素，并便于数据横向对比。

（7）措施项目设置不同。《计量规范》在方案设计后项目清单表中不再设置措施项目，措施项目包含在各单项工程与单位工程内容中。在初步设计后项目清单表中，仅设置原工程量清单计量规范中的部分总价措施项和投标人需要单列的特殊措施项，其他单价措施项目均包含在相应的实体工程项目清单的工程内容中，不再单列。

（8）专业工程划分不同。《计量规范》包括《房屋工程总承包工程量计算规范》《市政工程总承包工程量计算规范》《城市轨道交通工程工程量计算规范》，均包括了每个专业工程中所涉及的全部专业工程内容，如房屋工程包括土建、装饰、给排水、强电、弱电智能化、暖通、室外总平、专项工程、外部配套等全部工程，保持了专业工程内容的完整性和合理性。

五、《计价计量规范》的特点和作用

1.《计价计量规范》的制定填补了空白

《计价计量规范》聚焦了工程总承包这一新模式，填补了无工程总承包计价标准的空白，对工程总承包计价具有指导作用。

2.《计价计量规范》的制定符合团体标准的编制原则

（1）开放原则。《计价计量规范》编制组成员涵盖了与工程总承包相关的政府投资及评审管理机构、工程造价管理机构、建设单位、设计院、施工企业、咨询企业以及律师事务所，代表性广泛，为《计价计量规范》的顺利编制奠定了基础。

（2）透明原则。《计价计量规范》立项在国标委网站面向全国公开征求意见，且征求意见稿面向全国公开征求意见。

（3）公平原则。《计价计量规范》主要是规范发承包双方的计价行为，条文设置体现了权责对等，风险合理分担。

3.《计价计量规范》的编制符合团体标准的要求

（1）符合《中华人民共和国标准化法》的规定。

（2）符合国标委、民政部《团体标准管理规定》（国标委联〔2019〕1号）的规定。

（3）编写格式符合住房和城乡建设部《工程建设标准编写规定》的规定。

4.《计价计量规范》的特点

（1）传承性。使用名词、阶段划分等与工程建设领域保持对接。

（2）创新性。不少内容均是针对工程总承包计价的首次规定。

（3）前瞻性。针对工程总承包存在的问题，提出了解决方案。

（4）可操作性。从前期发包到最终结清，工程计价各阶段的内容规定明确具体，方便使用。

（5）可选择性。有两种方式的均并列列出，供发承包双方选用。

5.《计价计量规范》与现行标准具有互补关系

《计价计量规范》与“2013清单计价规范”的关系是互补的。因“2013清单计价规范”所规范的范围是基于施工图设计的项目，适用于施工总承包。《计价计量规范》所规范的范围是建设项目工程总承包，适用于包括设计、采购、施工和设计、施工等阶段的工程总承包。

6. 需要说明的问题

（1）《计价计量规范》在今后的实施中，应注重资料的积累，以便下一步修订时，进一步完善。

（2）《计价计量规范》实施中，对于发包人要求还需进一步做好指引，以推动工程总承包的健康开展。

《计价计量规范》正本清源，是我国首部全面、系统、详尽地引导工程总承包计价的标准规范，与适用于施工总承包的“2013清单计价规范”的区分就像“雄鹰之两翅、铁道之双轨”，共同标志着我国适用于不同设计深度、不同管理需求、不同发承包模式的计价规则已经建立，对于规范工程总承包计价行为，促使工程总承包健康有序、可持续、高质量发展具有积极意义。

前　言

自2016年以来，建设项目工程总承包是各地采用较多的一种发包模式，也是工程建设领域的热门话题，但近两年却呈现断崖式下滑。不少政府投资项目面临工程结算严重超过合同总价，进而严重超概，陷入结算难办的尴尬境地。正如某地总结工程总承包试点所讲，“穿的是工程总承包的新鞋，走的是施工总承包的老路”。面临工程总承包长期缺少计价计量规则，不适应工程总承包发展的状况，2022年12月中价协发布了《建设项目工程总承包计价规范》T/CCEAS 001—2022以及房屋、市政、城市轨道工程三本计量规范，标志着我国首部全面、详尽、系统地引导工程总承包计价计量的规则终于经过近10年的论证、实践、打磨而出台。填补了我国工程总承包计价规则的空白，社会反响热烈。受到了财政评审、工程审计、建设管理等政府部门，建设、设计、施工、咨询单位等建设市场主体以及处理合同纠纷案件的人民法院、仲裁机构、律师事务所的广泛关注。随着中价协组织的规范宣贯，掀起了一波学习工程总承包计价规则的热潮，互联网上一些专业人士也纷纷对总承包计价规范进行解读。为帮助使用者在实践中精准把握规范，《计价计量规范》编制组部分人员经过大半年的努力，编写了本书，以期对工程总承包的推广有所助益。本书具有以下特点：

（1）传承性与创新性的统一。我国基本建设经过70多年来的实践，已经形成了一套行之有效的程序，从工程计价的角度来讲，按照工程建设不同阶段形成的技术文件，形成了以项目建议书、可行性研究报告、方案设计文件为支撑的投资估算，以初步设计文件为支撑的设计概算，以施工图设计文件为支撑的施工图预算，以竣工项目交付标准（竣工图）为支撑的竣工结算。传统的施工发承包模式的计价基础就是建立在施工图设计文件上。工程总承包由于设计施工一体化的高度融合，承包人将承接施工图设计甚至是初步设计，因此，《计价计量规范》将工程总承包的计价基础建立在投资估算或设计概算上就是必然选择。工程总承包与施工总承包各有其内在逻辑和应当遵循的客观规律，不能相互混淆。实践已经证明，用施工总承包的思维推行工程总承包必然会带来种种问题。《计价计量规范》按照工程总承包的客观规律，在总结经验教训的基础上，提出了适用于工程总承包计价的新方法，例如，以估算或概算作为计价基础，EPC与DB的选用，里程碑与合同价款支付分解，指数法调整价差等，这些规定都比较详尽、具体，具有可操作性。

此外，在建设项目费用的选择及术语名称上保持了工程建设费用项目约定俗成的用语，与其无缝衔接，以方便理解和使用。

（2）理论性与实践性的统一。工程造价是一门实践性很强的技术经济学科，本书编写者参与了工程总承包计价规范从构思、调研、论证、起草、修改到最终成稿的过程。参与了对一些疑难问题，如增值税在计价中的处理，指数法价差调整等课题的科学研究。计量规范的编写者是从事可行性研究、方案设计、初步设计、施工图设计的估算、概算、预算编制等工作，具有丰富实际工作经验的行家里手，较为详细介绍了工程总承包计价的思路，并附相关案例，尽可能实现了理论与实践的有机结合。

（3）专业性和法律性的统一。工程造价是一门技术与经济相互融合的专业工作，需要遵守相关工程建设的标准规范，工程造价的形成最终确定还需要遵守《民法典》《建筑法》《招标投标法》等法律法规，专业性与法律性二者缺一不可。本书在解读中引用并编入相关的法律法规、规范性文件的条文，方便使用者查阅。

本丛书第一本《建设项目工程总承包计价规范应用指南》的“条文解读”对设置条文的宗旨、理解作了介绍，“应用指引”给出了应用该条文的思路和方法，“法条链接”指出了引用法律法规、部门规章、规范性文件的条文。

本丛书第二、第三本，分别对房屋工程、市政工程、城市轨道交通工程总承包计量规范的条文、附录进行“要点说明”，并分别用 EPC、DB 案例介绍了发包人要求、项目清单、标底/最高投标限价、价格清单、工程结算（预付款、价款调整、进度款、竣工结算、最终结清），增强使用者对工程总承包计价的认识。

本书引用现行法律法规、规范性文件外，还引用一些相关文献列入参考文献中，在此对文献作者表示由衷的感谢！

由于工程总承包计价的专业规范和法律规定相对欠缺，即使经验丰富的专家难免也有左右为难的问题，一些观点与分析还有待进一步接受市场检验，加之编写者水平有限，成书时间仓促，不足之处望读者批评指正为感。

编写组

2023 年 12 月

目　录

1 总　　则

【概述】

规范的第1章“总则”，通常从整体上叙述有关本规范编制与实施的几个基本内容，主要有本规范的编制目的及依据、适用范围、基本原则以及执行本规范与执行其他标准之间的关系等。

1.0.1　为规范建设项目工程总承包计价行为，促使工程总承包健康有序、可持续、高质量发展，制定本规范。

【条文解读】

本条是关于制定本规范目的的规定。

1984年9月《国务院关于改革建筑业和基本建设管理体制若干问题的暂行规定》（国发〔1984〕123号）要求从建设的可行性研究、勘察设计、设备选购、材料订货、工程施工、生产准备直到竣工投产实行全过程的总承包。1984年11月国家计委、城乡建设环境保护部印发《工程承包公司暂行办法》（计设〔1984〕2301号），1987年4月国家计委、财政部、中国人民建设银行、国家物资局印发《关于设计单位进行工程建设总承包试点有关问题的通知》（计设〔1987〕619号），1989年国家计委、财政部、中国人民建设银行、国家物资局、建设部印发《关于扩大设计单位进行工程总承包试点及有关问题的补充通知》（〔89〕建设字第122号），1992年4月建设部印发《工程总承包企业资质管理暂行规定》（建施字第189号），1992年11月建设部印发《设计单位进行工程总承包资格管理的有关规定》（建设〔1992〕805号），对建设项目工程总承包从试点到资质管理作出了规定。

2015年6月交通运输部印发《公路工程设计施工总承包管理办法》（交通运输部令2015年第10号），2016年5月住房城乡建设部印发《关于进一步推进工程总承包发展的若干意见》（建市〔2016〕93号）。2017年2月国务院办公厅印发《关于促进建筑业持续健康发展的意见》（国办发〔2017〕19号）提出完善工程建设组织模式，其措施之一就是加快推行工程总承包，并要求政府投资工程应完善建设管理模式，带头推行工程总承包。2019年12月住房城乡建设部、国家发展改革委印发《房屋建筑和市政基础设施项目工程总承包管理办法》（建市规〔2019〕12号）。

从40来年的实践来看，各种政策性的详细规定仍然是施工发承包占据主导地位，工程计价规则还是建立在施工图发承包基础上，导致用施工总承包的思维去推行工程总承包，不少地方仍习惯性地采用“模拟清单”“费率下浮”的方式进行工程总承包招标，这种模式的计价基础仍是施工图，而且还不是发包人提供的施工图，导致总承包计价以承包人设计的施工图为基础计量和计价。使工程总承包陷入结算难办、结算超合同总价的局面，并在近两年的工程总承包出现断崖式的下滑，没有达到预期效果。

为推行工程总承包，完善有关计价办法，2014 年住房城乡建设部印发《关于进一步推进工程造价管理改革的指导意见》（建标〔2014〕142 号），提出“完善工程项目划分，建立多层级工程量清单，……满足不同设计深度、不同复杂程度、不同承包方式及不同管理需求下工程计价的需要”。2015 年、2016 年住房城乡建设部标准定额司先后组织两个课题组完成了多层级清单编制研究以及适应工程总承包计价规则研究两个课题，为编制工程总承包计价计量规范提供了技术支撑。2017 年，住房城乡建设部将《工程总承包计价计量规范》列入了编制计划；同年 3 月正式启动了编制工作，编制组经过一年半的努力，2018 年 12 月标准定额司在住房城乡建设部网站上对《房屋建筑和市政基础设施项目工程总承包计价计量规范》（征求意见稿）进行了公示，2019 年 7 月完成了送审稿，由于工程建设标准工作改革的推进，影响工程造价的国家标准也面临改革，故该规范未予审查颁发。

但工程总承包缺少计价规则的问题越来越引起人们的重视，不少专业人员建议在国家标准还不能出台的情况下，由中价协组织编制工程总承包的团体标准，经标准定额司分管领导与中价协领导商定，先由中价协接手工程总承包计价规范的编制，拾遗补缺，供社会采用，待成熟后再转化为国家标准。

正是在这一背景下，本规范的编制填补了这一空白。将与《建设工程工程量清单计价规范》GB 50500—2023 一起，为发承包双方了解、选择不同发承包模式下的计价规则提供了指引。

1.0.2 本规范适用于建设项目采用工程总承包模式的计价活动。

【条文解读】

本条是关于本规范适用范围的规定。

建设项目工程总承包和施工总承包在承包范围、工作内容、计价方式、风险分担、计量方法、价款调整、结算办理等方面均存在重大区别。因此，我国现行的施工总承包计价计量规则不适用于工程总承包。而本规范也只适用于建设项目工程总承包的计价活动，采用施工图发承包应执行《建设工程工程量清单计价规范》GB 50500—2013，二者不能混淆。

1.0.3 发承包人在建设项目工程总承包的计价活动中法律地位平等，应当遵循自愿、公平、诚信、守法、绿色的原则。处理纠纷时，法律没有规定的，可以适用交易习惯，但不得违背公序良俗。

【条文解读】

本条是关于工程计价活动遵循原则的规定。

工程计价活动应遵循的原则，在国家标准、部门规章、规范性文件中均有涉及，如住房城乡建设部《建筑工程施工发承包计价管理办法》（住房城乡建设部令第16号）第三条二款规定为："工程发承包计价应当遵循公平、合法和诚实信用的原则。"国家标准《建设工程工程量清单计价规范》GB 50500—2013第1.0.6条规定为："建设工程发承包及实施阶段的计价活动应遵循客观、公正、公平的原则。"财政部、原建设部印发的《建设工程价款结算暂行办法》（财建〔2004〕369号）第五条规定为："从事工程价款结算活动，应当遵循合法、平等、诚信的原则，并符合国家有关法律、法规和政策。"这些规定不完全相同，但都与《中华人民共和国民法典》（以下简称《民法典》）对民事主体从事民事活动应遵循的原则存在差距。因此，本条依据《民法典》第四条~第十条的规定，确定了计价活动的原则，一是发承包双方法律地位平等；二是应当遵循自愿、公平、诚信、守法、绿色原则；三是在处理纠纷时，不得违反法律，法律没有规定的，可以适用交易习惯，但不得违背公序良俗。

（1）平等原则。《民法典》中的平等指民事主体的法律地位平等、适用规则平等、权利保护平等。即民事主体人格平等，在民事法律关系中，没有领导与被领导的关系；民事主体权利能力平等，无论所有制性质，经济实力强弱，其权利义务对等，任何一方都不得把自己的意志强加给对方；民事主体受平等保护。合同法上的平等也构成了双方自愿协商的前提和基础。

（2）自愿原则。指民事主体在民事活动中，应当基于真实意愿，自主决定、选择、进行民事法律行为；设立、变更或终止民事法律关系，自觉承受相应的法律后果。自愿原则是民事主体法律地位平等的必然要求，包含了两方面的内容：自己行为和自己责任。前者指民事主体自己决定是否作为或者以何种方式作为；后者指民事主体对自愿从事的民事法律行为承担法定或约定的责任。在合同领域，自愿原则集中体现为合同自由。《民法典》第四百六十五条规定："依法成立的合同，受法律保护。/依法成立的合同，仅对当事人具有法律约束力，但是法律另有规定的除外。"合同缔结与否由当事人决定，与何种相对人缔结合同由当事人选择，双方当事人自愿确定相关权利与义务，意思表示一致即可成立合同。

民事主体的自愿是建立在平等、相互尊重的基础之上，必须尊重其他民事主体的自主意志。市场经济条件下，为了公共利益，自愿原则在一定范围内、特定条件下，需受到国家干预的限制。《民法典》第四百九十四条规定："国家根据抢险救灾、疫情防控或者其他需要下达国家订货任务、指令性任务的，有关民事主体之间应当依照有关法律、行政法规规定的权利和义务订立合同。"

《民法典》在规定自愿原则的同时，还规定了其他原则，如诚信原则、公平原则、守法和公序良俗原则。这些原则在一定程度上限制了自愿原则的不当行使。

此外，国家基于社会整体利益考虑而制定的，某些特殊主体必须承担与相对人订立合同的义务，而不能由其自愿，如供水、供电、供气、邮政、电信等公共服务部门。法律的规定限制了这些具有垄断性质的部门不能享有随意订立或不订立合同的自由，保护了相对方，维护了社会公共利益。

（3）公平原则。是指民事主体从事民事活动时，应当公平、持平、合理确定相互之间的权利和义务。市场经济就是法治经济，公平是其本质特征。当事人必须以市场交易规则为准则，享受公平合理的对待，既不享有任何特权，也不履行任何不公平的义务。市场经济以合同为纽带，公平原则在合同法中得到充分体现，它要求合同当事人平等协商、公平合理、等价有偿、权利义务对等。

进行民事活动时，要按照公平观念行使权利、履行义务，特别是对于双方民事法律行为，双方之间的权利和义务应当对等，不能一方只承担义务而另一方只享有权利；追究、承担民事责任时，应当按照民事责任构成要件，客观确定损失，依法认定过错，合理推定因果关系，公平界定法律责任。

公平原则既是社会正义在私法领域的延伸，也是商品经济活动中行业惯例、道德规范上升为法律准则的表现。在情势变更后，公平原则也是变更合同的基础。因此，它构成司法机关审理民事案件的裁判规范、裁判依据。

公平原则在一定程度上是对意思自治的限制。一般而言，在意思自治与公平原则相冲突时，有时需要优先适用公平原则。在格式合同情况下，意思自治往往只是表象，双方的合意实质上只是一方当事人意思的体现，另一方只是对方意思的消极接受者，处于弱势的一方完全没有议价能力，处于不利地位。

（4）诚信原则。诚信为“诚实信用”的简称，诚即真心实意，信即诚实不欺。诚信原则要求所有民事主体在从事任何民事活动时，包括行使民事权利、履行民事义务、承担民事责任时，都应该秉持诚实、善意，信守自己的承诺。

民事主体应当从以下几个方面遵循诚信原则：①民事主体开展民事活动应当如实告知相对方相关真实信息，不弄虚作假，不欺诈。应当依诚信原则订立契约和履行契约。②民事主体应以善意、合法方式行使权利。不得以损害他人和社会利益的方式来获取私利。在合同履行中，当事人应当按照约定全面履行自己的义务，恪守承诺，不擅自毁约，并遵循诚信原则，根据合同的性质、目的和交易习惯履行通知、协助、保密等义务，并避免浪费资源、污染环境和破坏生态。③在当事人约定不明确或者订约后客观情形发生重大改变时，应依诚实信用的要求确定当事人的权利义务和责任。

诚信原则为利益关系平衡提供依据和法理支持。诚信原则谋求民事活动中当事人之间以及当事人与社会之间利益的平衡，即要求民事主体在进行民事活动、履行民事义务时，既要维护各方面当事人的利益平衡，又要维护当事人利益和社会利益的平衡。

诚信原则与公序良俗原则均为民法的基本原则，覆盖民法全领域，均为私法自治的原则，均为对道德的法律化，其实质也相同。

（5）合法性原则。法律是以国家强制力保证实施的、全体社会成员必须遵守的规则。在人类历史上，没有法律规定，民事活动也可以依照当事人需求、交易惯例、民间习俗进行。

合法性原则要求民事活动必须依法进行，法律规范可区分为强制性规范和任意性规范。对于强制性规范，民事主体必须遵守。如果违反，将导致民事法律行为无效或被撤销。对于任意性规范，当事人可以按照意思自治原则进行选择，但一经选择适用，也必须遵守。民事主体必须对自己的违法行为依法承担责任。《民法典》专门设了民事责任制度，合同编专门规定了违约责任。

遵守公序良俗原则。公序良俗一是指公共秩序，包括社会公共秩序和生活秩序；二是指善良风俗，即由全体社会成员所普遍认可遵循的道德准则。《民法典》总则编在第八条、第十条、第一百四十三条、第一百五十三条使用了公序良俗。

（6）绿色原则。指民事主体从事民事活动时，应当有利于节约资源，保护生态环境。即在工程实施过程中，资源节约要做到材料、水资源、能源的有效利用和土地资源的保护；在环境保护中要做好扬尘控制、噪声控制、水污染控制、施工现场危险品使用和垃圾处理等。《民法典》在合同编规定了一些“绿色”的法定义务，直接约束合同当事人，《建筑工程绿色施工规范》GB/T 50905—2014 对绿色施工作了规范，合同当事人亦应遵守，防止和避免资源被滥用，环境被破坏。

（7）处理纠纷原则。《民法典》第七条实际上指出了民法法源包括法律以及不违背公序良俗的习惯。工程建设合同纠纷是多发的，处理这一纠纷，首先应当依据法律，但工程计价领域能直接应用法律规范的情形少之又少。法律没有规定的，可以适用不违背公序良俗的习惯，习惯是指在某一范围内，基于长期的生产生活实践而为社会公众所知悉并普通遵守的生活和交易习惯。习惯可分为区域性习惯和行业性习惯，生活习惯和交易习惯。国家认可的民事习惯，是人们在长期的生产实践中形成的一些行为规则，特定的群体具有将其作为行为规则，约束自身行为的内心确信，从而自觉或不自觉受其约束，在工程建设领域的发承包交易中，其交易习惯是客观存在的。因此《民法典》第五百一十条规定：“合同生效后，当事人就质量、价款或者报酬、履行地点等内容没有约定或者约定不明确的，可以协议补充；不能达成补充协议的，按照合同相关条款或者交易习惯确定。”

按照《中华人民共和国民法通则》（以下简称《民法通则》）第六条的规定：“民事活动必须遵守法律，法律没有规定的，应当遵守国家政策。”2017 年 3 月《民法总则》第十条将其修改为：“处理民事纠纷，应当依照法律，法律没有规定的，可以适用习惯，但是不得违背公序良俗。”（2020 年 5 月颁布的《民法典》第十条保持该条文）。依照《民法典》的这一规定，处理民事纠纷时，首先应当依照法律。按照最高人民法院民法典贯彻实施工作领导小组主编的《民法典总则编理解与适用》第十条条文理解的解读，法律应从广义上理解，包括法律、行政法规、地方性法规、自治条例和单行条例。其次，法律没有规定的，可以适用习惯。“习惯是指在某区域范围内，基于长期的生产生活实践而为公众所知悉，并普遍遵守的生活和交易习惯。”“习惯根据其适用，可以分为区域性习惯和行业性习惯、生活习惯和交易习惯等。”“通常作为民法法源的

‘习惯’，限于习惯法，即国家认可的民事习惯。它是在人们长期的生产生活实践中形成的一些行为规则，特定的群体具有将其作为行为规则、约束自身行为的内心确信，从而自觉或不自觉受其约束。将习惯作为民法的法源具有重要的意义，能够丰富民法规则的渊源，保持《民法典》的开放性；丰富法律规则内容，降低立法成本；限制法官自由裁量权，保障法律的准确适用。”

《民法典》第五百一十条规定：“合同生效后，当事人就质量、价款或者报酬、履行地点等内容没有约定或者约定不明确的，可以协议补充；不能达成补充协议的，按照合同相关条款或者交易习惯确定。”但按照最高人民法院《关于贯彻执行〈中华人民共和国民法通则〉若干问题的意见（试行）》（法办发〔1988〕6号）第六十六条规定：“一方当事人向对方当事人提出民事权利的要求，对方未用语言或者文字明确表示意见，但其行为表明已接受的，可以认定为默示。不作为的默示只有在法律有规定或者当事人双方有约定的情况下，才可以视为意思表示。”根据该条前款部分，可知默示可以作为意思表示的方式，但根据该条后款部分，不作为的默示（即沉默）只有在法律有规定或者当事人双方有约定的情况下，才可以视为意思表示。这里存在一个缺陷，即沉默无法通过交易习惯而构成意思表示，施工合同纠纷案件中争议较多的当事人逾期未答复行为就不会产生意思表示的法律后果。由此，施工合同纠纷案件很难适用交易习惯进行裁决。

《民法典》第一百四十条规定：“行为人可以明示或者默示作出意思表示。/沉默只有在有法律规定、当事人约定或者符合当事人之间的交易习惯时，才可以视为意思表示。”该条明确行为人作出意思表示的有三种方式：明示、默示、沉默。这是真正有可能影响对建设工程合同纠纷案件“适用习惯”进行裁决的一条规定。

明示是行为人作出意思表示通过明示的方式进行，其特点通过书面、口头等积极作为的方式，作出要约、承诺。这种方式注重的是“明”，意思表示的内容明确、具体、直接、肯定，不用再对其意思表示的内容进行推测、揣摩。

默示是与明示相对的一种意思表示的方式，是行为人没有通过书面、口头等积极行为的方式表现，而是通过行为的方式作出意思表示。这种方式强调的是“默”，通过行为人的行为来推定、认定出行为人意思表示的内容。

沉默相对于明示与默示这类积极作为的意思表示，是一种完全的不作为。有时候这种沉默行为能够推定出行为人意思表示的内容，法律上也允许这种意思表示的存在，认可其合法性。由于沉默毕竟既非明示，也非默示，而是一种推定，为保护当事人的民事权利，避免不当给当事人造成损害，沉默只有在有法律规定、当事人约定或者符合当事人之间的交易习惯时，才可以视为意思表示。

【法条链接】

《中华人民共和国民法典》

第四条　民事主体在民事活动中的法律地位一律平等。

第五条 民事主体从事民事活动，应当遵循自愿原则，按照自己的意思设立、变更、终止民事法律关系。

第六条 民事主体从事民事活动，应当遵循公平原则，合理确定各方的权利和义务。

第七条 民事主体从事民事活动，应当遵循诚信原则，秉持诚实，恪守承诺。

第八条 民事主体从事民事活动，不得违反法律，不得违背公序良俗。

第九条 民事主体从事民事活动，应当有利于节约资源、保护生态环境。

第十条 处理民事纠纷，应当依照法律；法律没有规定的，可以适用习惯，但是不得违背公序良俗。

第五百零九条 当事人应当按照约定全面履行自己的义务。

当事人应当遵循诚信原则，根据合同的性质、目的和交易习惯履行通知、协助、保密等义务。

当事人在履行合同过程中，应当避免浪费资源、污染环境和破坏生态。

第五百一十条 合同生效后，当事人就质量、价款或者报酬、履行地点等内容没有约定或者约定不明确的，可以协议补充；不能达成补充协议的，按照合同相关条款或者交易习惯确定。

《中华人民共和国建筑法》

第四十一条 建筑施工企业应当遵守有关环境保护和安全生产的法律、法规的规定，采取控制和处理施工现场的各种粉尘、废气、废水、固体废物以及噪声、振动对环境的污染和危害的措施。

1.0.4 建设项目工程总承包的计量应依据各专业建设项目适用于工程总承包的计量规范。

【条文解读】

本条是关于建设项目工程总承包适用计量依据的规定。

由于建设项目工程总承包的施工图设计已被发包给承包人承担，所以工程总承包的计量显然不应该再采用以施工图为基础的计量规则，而应当采用与工程总承包相适应的工程总承包的计量规则。因此，本条规定建设项目工程总承包的计量应依据各专业建设项目适用于工程总承包的计量规范，如《房屋工程总承包工程量计算规范》T/CCEAS 002—2022，《市政工程总承包工程量计算规范》T/CCEAS 003—2022，《城市轨道交通工程总承包工程量计算规范》T/CCEAS 004—2022。

1.0.5 工程总承包项目的计价活动除应符合本规范外，尚应符合国家现行有关标准的规定。

【条文解读】

本条是关于本规范与现行标准关系的规定。

由于建设项目工程总承包基本上涵盖了工程建设期间的绝大部分内容，所以应当符合与其相关的国家有关标准的规定，如勘察、设计、施工、质量、安全、计价等方面的技术标准以及使用的原材料、半成品、产品的质量标准。

2 术　　语

【概述】

按照规范编制的基本要求，术语是对本规范特有名词的定义，尽可能避免本规范在贯彻实施过程中由于不同理解造成争议。国家标准化管理委员会、民政部《团体标准管理规定》（国标委联〔2019〕1号）第十一条第二款规定："对于术语、分类、量值、符号等基础通用方面的内容应当遵守国家标准、行业标准、地方标准，团体标准一般不予另行规定"。因此，本规范对工程总承包计价需要的术语进行了定义，对原国家标准已有的定义但在当前已不符合的，如税金（适用于营业税，不适用于增值税），包含内容不一致的，如工程总承包、工程变更等进行了重新定义，以满足工程总承包计价的需要。

2.0.1　工程总承包　　EPC and DB contracting

承包人按照与发包人订立的建设项目工程总承包合同，对约定范围内的设计、采购、施工或者设计、施工等阶段实行承包建设，并对工程的质量、安全、工期和造价等全面负责的工程建设组织实施方式。

【条文解读】

工程总承包这一术语在不同的标准、文件中表述不尽相同，如在《建设项目工程总承包管理规范》GB/T 50358—2017中表述为："依据合同约定对建设项目的设计、采购、施工和试运行实行全过程或若干阶段的承包。"鉴于本规范需要根据不同的发承包阶段的工程总承包采用的不同模式对计价计量方面予以规范，因此本规范采用了住房城乡建设部和国家发展改革委印发的《房屋建筑和市政基础设施项目工程总承包管理办法》（建市规〔2019〕12号）第三条的规定，定义包含了我国工程建设领域采用较多的两种最基本的工程总承包模式，并明确其为工程建设组织实施方式，即设计采购施工总承包（EPC）和设计施工总承包（DB）。

2.0.2　施工总承包　　build-only contracting

承包人按照与发包人订立的建设工程施工合同，对约定范围的施工阶段实行承包建设，并对工程施工的质量、安全、工期和造价负责的工程建设组织实施方式。

【条文解读】

施工总承包是相对于工程总承包定义的，二者存在两个最基本的区分，一是合同方式，前者为施工合同，后者为工程总承包合同；二是工作范围，前者仅为施工阶段，后者还包括勘察、设计、采购等，因此，提示使用者在采用时注意二者之间的根本区别。

2.0.3 工程费用 contract prices

发包人按照合同约定支付给承包人，用于完成建设项目发生的建筑工程、安装工程和设备购置所需的费用。

【条文解读】

工程费用是建设项目总投资费用项目的最主要的费用（一类费用），《工程造价术语标准》GB/T 50875—2013 第 2.2.3 条将其定义为："建设期内直接用于工程建造、设备购置及其安装的建设投资。"但在本规范中，工程费用支付的多少，取决于合同约定，因此，本条增加了"按照合同约定支付"的限制词。

按照《建设项目设计概算编审规程》CECA/GC 2—2015 的规定：建筑工程费主要用于建筑物、构筑物、矿山、桥涵、道路、水工等土木工程建设而发生的全部费用；按照《工程造价术语标准》GB/T 50875—2013 第 2.2.10 条条文说明："建筑工程费在民用建筑中还应包括电气、采暖、通风空调、给排水、通信及建筑智能等建筑设备及其安装工程费。"

安装工程费主要用于设备、工器具、交通运输设备、生产家具等的组装和安装，以及配套工程安装而发生的全部费用。

设备购置费指需要采购或自制设备和为生产准备的达到固定资产标准的工具、器具的费用，不包括应列入建筑安装工程费的建筑设备的价值。

2.0.4 工程总承包其他费 other expenses

发包人按照合同约定支付给承包人除工程费用外，分摊计入相关项目的各项费用。属于建设项目总投资中的工程建设其他费用，一般包括勘察费、设计费、研究试验费、临时用地及占道使用补偿费、工程总承包管理费、场地准备及临时设施费、检验检测及试运转费、系统集成费、工程保险费和其他专项费以及代办服务费等。

【条文解读】

工程总承包其他费来源于工程建设其他费，是从建设项目总投资费用项目组成中的工程建设其他费（二类费用）中选择的，在工程总承包中应予发生或有可能发生的各项费用，发承包双方应根据工程承发包的范围予以选择，可以减少，本规范未列的费用项目，可以在其他专项费中增加。

2.0.5 勘察费 site survey and investigation expenses

发包人按照合同约定支付给承包人用于完成建设项目工程勘察所发生的费用。

【条文解读】

勘察费属于工程建设其他费，因而本规范将其归类于工程总承包其他费中。按照《岩土工程勘察规范》GB 50021—2001（2009年版）第4.1.2条的规定：建筑物的岩土工程勘察宜分阶段进行，包括可行性研究勘察、初步勘察、详细勘察、施工勘察。但在工程总承包中是否包含勘察或包含的具体勘察项目由发承包双方在合同中约定。

2.0.6 设计费 design fees

发包人按照合同约定支付给承包人用于完成建设项目工程设计所发生的费用。

【条文解读】

设计费属于工程建设其他费，因而本规范将其归类于工程总承包其他费中。

住房城乡建设部印发的《建筑工程设计文件编制深度规定（2016版）》（建质函〔2016〕247号）第1.0.2条规定其适用范围为：“民用建筑、工业厂房、仓库及其配套工程的新建、改建、扩建工程设计。”第1.0.4条规定：“建筑工程一般分为方案设计、初步设计和施工图设计三个阶段，对于技术要求相对简单的民用建筑工程，当有关部门在初步设计阶段没有审查要求，且合同中没有做初步设计的约定时，可在方案设计审批后直接进入施工图设计”。第1.0.11条又提出了“项目专项设计（包括二次设计）”。第1.0.12条提出了“预制构件生产之前应进行装配式建筑专项设计”。可见房屋建筑工程一般包括：方案设计、初步设计、施工图设计、专项设计。

住房城乡建设部印发的《市政公用工程设计文件编制深度规定（2013年版）》（建质〔2013〕57号）和《城市轨道交通工程设计文件编制深度规定》（建质〔2013〕160号）则没有方案设计的要求。

交通部印发的《公路工程基本建设项目设计文件编制办法》（交公路发〔2007〕358号）第2.0.1条规定：“公路工程基本建设项目一般采用两阶段设计，即初步设计和施工图设计。对于技术简单、方案明确的小型建设项目，可采用一阶段设计，即一阶段施工图设计；技术复杂、基础资料缺乏和不足的建设项目或建设项目中的个别路段、特殊大桥、互通式立体交叉、隧道等，必要时采用三阶段设计，即初步设计、技术设计和施工图设计。/高速公路、一级公路必须采用两阶段设计。”

因此，工程总承包应按照不同专业工程对设计深度的要求及其包含的具体设计内容由发承包双方在合同中约定。

2.0.7 研究试验费 research and testing expenses

发包人按照合同约定支付给承包人用于为建设项目提供研究或验证设计数据、资料进行必要的研究实验以及按照设计规定在建设过程中必须进行实验、验证所需的费用。

【条文解读】

研究试验费来源于工程建设其他费，因而本规范将其归类于工程总承包其他费中。

2.0.8 临时用地及占道使用补偿费 compensation for temporary use of land and road occupation

发包人按照合同约定支付给承包人在建设期间，因需要而用于临时租用土地使用权或临时占用道路而发生的费用以及用于土地复垦、植被或道路恢复等的费用。

【条文解读】

临时用地及占道使用补偿费来源于工程建设其他费中的建设用地费，但在工程总承包中属于根据工程实施的需要，临时租用土地，临时占用道路的使用发生的费用，以及工程完工交还土地和道路有可能发生的恢复费用。

《土地复垦条例》第十五条规定："土地复垦义务人应当将土地复垦费用列入生产成本或者建设项目总投资。"第十条规定："下列损毁土地由土地复垦义务人负责复垦：/（四）能源、交通、水利等基础设施建设和其他生产建设活动临时占用所损毁的土地。"

《城市道路管理条例》第三十一条规定："因特殊情况需要临时占用城市道路的，须经市政工程行政主管部门和公安交通管理部门批准，方可按照规定占用。/经批准临时占用城市道路的，不得损坏城市道路；占用期满后，应当及时清理占用现场，恢复城市道路原状；损坏城市道路的，应当修复或者给予赔偿。"

2.0.9 工程总承包管理费 management fees

发包人按照合同约定支付给承包人用于项目建设期间对工程项目的设计、采购、施工等实行全过程协调管理发生的费用。

【条文解读】

工程总承包管理费来源于工程建设其他费中的建设单位管理费及财政部印发的《基本建设项目建设成本管理规定》（财建〔2016〕504号）中的项目建设管理费，鉴于实行工程总承包，对项目建设的管理大部分工作已转移至承包人，因此，本规范据此定义了该术语。

《基本建设项目建设成本管理规定》（财建〔2016〕504号）第五条的内涵为"项目建设管理费是指项目建设单位从项目筹建之日起至办理竣工财务决算之日止发生的

管理性质的支出。包括：不在原单位发工资的工作人员工资及相关费用、办公费、办公场地租用费、差旅交通费、劳动保护费、工具用具使用费、固定资产使用费、招募生产工人费、技术图书资料费（含软件）、业务招待费、施工现场津贴、竣工验收费和其他管理性质开支。”

《工程造价术语标准》GB/T 50875—2013 第 2.2.25 条建设管理费为：“建设单位为组织完成工程项目建设，在建设期内发生的各类管理性费用。”条文说明第 2.2.25 条为：“建设管理费包括建设单位管理人员工资及有关费用，办公费、差旅交通费、劳动保护费、工具用具使用费、固定资产使用费、办公及生活用品购置费、通信设备及交通工具购置费、零星固定资产购置费、技术图书资料费、业务招待费、设计审查费、工程招标费、合同契约公证费、法律顾问费、咨询费、工程监理费、工程质量监督费、完工清理费、竣工验收费、印花税和其他管理性质开支，如建设管理采用总承包方式，其总包管理费由建设单位与总承包单位根据总承包工作范围在合同中约定，从建设管理费中支出。”

2.0.10　场地准备及临时设施费　　expenses of site preparation and temporary facilities

发包人按照合同约定支付给承包人用于未列入建筑安装工程费的临时水、电、路、讯、气等工程和临时仓库、生活设施等建（构）筑物的一次建造、维修、一次拆除的摊销或租赁费用，以及铁路、码头、货场的租赁等费用。

【条文解读】

《工程造价术语标准》GB/T 50875—2013 将其分为建设项目场地准备费和建设单位临时设施费两个术语，《市政工程设计概算编制办法》（建标〔2011〕1 号）第四十七条定义为：“场地准备及临时设施费：包括场地准备费和临时设施费。

一、场地准备费是指建设项目为达到工程开工条件所发生的场地平整和建设场地余留的有碍于施工建设的设施进行拆除清理的费用。

二、临时设施费是指为满足施工建设需要而供到场地界区的、未列入工程费用的临时水、电、路、通信、气等其他工程费用和建设单位的现场临时建（构）筑物的搭设、维修、拆除、摊销或建设期间租赁费用，以及施工期间专用公路养护费、维修费。

三、场地准备及临时设施应尽量与永久性工程统一考虑。建设场地的大型土石方工程应进入工程费用中的总图运输费用中。”

将二者合一，本条术语采用这一表述。

2.0.11　检验检测及试运转费　　expenses of inspection, testing and commissioning

发包人按照合同约定支付给承包人用于未列入建筑安装工程费的工程检测、设备检验、联合试车、联合试运转、负荷联合试车、试运行及其他检验检测的费用。

【条文解读】

《工程造价术语标准》GB/T 50875—2013 有联合试运转费和特殊设备安全监督检验费，《基本建设项目建设成本管理规定》（财建〔2016〕504 号）第四条规定："（六）工程检测费、设备检验费、负荷联合试车费及其他检验检测类费用"，在不同的专业工程估算、概算编制办法中对此的规定不尽相同，如《市政工程设计概算编制办法》（建标〔2011〕1 号）称为联合试运转费和特殊设备安全监督检查费；《城市轨道交通工程设计概算编制办法》（建标〔2017〕89 号）称为综合联调及试运行费，特殊设备安全监督检验费；《石油化工工程建设设计概算编制办法》（中国石化建〔2018〕207 号）分为进口设备材料国内检验费、特种设备安全检验检测费、联合试运转费；《公路工程建设项目概算预算编制办法》JTG 3830—2018 称为竣（交）工验收试验检测费、联合试运转费。

本条术语采用《基本建设项目建设成本管理规定》（财建〔2016〕504 号）的思路，将相关检验检测、联合试车、试运转、试运行等费用不予详列，归类为检验检测及试运转费。

2.0.12 系统集成费 expenses of system integration

发包人按照合同约定支付给承包人用于建设项目通过结构化的综合布线系统，采用集成技术，将各个分离的设备、功能和信息数据等集成到相互关联、统一协调、实际可用的系统中的费用。

【条文解读】

系统集成通常是指将软件、硬件与通信技术组合起来为用户解决信息处理问题的业务，集成的各个分离部分原本就是一个个独立的系统，集成后的整体的各部分之间能彼此有机地和协调地工作，以发挥整体效益，达到整体优化的目的。

系统集成费来源于财政部印发的《基本建设项目建设成本管理规定》（财建〔2016〕504 号）中的系统集成费。在此文之前，各专业工程的投资费用项目组成基本上未单列该费用项目，但随着互联网、物联网、信息化、智能化、数字化等的蓬勃发展，工程建设领域中的系统集成显得十分必要。因此，本规范据此定义了该术语。

《公路工程建设项目概算预算编制办法》JTG 3830—2018 规定了建设项目信息化费，《石油化工工程建设设计概算编制办法》（中国石化建〔2018〕207 号）规定了工程数字化交付费。

2.0.13 工程保险费 expenses of construction insurances

发包人按照合同约定支付给承包人在项目建设期内，对建筑工程、安装工程、机械设备和人身安全进行投保而发生的费用。包括建设工程设计责任险、建筑工程一切险、安装工程一切险等，不包括已列入建筑安装工程费中的施工企业的人员、财产、车辆保险费。

【条文解读】

《工程造价术语标准》GB/T 50875—2013 列有工程保险费，各专业工程估算、概算编制办法一般均列有工程保险费。

2.0.14 其他专项费 other special expenses

发包人按照合同约定支付给承包人在项目建设期内，用于本工程的专利及专有技术使用、引进技术和引进设备其他费、工程技术经济等咨询费、苗木迁移、测绘等发生的费用。

【条文解读】

在工程总承包费用项目组成中，不可能对费用项目一一列举，因此，其他专项费就是一个兜底的费用项目，用于工程总承包中，发承包双方根据工程实际情况涉及的其他费用在合同中约定。

2.0.15 代办服务费 agency service fees

发包人按照合同约定支付给承包人在项目建设期内，用于代办工程报建报批以及与建设、供电、规划、消防、水务、城管等部门相关的技术与审批工作等而发生的费用。

【条文解读】

代办服务费的内容一般应是建设单位自行办理完成的工作，鉴于实行工程总承包后的实践，不少建设单位将此部分工作一并委托承包人代办，因此，本规范将其定义为代办服务费，归类于工程总承包其他费。

2.0.16 预备费 contingency sums

发包人为工程总承包项目预备并包含在签约合同中，用于项目建设期内不可预见的情形以及市场价格变化的调整，发生时按照合同约定支付给承包人的费用。包括基本预备费和价差预备费。

【条文解读】

预备费属于建设项目投资费用项目中单独列出的项目，在我国各专业工程估算、概算中基本都列有预备费，只是在不同阶段费率有所不同。

《工程造价术语标准》GB/T 50875—2013 第 2.2.43 条预备费：“在建设期内因各种不可预见因素的变化而预留的可能增加的费用，包括基本预备费和价差预备费。”第 2.2.44 条基本预备费：“投资估算或工程概算阶段预留的，由于工程实施中不可预见的工程变更及洽商、一般自然灾害处理、地下障碍物处理、超规超限设备运输等而可能增加的费用。”在条文说明中：“基本预备费主要包括：（1）在批准的基础设计和概算范围内增加的设计变更、局部地基处理等费用。(2) 一般自然灾害造成的损失和预防自然灾害所采取措施的费用。(3) 竣工验收时鉴定工程质量对隐蔽工程进行必要开挖和修复的费用。(4) 超规超限设备运输过程中可能增加的费用。”第 2.2.45 条价差预备费:“为在建设期内利率、汇率或价格等因素的变化而预留的可能增加的费用。”

《建设工程工程量清单计价规范》GB 50500—2013 第 2.0.18 条暂列金额是指:“招标人在工程量清单中暂定并包括在合同价中的一笔款项。用于工程合同签订时尚未确定或者不可预见的所需材料、工程设备、服务的采购,施工中可能发生的工程变更、合同约定调整因素出现时的合同价款调整以及发生的索赔、现场签证确认等的费用。”

可见,暂列金额与预备费之间在范围上存在较大区分,同时,预备费在我国各专业工程投资估算、设计概算的编制中早已约定俗成,由于工程总承包必然要与投资估算或设计概算对接,因此,本规范保留采用预备费的概念,以免被误解为建设项目投资费用是否增加了新的费用项目。

2.0.17 投资估算 investment appraisals

对拟建项目固定资产投资、流动资金和项目建设期资金筹集成本的概略计算。一般包括项目建议书的投资估算(投资预估算)、可行性研究报告的投资估算、方案设计的投资估算。

【条文解读】

本规范所称投资估算,指在可行性研究报告批准后采用工程总承包模式发包,将使用可行性研究报告中相同口径的投资估算;或在方案设计批准后采用工程总承包模式发包,将根据发承包内容,使用方案设计中相同口径的投资估算(有的又称投资匡算),作为投资控制的基础。

2.0.18 设计概算 design stage estimates

在初步设计阶段,依据初步设计或扩大初步设计文件,在投资估算的控制下,对建设项目总投资及其构成进行的概略计算。一般包括:建设项目总概算、单项工程综合概算、单位工程概算。也称投资概算。

【条文解读】

本规范所称设计概算,指在初步设计文件批准后采用工程总承包模式发包,将根据发承包范围确定使用相同口径的设计概算,作为控制投资的基础。

在《政府投资条例》中称为投资概算。

2.0.19 项目清单 schedule of items

发包人提供的载明工程总承包项目工程费用、工程总承包其他费和预备费的名称和其他要求承包人填报内容的项目明细。

2.0.20 价格清单 pricing schedules

构成合同文件组成部分的，由承包人按发包人要求或发包人提供的项目清单格式填写并标明价格的项目报价明细。

【条文解读】

《建设工程工程量清单计价规范》GB 50500—2013 术语中有招标工程量清单和已标价工程量清单，《中华人民共和国标准施工招标文件》（以下简称《标准施工招标文件》，其中通用合同条件简称《标准施工合同条件》）和《建设工程施工合同（示范文本）》GF-2017-0201（以下简称《建设工程施工合同（示范文本）》）中的术语是“已标价的工程量清单”。由于工程总承包不仅仅是建筑安装工程项目发包，且建筑安装工程的施工图设计已发包给承包人进行，因此，工程总承包的计量和价款支付已不可能按照承包人设计的施工图进行。因此，本规范根据实行工程总承包的客观需要，参照《中华人民共和国标准设计施工总承包招标文件》（2012 年版，以下简称《标准设计施工总承包招标文件》）中通用合同条款和《建设项目工程总承包合同（示范文本）》GF-2020-0216（以下简称《建设项目工程总承包合同（示范文本）》）定义了适合工程总承包的“项目清单”和“价格清单”。

2.0.21 发包人要求 employer's requirements

说明发包人对建设项目建造目标的文件。文件中列明工程总承包项目承包内的目标、范围、功能需求、设计与其他技术标准。包括对项目的内容、范围、规模、标准、功能、质量、安全、节约能源、生态环境保护、工期、验收等明确要求的文件。

【条文解读】

与施工总承包不一样，发包人要求是实行工程总承包的必备文件。发包人要求的术语来源于 FIDIC（国际咨询工程师联合会）《生产设备和设计—建造合同条件》（*Conditions of Contract for Plant and Design-Build*，以下简称 FIDIC 黄皮书）和《设计采购施工（EPC）/交钥匙工程合同条件》（*Conditions of Contract for EPC/Turkey Projects*，以下简称 FIDIC 银皮书）中的雇主要求，受此影响，《标准设计施工总承包招标文件》中通用合同条款和《建设项目工程总承包合同（示范文本）》从合同角度，定义了发包人要求，本条术语按照《房屋建筑和市政基础设施项目工程总承包管理办法》（建市规〔2019〕12 号）第九条（四）作了定义，但实质性的内涵与合同范本的定义是一致的。

2.0.22 合理化建议 rationalization proposal

承包人为缩短工期、提高工程经济效益等，按照约定程序向发包人提出的改变发包人要求和方案设计或初步设计文件的书面建议，包括建议的内容、理由、实施方案及预期效益等。

【条文解读】

合理化建议类似于FIDIC黄皮书和银皮书的“价值工程”，从逻辑上来讲，承包人对于提交合理化建议是没有义务的，在工程总承包下，更是没有动力的，通常只有通过从合理化建议书获益，且必须通过合理化建议获益时，承包人才有动力提出，因此，本术语规定“改变发包人要求和方案设计或初步设计文件”时，承包人应提出合理化建议，避免发承包双方产生争议。

2.0.23 优化设计 enhanced design

承包人从满足发包人要求的众多设计方案中选择最佳设计方案的设计方法。

2.0.24 深化设计 design development

承包人对发包人提供的设计文件进行细化、补充和完善，满足设计的可施工性的要求。

2.0.25 设计优化 design enhancement

承包人对发包人提供的设计文件进行改善与提高，并从成本的角度对原设计进行排查，剔除其中虚高、无用、不安全等不合理成本的加工。

【条文解读】

与施工总承包下所有设计由发包人承担（委托设计单位设计）不同，工程总承包下，初步设计和施工图设计或至少施工图设计已转由承包人承担。设计是工程总承包下影响工程计价的重要变量，本规范定义这三个术语，并在第3.3.4条、第3.3.5条、第6.3.3条分别界定了其适用范围，以期减少或消除发承包双方对设计产生的收益归属的歧义。

在工程总承包中，按照合同约定范围进行设计必然要求承包人采用优化设计的方法确定最佳方案以提高生产效率，降低工程成本。而深化设计是承包人对发包人提供的方案或初步设计的细化、补充和完善，以便施工图设计满足可施工性的要求。而设计优化是承包人对发包人提供的方案或初步设计的改善和提升，是对原设计文件的再加工。这些都是采用工程总承包模式，可以充分激发、调动承包人积极性和内在动力的客观存在。

在工程总承包中，承包人进行的优化设计或深化设计在满足发包人要求的前提下，形成的盈亏均应由承包人承担。但设计优化则可分为两种情形：一是承包人的设计优化降低了成本，且满足发包人要求，形成的收益归承包人；二是设计优化需要改变发包人要求，承包人此时对发包人设计文件的更改须经发包人同意，其合理化建议的收益应由发承包双方分享。

这三个名词在施工总承包下无争议，但在工程总承包下不分清楚将发生争议。

2.0.26 工期 time for completion

承包人完成建设项目承包范围内全部工作的总天数。包括合同工期和实际工期。其中合同工期指工程总承包合同约定的，承包人完成承包范围内的全部工作的总天数，包括按照合同约定所作的变更天数。其中实际工期指承包人实际完成承包范围内全部工作的总天数。

【条文解读】

相对于施工总承包，工程总承包由于设计与施工的协调统筹，缩短工期是工程总承包的优势之一。本术语对工期作了一个宽泛的定义，从工程总承包合同的履约来看，约束发承包双方的应当是合同工期，即承包人在投标函中标明的，并在工程总承包合同中约定的，再加上按照合同约定所作的延长，实际工期小于合同工期，意味着工期提前，实际工期大于合同工期，意味着工期延误。

2.0.27 里程碑 milestone

泛指进度计划设立的重要的时间节点。指在发包人要求中提出，发承包双方在合同中约定的，承包人按照合同约定完成合同工程进度计划，以及发包人支付相应合同价款的时间节点。

【条文解读】

本术语是在建设项目实施过程中根据总进度计划列出完成分解项目全部工程内容的时间节点。即上一节点完成或下一节点开始的时间。一系列里程碑的起止点就构成了引导及反映整个项目进展的里程碑。里程碑定义了当前阶段完成的标准和下一新阶段启动的条件和前提，并具有下列特征：

（1）里程碑的层次性，在一个里程碑的下一阶段中定义后一个里程碑。

（2）里程碑的多样性，不同专业类型的项目，里程碑的划分可能不同。

（3）里程碑的多变性，不同规模项目的里程碑数量不强求一样，里程碑可以合并、可以细分。

2.0.28 成本（费用） construction cost

承包人在项目建设履行合同中发生的（或将要发生的）所有合理开支，包括税费、管理费和类似支出，但不包括利润。

【条文解读】

我国工程建设合同条件中仅定义“费用”，且未明示是否包含税费，而 FIDIC 合同条件将其命名为“成本（费用）”，在2017版FIDIC合同条件中更明确包括“税费”，并在一些条文涉及发包人违约时的费用增加定义为“成本加利润”。FIDIC合同条件中，通常发承包双方均无过错，而只是发包人的风险时，承包人有权获得的补偿不包括利润，但在发包人存在过错的情形下，承包人有权获得的补偿不仅仅是成本（费用），还包括利润。我国工程建设合同文本采纳了FIDIC合同条件的这一原理。本规范采用这一术语，使其对成本的构成和费用的理解进一步明确。

2.0.29 税金 tax

国家税法规定应计入工程总承包合同价格内的应纳增值税，以及在此基础上计算的城市维护建设税、教育费附加和地方教育附加的税额。发包人按工程总承包合同约定的方式支付，承包人按税法规定缴纳。

【条文解读】

建筑业“营改增”后，对建设工程的税金的理解出现了不同认识，有的甚至将建设工程计算的销项税额作为替代原营业税的税额，一般来讲，销项税额远大于营业税额，将其代替应纳增值税额进入工程造价，加大了项目投资的税负，也违背了“营改增”不重复计税、不增加税负的初衷。而按税法规定，承包人应交纳的是应纳增值税额，即应纳增值税额=（销项税额-进项税额），承包人应纳税金=应纳增值税额+应纳附加税额=应纳增值税额×（1+附加税率）。

2.0.30 工程变更 variation

工程总承包合同实施中，由发包人提出或由承包人提出，经发包人批准对发包人要求所做的改变；以及方案设计后发包的，发包人对方案设计所做的改变；初步设计后发包的，发包人对初步设计所做的改变。

【条文解读】

建设工程合同是基于合同签订时静态的发包人要求、发承包范围、技术标准为前提的，由于工程建设的不确定性，这种静态前提往往会被各种变更所打破。

采用工程总承包，由于施工图设计，甚至包括初步设计已由承包人承担，原来在施工总承包下构成工程变更的因素，在工程总承包下很多已不成立，本条根据工程总承包的特点定义了该术语。

《工程造价术语标准》GB/T 50875—2013第3.4.4条工程变更：“合同实施过程中由发包人提出或由承包人提出，经发包人批准的对合同工程的工作内容、工程数量、质量要求、施工顺序与时间、施工条件、施工工艺或其他特征及合同条件等的改变。”

《建设工程工程量清单计价规范》GB 50500—2013第2.0.16条工程变更：“合同工程实施过程中由发包人提出或由承包人提出经发包人批准的合同工程任何一项工作的增、减、取消或施工工艺、顺序、时间的改变；设计图纸的修改；施工条件的改变；

招标工程量清单的错、漏从而引起合同条件的改变或工程量的增减变化。”

从这两个标准对工程变更的定义来看，主要是针对施工总承包作出的，显然这一定义不能适应工程总承包下的工程变更，因此，本条重新作了定义。

2. 0. 31 价格指数 construction cost index

反映建设工程的人工、材料、机械等要素在一定时期内价格水平变动趋势和程度的相对数。

【条文解读】

价格指数可以根据需要设置，例如：商品零售价格指数（RPI）、消费者价格指数（CPI，亦称为居民消费价格指数）、生产者价格指数［PPI，亦称为产品（工业品）价格指数］等。

价格指数的一般计算公式为：

$$I_p = \frac{\sum p_{1i}q_i}{\sum p_{0i}q_i} \tag{2-1}$$

式中，p_{1i} 为报告期所有抽选的 n 种商品（$i=1, 2, \cdots, n$）的价格，p_{0i} 为基期这些商品的价格，q_i 为权重。

《工程造价术语标准》GB/T 50875—2013 第 2. 1. 17 条工程造价指数：“反映一定时期的工程造价相对于某一固定时期或上一时期工程造价的变化方向、趋势和程度的比值或比率。”在本规范中，未使用工程造价指数的概念，所指价格指数为人工、主要材料价格，由于市场价格波动形成的，调整人工、主要材料价差的指数。

2. 0. 32 工程签证 variation instruction

发包人和承包人或其授权的代理人就工程合同履行过程中涉及的责任事件所作的签认证明。

【条文解读】

《工程造价术语标准》GB/T 50875—2013 第 3. 4. 8 条现场签证：“发包人现场代表（或其授权的监理人、工程造价咨询人）与承包人现场代表就施工过程中涉及的责任事件所做的签认证明。”

在工程总承包下，现场签证显然已不完全适应，因此，本规范改为工程签证，将“发包人现场代表与承包人现场代表”改为“发包人和承包人或其授权代理人”，将“施工过程中”改为“工程合同履行过程中”，以便贴近工程总承包的实际。

2. 0. 33 索赔 claim

工程合同履行过程中，合同当事人一方因非己方的原因而遭受损失，按合同约定或法律法规规定应由对方承担责任，从而向对方提出补偿的要求。

【条文解读】

《民法典》第五百七十七条规定："当事人一方不履行合同义务或者履行合同义务不符合约定的，应当承担继续履行、采取补救措施或者赔偿损失等违约责任。"第五百八十三条规定："当事人一方不履行合同义务或者履行合同义务不符合约定的，在履行义务或者采取补救措施后，对方还有其他损失的，应当赔偿损失。"根据法律规定，本条的"索赔"专指工程建设的实施过程中发承包双方在履行合同时，对于非自己过错的责任事件并造成损失时，依据合同约定或法律法规规定向对方提出经济补偿和（或）工期顺延要求的行为。

2.0.34 签约合同价 contract sum

发承包双方在工程合同中按照承包范围约定的价格，一般包括工程费用、工程总承包其他费和预备费的合同总金额。

【条文解读】

本术语是根据工程总承包定义的，与《标准设计施工总承包招标文件》中通用合同条款和《建设项目工程总承包合同（示范文本）》的表述不同，但内涵是一致的。并与《建设工程工程量清单计价规范》GB 50500—2013 第 2.0.47 条签约合同价（合同价款）："发承包双方在工程合同中约定的工程造价，即包括了分部分项工程费、措施项目费、其他项目费、规费和税金的合同总金额"区分开了。

本规范的很多条文，按照用语习惯，经常使用合同价款一词，如调整合同价款，其实质就是调整签约合同价；再如合同价款支付，其实质也是对完成的签约合同价进行的支付，因此，在本规范中，签约合同价与合同价款同义。

2.0.35 合同价款支付分解表 payment schedule

工程总承包合同价款支付的金额和方式。即对签约合同价包含的工程费用、工程总承包其他费用按照工程总进度计划的里程碑节点，及其估价形成的付款计划表。

【条文解读】

本术语是针对工程总承包采取的价款支付方式定义，与施工总承包的按图计量支付不同，工程总承包是按约支付。

2.0.36 进度款 progress payment

合同工程实施过程中，发包人按照合同价款支付分解表，对承包人完成工程进度计划的里程碑节点给予支付的款项，也是合同价款在合同履行过程中的期中结算与支付的款项。

【条文解读】

《建设工程工程量清单计价规范》GB 50500—2013 第 2. 0. 49 条进度款：“在合同工程施工过程中，发包人按照合同约定对付款周期内承包人完成的合同价款给予支付的款项，也是合同价款期中结算支付。”

实行工程总承包，合同价款的支付不同于施工总承包按量计价支付，因此，合同价款按照承包人完成工程进度计划的里程碑节点支付是总承包合同适宜采取的支付方式，本规范借鉴《标准设计施工总承包招标文件》中通用合同条款定义这一术语。

2. 0. 37　竣工结算价（合同价格）　completion settlement price（final contract sum）

发包人根据合同约定支付给承包人完成全部承包（包括缺陷修复）工作的合同总金额，包括履行合同过程中按合同约定进行的合同价款的调整及索赔的金额。

【条文解读】

《标准设计施工总承包招标文件》中通用合同条款第 1. 1. 5. 2 条合同价款：“指承包人按合同约定完成了包括缺陷责任期内的全部承包工作后，发包人应付给承包人的金额，包括在履行全部过程中按合同约定进行的变更和调整。”《建设项目工程总承包合同（示范文本）》第 1. 1. 5. 2 条合同价格：“是指发包人用于支付承包人按照合同约定完成承包范围全部工作的金额，包括合同履行过程中按合同约定发生的价格变化。”本术语根据上述两个合同文本的定义保留了其内涵，对文字表述作了调整，根据其内涵，其实指竣工结算价。

3 基本规定

【概述】

基本规定主要是针对本规范的一些共同性问题所作的规定。本章主要包括实行工程总承包模式的条件、工程总承包计价的方式，工程总承包计价的风险分配等。

3.1 工程总承包模式条件

【概述】

工程总承包是一个汉语词汇，国际上并没有工程总承包的说法，通常使用 EPC、DB 进行表述，但在我国相关法律和政府部门文件、国家标准、合同范本的规定中，都将不同的工程总承包模式如 EPC、DB 等统称为工程总承包，如《中华人民共和国建筑法》（以下简称《建筑法》）、国务院办公厅《关于促进建筑业持续健康发展的意见》（国办发〔2017〕19 号）、住房城乡建设部和国家发展改革委《房屋建筑和市政基础设施项目工程总承包管理办法》（建市规〔2019〕12 号）、《建设项目工程总承包管理规范》GB/T 50358—2017、《建设项目工程总承包合同（示范文本）》等。

唯一出现“EPC”“DB”等名称的是原建设部《关于培育发展工程总承包和工程项目管理企业的指导意见》（建市〔2003〕30 号）第二条第（三）项将设计采购施工（EPC）/交钥匙总承包、设计施工总承包（DB）以及设计采购总承包（EP）、采购施工总承包（PC）规定为“工程总承包的主要方式”，并将 EPC 界定为“设计采购施工总承包是指工程总承包企业按照合同约定，承担工程项目的设计、采购、施工、试运行服务等工作，并对承包工程的质量、安全、工期、造价全面负责。交钥匙总承包是设计采购施工总承包业务和责任的延伸，最终是向业主提交一个满足使用功能、具备使用条件的工程项目。”

除该文件外，国内现有文件都是将“EPC”“DB”“EP”“PC”等打包在一起进行规范，统称为“工程总承包”，也不存在像 FIDIC 银皮书那样专门适用于“EPC”的“示范文本”。如《标准设计施工总承包招标文件》中规定，适用范围为：“设计施工一体化的总承包项目”，其所附的通用合同条款虽然根据风险划分不同设置了 A、B 两个条款供当事人选用，但也无 EPC、DB 等的明示。而《建设项目工程总承包合同（示范文本）》也未单独区分“EPC”“DB”“EP”“PC”等工程总承包的不同模式，只使用工程总承包这一概念。

目前国内很多的工程总承包合同会冠以“EPC”之名，例如“某某项目 EPC 工程总承包合同”，但在具体的合同风险分担上并不符合 FIDIC 银皮书的要求，而更接近于 FIDIC 黄皮书中的风险分担。此时很难说这些合同名称中冠以“EPC”之名的工程就是 EPC。如果严格按照 FIDIC 银皮书中风险负担的有关规定，很多在合同中即使约定了相同风险负担条款的工程项目在实际履约过程中，也会演化为与“EPC”毫无共同之处的变体，例如在房屋建筑和市政工程中存在的“模拟清单、费率下浮”又回到施工图项目计量计价的总承包合同就证明了这一点。

但在实践中，由于在不同的发承包阶段工程总承包的不同模式在发承包范围、内容方面存在重大区分，对于工程计价而言，特别是在工程计价风险的分担上，更存在着较大差异，认识不清将导致工程总承包的误用。所以，把握国内工程总承包的习惯用语与国际上 EPC、DB 术语之间的关系，准确掌握不同工程总承包模式的适用条件，对于我国建筑业参与国际竞争，中国投资“走出去”具有重大意义。因此，本节针对不同工程总承包模式的特点，细分了采用不同工程总承包模式的条件，对如何选择适用的工程总承包模式作了必要的指引。

3.1.1 发包人宜根据建设项目的特点、自身管理能力和实际需要、风险控制能力选择工程总承包模式。工程总承包包括（但不限于）下列模式：

1 设计采购施工总承包（EPC）；

2 设计施工总承包（DB）。

【条文解读】

本条是关于工程总承包不同模式选择的规定。

从工程建设流程来看，建设工程项目需历经勘察、设计、采购、施工、试运行、交付使用等阶段。而我国工程建设价值链的长期割裂，造就了设计、采购、施工等环节各自为政、各自实施的局面；各建设主体之间往往相互制约、相互脱节；工程建设的进度、成本和质量也常常与预期相距甚远。而工程总承包模式的提出，便瞄准了价值链割裂现状以及由此带来的工程建设管理顽疾，寄予了采用先进的工程建设组织实施方式推动建筑业健康发展的厚望。

40 年来，我国开展工程总承包业务的企业主要有 4 类，涵盖了工程总承包的不同模式。

一是设计企业。设计院开展工程总承包起步时间最早，又以化工系统为代表，在原有设计院的基础上组建了 6 个工程公司。由于设计院占据了工程建设产业链的前端，因此成为了工程总承包领域中比较活跃的企业。

二是施工企业。一些建筑企业以各种途径进行工程总承包的实践，如 PPP、BOT，有的通过海外项目或外资项目，借用国际通行的承包方式成就了自身的工程总承包。此外，在建筑行业中，一些细分专业如建筑装饰、安防工程、移动通信室内覆盖工程等，都是设计、采购、施工一气呵成，天生具备工程总承包的条件。

三是有核心设备的制造企业。在成套的设备出口和“援外”的带动下，这类企业实现了由“单一设备制造”向“工程总承包转型”的重大突破，如东方电气集团就是其中的佼佼者。

四是拥有核心技术或专利的科技企业。这些企业以核心技术或专利实施从科研、设计、制造、施工的一体化总承包，如有的专业从事烟气除尘除灰、脱硫脱硝等研发和装备制造，有的专注于大气污染治理、水污染治理和生态湿地修复与保护，有的注重于燃煤电厂烟气污染控制与装备研发并居国际领先水平。

本条说明的设计采购施工总承包（EPC）、设计施工总承包（DB），是我国目前知名度最高且采用较多的两种工程总承包模式。根据工程项目的不同规模、类型、发包范围等，工程总承包还可采用设计采购总承包（EP）和采购施工总承包（PC）。

国外最早出现的工程总承包为20世纪60年代的设计—建造（DB）模式，20世纪80年代初，出现了设计采购施工（EPC）模式，1985年美国建筑师协会（AIA）编印DB合同条件，1999年FIDIC出版《设计采购施工（EPC）/交钥匙工程合同条件》，这是FIDIC第一次编制出版的新型合同条件。其在序言中写道，“近些年来，已注意到很多建设市场需要一种固定最终价格、经常还有固定竣工日期的合同格式。这是一份为工业生产或电力项目提供交钥匙工程的合同条件。它可以用于整个工厂或与之类似的设施，或用于基础设施项目”。

FIDIC合同条件在我国具有很大影响，而FIDIC对EPC有清晰的界定，如发承包双方对EPC合同有争议或漏洞时，FIDIC银皮书会成为重要的参考，因此应认真考虑EPC的适用范围和风险划分的原则，不管EPC合同还是DB合同，都包括材料和设备采购的内容，合同文本中应当审慎使用EPC名称。

我国将Engineering Procurement Construction翻译为设计采购施工总承包。将设计建造（Design and Build）称为设计施工总承包。这个翻译从产业链角度可以理解，工程建设一般就是设计、施工以及材料设备的采购，但EPC和DB二者之间主要有以下区分：

1. EPC的设计Engineering与DB的设计Design的区别

DB模式起源于机电工程，业主已经完成了方案设计，至少也作了可行性研究，有明确的设计方向和总体规划，总承包商承担的设计工作主要是为了实现最终输出而具体落实设计某个机电装置及其配套的建筑，比如成套设备或生产线+厂房建筑。也就是说，DB模式最初是用在那些以“物”为主的工业工程，后期才推广到土木工程项目。

而EPC中的设计E与DB中的设计D不是一个概念，E不是一个节点，而是一个过程，不仅包括具体的设计工作，更涵盖以建设项目需求和建设单位需求为依据，从项目策划、投资研究、方案设计、初步设计、详细设计、工程验收、合同履约等工程全过程全方位的总体策划和具体工作。因此EPC不是设计—采购—施工三项工作的线性组合，其集成性和系统性的特点极其显著。此外，其最大的问题是工程造价会比较高，而EPC的工程总承包商利用Engineering来控制整个工程的造价，是至关重要的一步。

2. DB 模式和 EPC 模式的风险承担程度不同

DB 和 EPC 合同最本质的区别是风险承担方式不同。设计施工总承包（DB）合同是在发包人和承包人之间相对均衡地分担风险，把风险分配给有能力控制风险的一方，承包人一般承担设计、施工以及设计和施工之间协调以及工程量变化的风险，但对于一个承包商所不能合理预见的风险一般不予承担：设计采购施工总承包（EPC）强调风险的不平衡分配，承包商除了承担 DB 模式下的风险外，还要承担许多一般承包商所不能合理预见的风险。把绝大部分风险交由承包人承担，合同价格中包括相应的风险费，同时合同工期和价格相对更加固定，承包人的索赔空间变小。风险分配区别如下：

（1）发包人要求的准确性风险。

EPC 合同下，涉及项目预期使用目的、性能标准、不可变的或承包人无法核实的数据，由发包人承担责任，除此之外的发包人要求的准确性风险全部由承包人承担无过错责任。

DB 合同下，承包人承担过错责任，一个有经验承包商履行了尽责和谨慎义务仍没能发现发包人要求中存在的错误，则该风险由发包人承担。

（2）现场数据的准确性风险。

EPC 合同下，发包人提供的所有现场数据由承包人承担严格责任，发包人不承担责任。

DB 合同下，承包人对现场数据承担过错责任，以一个有经验承包人应当发现的错误为限。

（3）不可预见的困难的风险。

EPC 合同下，承包人应被视为已经获得所有关于风险、意外事件以及其他情况的必要资料，除非构成例外事件，否则默认由承包人承担异常不利现场条件导致的全部风险，合同价格不能因任何不可预见的困难进行调整。

DB 合同下，如果承包人遭遇的此类物质条件构成了不可预见，即一个有经验的承包人在基准日期之前无法合理预见的，则工期和费用风险由发包人承担，利润风险由承包人承担。

（4）不可预见的物质条件。

EPC 合同下，除非构成例外事件，否则默认由承包人承担不可预见的物质条件导致的全部风险。

DB 合同下，当遭遇不可预见的物质条件时，承包人需说明不可预见的理由，且是否构成损失成立时，由发包人承担费用和工期延误。

（5）物价波动的风险。

EPC 合同下，物价的波动一般不调整合同价格。

DB 合同下，物价波动可调整合同价格。

【应用指引】

由于我国对工程总承包不分具体模式的差异，概括式进行规范，因而在建筑市场上和很多文章中直接将EPC等同于工程总承包，这样一来难免顾此失彼，如《房屋建筑和市政基础设施项目工程总承包管理办法》（建市规〔2019〕12号）第六条第二款规定“建设内容明确、技术方案成熟的项目，适宜采用工程总承包方式”。这一定义作为施工总承包或设计施工总承包（DB）的要求显然更为恰当，作为对设计采购施工总承包（EPC）的要求显然值得推敲，因为，对于建设项目目标明确，但建设内容不太明确，技术方案不太成熟的项目，更需要由专业的人士干专业的活，由他们去承担更大的风险，更适宜于EPC。因此本规范提出EPC与DB的适用建议。

（1）以下项目采用EPC可较好地发挥优势：①可以比较准确地定义生产能力的建设项目，例如：日处理污水多少吨的污水处理厂项目，日生产多少吨水泥的水泥厂项目。②具有核心生产能力的设备制造企业，具有专利或专有技术的科技型企业。例如：成套电气设备制造，大气污染治理、水污染治理等项目。③“新基建”项目。例如：以5G、物联网、工业互联网、卫星互联网为代表的通信网络基础设施；以人工智能AI、云计算、区块链等为代表的新技术基础设施；以数据中心、智能计算中心为代表的算力基础设施；以深度应用互联网、大数据、人工智能等技术来支撑传统基础设施转型升级的智能交通基础设施、智慧能源基础设施；以及支撑科学研究、技术开发、产品研制的具有公益属性的重大科技基础设施、科教基础设施、产业技术创新基础设施等新基建项目。

（2）在满足下列条件的项目中，DB模式可以较好地发挥优势：①能够比较清晰地定义发包人的功能需求和有关技术标准，使承包人能准确地理解。②发包人的功能需求基本可由国家或行业发布的技术标准或技术规程来定义。如市政基础设施和房屋建筑项目，都有较为详尽的国家标准、行业标准和技术规程。③若项目中较多的工程内容存在可施工性的问题，DB模式更能发挥优势。在DB模式下，由于承包人自己负责工程的设计和施工，可施工性能充分在其设计中加以考虑，从而避免传统模式下对设计的“可施工性”研究不够的问题。

因此，本条建议发包人根据建设项目的专业特点、风险控制能力，选择恰当的工程总承包模式。

3.1.2 具有下列情形时，发包人不宜采用设计采购施工总承包（EPC），可采用设计施工总承包（DB）：

1 投标人没有足够的时间或信息仔细审核发包人要求，或没有足够的时间或信息进行设计、风险评估和估价；

2 施工涉及实质性地下工程或投标人无法检查的其他区域的工程；

3 发包人要密切监督或控制承包人的工作，或审查大部分施工图纸。

发包人以施工图项目进行工程计量和计价应采用施工总承包。

【条文解读】

本条是工程总承包模式选择条件的规定。

不同的工程发承包模式，对于工程实施的管理导向是不同的。例如，FIDIC 施工合同条件下是过程控制导向，而设计采购施工（EPC）合同条件是功能或结果导向的，FIDIC 银皮书（1999 年版）在序言中明确指出，采用 EPC/交钥匙合同条件时，“雇主必须理解，他们编写的‘雇主要求’在描述设计原则和生产设备基础设计的要求时，应以功能作为基础”，“应允许他（指承包商）提出最合适于他的设备和经验的解决方案”，并“应给予承包商按他选择的方式进行工作的自由，只要最终结果能够满足雇主规定的功能标准”。

根据上述功能或结果导向的理念，在 EPC 模式下，承包商应有根据其经验和能力进行项目策划、优化设计，选择设备、制造工艺和施工方案的权利，而不应受到业主的不当干扰，只要工程完工后其结果是实现了 EPC 合同规定的工程的功能和符合质量标准。

但在工程实践中，业主出于对工程质量的担心，往往对承包商的工程实施进行深度的过程控制，如严格审查承包商的设计方案和施工图纸，严格控制施工过程，严格审查甚至指定工程设备等。

这种严格控制一方面导致承包商无法根据其经验和能力进行优化设计，严重限制了承包商利用 FIDIC 银皮书设定的价值工程（Value Engineering）机制控制和降低实施成本的权利；另一方面也不利于承包商节约工期和按时完工。

对于银皮书的适用范围，银皮书序言不是以正向列举，而是以反向排除的方式作了明确界定，2017 年版提出以下三点不适用 EPC/交钥匙合同条件：

（1）EPC 不适用于“投标人没有足够时间或资料，以仔细研究和核查雇主要求，或进行他们的设计、风险评估和估算”的项目。

但在工程实践中，不少业主对于项目都没有做初勘，因而提供给承包商的资料十分有限，或者给予承包商的投标时间很短，承包商来不及详细消化业主提供的资料，或者没有足够的时间或资料来进行设计、风险评估和估算，在此情况下，却要求承包商报出固定总价，是严重不合理的。

（2）EPC 不适用于“建设内容涉及实质性地下工程，或投标人未能调查的区域内的工程”的项目。

地下工程，特别是不利地质条件是工程项目中最大的风险之一，在 EPC 模式下，业主对工程进行发包时，通常只是对工程现场做过初勘，这种初勘有的甚至很粗糙，远未达到承包商可以借此进行全面深入的地下条件风险评估的程度。

在此情况下，要求承包商报出固定总价并签署合同，显然是不合理的，这种报价已不是合理估算基础上的报价，而变成了风险转嫁和风险对赌，加大了承包商的风险。对于这种风险，并不是承包商在报价中考虑一定风险费或不可预见费就可以解决的（何况在激烈的市场竞争形势下，承包商很难在报价中考虑与该类高风险相匹配的风险费），所以也就违背了 FIDIC 银皮书编制的初衷。

（3）EPC 不适用于“雇主要严密监督或控制承包商的工作，或要审核大部分施工图纸”的项目。

EPC 模式的工程管理是功能或结果导向的，原则上说，承包商有权对工程进行优化设计和设备选型，以及自由选用合理的施工方案，而业主不能对承包商进行不合理的干预。只要承包商完成的工程符合 EPC 合同规定的性能要求和质量标准，工程就应通过验收，业主就应接受工程，这也是结果导向的真谛，因此形象地称为“交钥匙（turnkey）”。

如果业主需要严密监督或控制承包商对工程的实施，审核大部分施工图纸，那就意味着业主对承包商的工程实施进行严格的过程控制，这将导致承包商无法有效地控制和降低成本，造成严重的误期风险。因此，该类项目不宜采用 EPC。

此外，由于 EPC 合同是总价合同，而不是单价合同，所以 EPC 合同下的结算和支付是以里程碑（milestone）为节点进行，而不是按照实际完成的工程量来计价的。在实际操作中，每个里程碑都对应占合同总价相应比例的工程款，只要承包商实现了该里程碑，业主就应支付相应的里程碑工程款。

如果业主对承包商的每次结算与付款都需要经过按工程量计价确定，甚至在某些项目上对承包商的最终结算还规定以施工图预算评审结果为准，这实际上是“穿着工程总承包的新鞋，走的施工总承包的老路”，甚至比施工总承包还要落后，毕竟，施工总承包下的施工图是由发包人提供的，发包人对投资是可控的，而工程总承包下的施工图已改由承包人提供，出于趋利的目的，谁能保证承包人不过度设计以追求高额利润呢？而此时还以施工图计量计价，发包人事实上对投资已处于失控的状况，这也是发包人通过合同约定亲自把自己送上这对自身极其不利的境地的。因此，本条规定，发包人以施工图项目进行工程计量计价的，应当采用施工总承包。

3.1.3 建设项目工程总承包可在可行性研究报告、方案设计或初步设计批准后进行。发包人应当根据建设项目特点、实际需要和风险控制选择恰当的阶段进行工程总承包的发包。

发包人确定建设项目工程总承包发包阶段后，可按下列规定选择工程总承包模式：

1 可行性研究报告批准后发包的，宜采用设计采购施工总承包（EPC）模式；

2 方案设计批准后发包的，可采用设计采购施工总承包（EPC）或设计施工总承包（DB）模式；

3 初步设计批准后发包的，宜采用设计施工总承包（DB）模式。

【条文解读】

本条是关于不同发承包阶段，选择工程总承包模式的规定。

在我国，按照相关规定，建设项目工程总承包可以在可行性研究报告批准，即立项批准后，或在方案设计文件完成后，或在初步设计文件批准后进行，但不同的设计深度对工程总承包模式的选择具有重大影响，因此，本条规定了在不同发承包阶段，发包人应当根据建设项目特点、实际需要和风险控制选择恰当的阶段进行工程总承包的发包。

由于不同的发包阶段设计深度的不同对工程总承包内容、需求等发包人要求的影响，因此，本条提出：①可行性研究报告批准后发包的，宜采用 EPC 模式；②方案设计完成后发包的，可采用 EPC 或 DB 模式；③初步设计批准后发包的，宜采用 DB 模式。

依据《房屋建筑和市政基础设施项目工程总承包管理办法》（建市规〔2019〕12号）第七条和《公路工程设计施工总承包管理办法》（交通运输部令 2015 年第 10 号）第二条的规定，政府投资项目原则上应当在初步设计批准后，采用设计施工总承包（DB）模式发包；毕竟在初步设计文件已经批准的情况下，采用 EPC 已无多大意义，采用设计施工总承包（DB）模式对于政府投资的控制是比较恰当的；按照国家有关规定简化报批文件和审批程序的政府投资项目，在投资决策审批后，可以采用设计采购施工总承包模式（EPC）发包，以便发包人正确选择。

【法条链接】

《房屋建筑和市政基础设施项目工程总承包管理办法》（建市规〔2019〕12号）

第七条　建设单位应当在发包前完成项目审批、核准或者备案程序。采用工程总承包方式的企业投资项目，应当在核准或者备案后进行工程总承包项目发包。采用工程总承包方式的政府投资项目，原则上应当在初步设计审批完成后进行工程总承包项目发包；其中，按照国家有关规定简化报批文件和审批程序的政府投资项目，应当在完成相应的投资决策审批后进行工程总承包项目发包。

《公路工程设计施工总承包管理办法》（交通运输部令 2015 年第 10 号）

第二条　公路新建、改建、扩建工程和独立桥梁、隧道（以下简称公路工程）的设计施工总承包，适用本办法。

本办法所称设计施工总承包（以下简称总承包），是指将公路工程的施工图勘察设计、工程施工等工程内容由总承包单位统一实施的承发包方式。

第五条　总承包单位由项目法人依法通过招标方式确定。

项目法人负责组织公路工程总承包招标。

公路工程总承包招标应当在初步设计文件获得批准并落实建设资金后进行。

3.1.4 发包人采用工程总承包模式，应编制工程总承包合同中称为“发包人要求”的文件，在文件中明确建设项目工程总承包的目标、范围、功能需求、设计与其他技术标准。

发包人没有编制“发包人要求”，或编制的“发包人要求”不能实现工程建设的目标时，不宜采用工程总承包模式。

【条文解读】

本条是关于发包人要求的规定。

与施工总承包不同，“发包人要求”是发包人采用工程总承包模式的必备条件，属于建设项目交易的核心内容，因而是承包人投标报价的重要依据，并构成合同文件的重要组成部分，成为指导工程实施并检查工程是否符合发包人预定目标的标准。因此，实行工程总承包不能用施工总承包既有的规则与观念去看待与处理工程总承包。“发包人要求”对工程价款的影响是工程总承包最核心的问题。可以说直接关系到工程总承包项目实施的成败。实践已经说明，不少地区的建设项目工程总承包极不重视“发包人要求”的编制，甚至在没有“发包人要求”的情况下，采用所谓“费率下浮”“模拟清单”发包，导致工程结算回到施工图工程量计价，与2003年实行工程量清单计价规定的提倡事前算细账、算明账大相径庭，又回到事前不算账，事后算总账的老路，其结果甚至还不如施工总承包。可见，发包人是否设置“发包人要求”或“发包人要求”不合理，承包人理解发包人要求不到位，都有可能对建设项目的实施带来毁灭性的打击。而编制了一个好的“发包人要求”，建设项目总承包就开了一个好头，其后续的项目管理、合同履行将会持续从中受益。

1. “发包人要求”的由来

2011年9月，住房城乡建设部、国家工商总局印发《建设项目工程总承包合同（示范文本）》，合同文件的构成中仅提到了标准、规范及有关技术文件和设计文件、资料和图纸，没有提出“发包人要求”的概念。

2011年12月，在《标准设计施工总承包招标文件》中，“发包人要求”被首次定义，在合同通用条款中对“发包人要求”定义为：指构成合同文件组成部分的名为发包人要求的文件，包括招标项目的目的、范围、设计与其他技术标准和要求，以及合同双方当事人约定对其所作的修改或补充。在该文件中对“发包人要求”的相关规定包括：在第二章2.1招标文件的文件组成列出了（5）发包人要求；在3.7.2投标文件规定：应当对招标文件有关招标范围、投标有效期、工期、质量标准、发包人要求等实质性内容作出响应；在第四章通用合同条款中有30余条出现“发包人要求”。在第五章专列了“发包人要求”书写内容。

2015年，住房城乡建设部、国家工商总局印发《建设工程设计合同示范文本（专业建设工程）》，该文本将“发包人要求”作为合同文件的重要构成部分，同时也作为专用条款附件 2 的重要组成内容。

2019 年 12 月，住房城乡建设部、国家发展改革委印发《房屋建筑和市政基础设施项目工程总承包管理办法》（建市规〔2019〕12 号），第九条规定：建设单位应当根据招标项目的特点和需要编制工程总承包项目招标文件。发包人要求，列明项目的目标、范围、设计和其他技术标准，包括对项目的内容、范围、规模、标准、功能、质量、安全、节约能源、生态环境保护、工期、验收等的明确要求。

2020 年 11 月，住房城乡建设部、国家市场监督管理总局印发《建设项目工程总承包合同（示范文本）》，将“发包人要求”定义为：“指构成合同文件组成部分的名为《发包人要求》的文件，其中列明工程的目的、范围、设计与其他技术标准和要求，以及合同双方当事人约定对其所作的修改或补充”。相关条文中出现约 30 处，并将其作为专用合同条件附件一，具有与专用合同条件相同的法律地位。

2.“发包人要求”在工程总承包模式中的意义

（1）“发包人要求”是建设项目实行工程总承包的必要前提。建设项目实行工程总承包，由于设计施工一体化，至少是施工图设计与施工一体化，按照工程建设的客观规律，“发包人要求”这一体现建设项目需求和发包人需求的文件就是必不可少的，可以说是实行工程总承包的前提条件，因此，本条第二段规定发包人没有编制“发包人要求”或“发包人要求不能实现工程建设的目标时，不宜采用工程总承包”。

（2）“发包人要求”是明确建设目的、标准和需求的主要载体。“发包人要求”的定义及其包含的内容，赋予其自身丰富的内涵，发包人将项目的建设目标、建设标准及功能需求，项目管理、质量标准等所有内容通过“发包人要求”进行表达，是发包人最终验收的重要依据，有利于保障项目的整体性和项目品质；有利于规避项目运行过程中的各种风险，减少项目过程沟通成本，促进项目加速推进。

（3）“发包人要求”是“按图施工”向“按约实施”转变的必然要求。施工总承包模式中，承包人实施项目最核心的依据为施工图纸。在工程总承包模式中，施工图由承包人完成，承包人参与工程建设的时间切入点大幅提前。而完成施工图的主要依据是“发包人要求”和技术标准，“发包人要求”成为“验收”的标准。发包人从传统模式下的按“图”验收转变为按“约”验收。

（4）“发包人要求”是承包人投标报价、进行建设的必备条件。“发包人要求”是投标人在投标阶段有效识别风险，合理确定成本、进度、质量及安全目标的重要依据，确保投标的合理性。是界定工程实施过程中所发生的变化是否属于变更的依据。在合同履行中，使用方的需求可能发生变化，变化的基础则是“发包人要求”。在计算变更费用时，通过新增需求与“发包人要求”的对比，从而确认对应的变更费用。

（5）“发包人要求”是办理结算、处理争议的重要依据。工程总承包计价不同于传统的施工总承包按施工图工程量计量计价，而是通过合同价款支付分解表进行，一般为总价合同，合同履行过程中的价款调整，工期变化都建立在发包人要求是否变化的基础上，工程变更、工程鉴证、工程索赔是否成立都需要检视是否在发包人要求确定的发包范围之外。

3. “发包人要求”在合同中的地位（见表3-1）

表3-1 “发包人要求”在合同中的地位

	标准设计施工总承包招标文件（通用合同条款）	建设项目工程总承包合同（示范文本）
国内	中标通知书	中标通知书（如果有）
	投标函及投标函附录	投标函及投标函附录（如果有）
	专用合同条款	专用合同条件及《发包人要求》等附件
	通用合同条款	通用合同条件
	发包人要求	—
	价格清单	价格清单
	承包人建议	承包人建议书
	其他合同文件	双方约定的其他合同文件
FIDIC	生产设备和设计施工合同条件	设计采购施工（EPC）/交钥匙工程合同条件
	合同协议书	合同协议书
	中标函	—
	投标函	—
	专用条件A部分-合同数据	专用条件A部分-合同数据
	专用条件B部分-特别规定	专用条件B部分-特别规定
	通用条件	通用条件
	雇主要求	雇主要求
	资料表	资料表
	承包商建议书	投标书
	联合体承诺书（如果承包商是联合体）	联合体承诺书（如果承包商是联合体）
	构成合同部分的任何其他文件	构成合同组成部分的其他文件

【应用指引】

1. “发包人要求”的编写内容

（1）体现建设项目合同目的。在《标准设计施工总承包招标文件》中首次采用“发包人要求”，并将其作为招标文件和合同文件的组成组分，旨在列明工程的目的、范围、设计与其他技术标准和要求，体现发包人所期望达到的目的或状态，即“合同目的”，并构成招标文件的实质性要求。《建设项目工程总承包合同（示范文本）》进一步将“发包人要求”列为专用合同条件的第一附件，在合同文件构成上替代了2011版工程总承包合同的“标准、规范及有关技术文件”“设计文件、资料和图纸”等，并赋予其与专用合同条款相同的效力顺序。“发包人要求”作为工程总承包合同的组成部分，是发承包双方意思表示经过要约、承诺阶段达成合意的结果，是整个工程总承包合同约定发承包人义务的最主要的文件，是发包人实现“合同目的”的关键。在招标人和中标人订立合同时，合同的标的、价款、质量、履行期限等主要条款，不得与“发包人要求”相背离。

“发包人要求”体现了“合同目的”，合同标的是发承包双方订立合同的目的所指向的对象，是合同成立的必备条款。建设项目工程总承包合同的标的是指由承包人完成的工作成果，即建设项目“标的物”。尽管“发包人要求”编制模板内容涉及多个方面，但工程总承包模式中的“发包人要求”与施工总承包模式中的“施工图纸”法律性质是一致的，即发包人希望通过合同取得的标的——建设工程，也是承包人的工作范围。但是“发包人要求”却不同于“施工图纸”的具体明确，“发包人要求”是一种比较宏观的语言表述，在理解上容易产生偏差。而一旦出现理解偏差就会影响到工程价款。因而，“发包人要求”需要达到保证双方当事人对于合同目的有基本一致的认知，否则将可能导致合同目的无法实现的风险；“发包人要求”需要达到作为专业的工程总承包人可以合理预见履约风险，否则无法明确合同风险及无法明确合同价款，也可能导致工程失败。

此外，发包人必须注意，如果“发包人要求”应当提及而没有提及的事项，则承包人完全可以免除与此类事项相关的任何责任。

（2）厘清“发包人要求”与设计文件关系。设计过程通常包括方案设计、初步设计和施工图设计等阶段，是实现项目策划与施工衔接的关键性环节。工程设计具有迭代性质，各设计阶段呈现出项目目标逐层深化的螺旋上升逻辑关系。

由于设计文件是发包人定义工程总承包合同标的物的重要文件，应成为“发包人要求”的主要组成部分。承包人按合同约定设计的文件与发包人提供的设计文件之间的深度差异，应为发包人在“发包人要求”中定义合同标的物时所重点关注的内容。工作分解结构（WBS）是创建所需可交付成果所要进行的全部工作范围的层级分解，有助于将不确定的挑战转化为一系列不确定性较小的挑战，是发包人界定合同标的物的有效工具。

（3）明确工程计价的需求。由于合同计价方式的应用随工程的不确定性而变化，“发包人要求”的编制内容应与合同计价方式相适应，明确建设项目的功能需求及技术标准，才能使发承包双方对工程计价达到认知趋同。发包人基于工作分解结构成果编制“发包人要求”时，应考虑工程计价的影响效应，可采取性能性描述、规定性描述或性能性与规定性综合描述等编写方式，对合同标的物加以界定，避免工程计价的争议。

2. “发包人要求”的编制方法

（1）正确应用“发包人要求”编制模板。鉴于“发包人要求”在工程总承包合同文件及发承包双方履约过程中的重要价值，《标准设计施工总承包招标文件》和《建设项目工程总承包合同（示范文本）》提供了统一的编制模板，内容涉及功能要求、工程范围、工艺要求、时间要求、技术要求等十一项内容。但在项目招标采购阶段，“发包人要求”与合同条款同时作为招标文件的组成部分，二者在内容上具有交叉重合；且不同的发包阶段对应不同深度的设计文件，“发包人要求”的编制内容与设计文件的深度密切相关，并应满足不同计价方式的需要。因此，“发包人要求”编制模板仅提供了一个基本的编制框架，而具体建设项目的“发包人要求”编制则因影响因素不同而存在较大差异。

通过提高“发包人要求”的编制水平，真正实现施工总承包“按图施工”向工程总承包“按约实施”的转变，是提高工程总承包合同的履约效率的必然要求。

(2) 灵活应用“发包人要求”编制方法。“发包人要求”核心是发包人的需求和建设项目自身的需求，可以说是发包人要求的源头。那么，深入挖掘、准确把握发包人的需求是编制“发包人要求”的重点和难点。为此，“发包人要求”的编制既要注重技术性，又要兼顾协调性。所谓技术性，指“发包人要求”的编制要全面、客观、准确，体现专业水准，围绕工程建设的三大管理目标质量、工期、造价展开。对于可以进行定量评估的工作，应明确规定建设目标、用途、功能、质量、环境以及计算方法。特别是涉及工程价款的功能需求，使用材料设备的品质、技术参数等应尽可能详细编列。所谓协调性，是指“发包人要求”的编制要虚实结合，刚柔并济，体现包容。工程总承包有别于施工总承包，如果“发包人要求”过于具体，反而容易埋下变更的种子。“发包人要求”要有一定的概括性，因为建设项目在发包时不可避免地会存在一定的不确定性。那么，绝对刚性的“发包人要求”不仅束缚承包人，同时也在束缚发包人，极易导致合同履行过程中的争议。

(3)“发包人要求”须与合同条件相衔接。“发包人要求”的内容需要基于合同文件、技术规范和方案设计、初步设计文件等联合确定。由于工程总承包招标文件属于要约邀请，对招标项目的质量、工期、技术要求以及合同主要条款均作出明确规定，并与“发包人要求”一起构成了招标文件的实质性要求。《标准设计施工总承包招标文件》中通用合同条款与《建设项目工程总承包合同（示范文本）》中有不少条款列有“发包人要求”的规定。“发包人要求”作为专用合同条件的附件，应与合同条款相协调，相衔接，其内容应在明确界定工程总承包合同标的物的基础上，同时包括合同条款未能约定的事项以提高履约效率。

3.“发包人要求”编写流程

“发包人要求”的编制是一项系统性的工作，既需要考虑合同目标、合同条款及计价方式等多个影响因素，也需要统筹其编写、完善、修改等各环节。“发包人要求”的编制过程可划分为准备、编写、修改三个阶段。

(1)“发包人要求”编写的准备。在编写“发包人要求”的准备阶段，发包人在完成项目前期资料收集整理的基础上，根据批准的可行性研究报告或方案设计、初步设计及其他前置文件，结合工程部位和工程实体质量验收的划分规则，可采用自上而下法创建工程总承包合同标的物的工作分解结构，形成与发包阶段成果文件相对应的结构层次和工作包，其相应的结构层次依次为单项工程、单位工程、分部工程、扩大的分项工程，其中扩大的分项工程为工作分解结构最低层次的工作包。根据工作分解结构成果，结合工程总承包合同策划，尤其是合同计价方式策划，明确合同标的物的界定环节及相应深度，并根据招标采购文件中合同条款的设置情况及合同标的物的特点，具体解析合同条款未能约定而需要在“发包人要求”中予以明确的要求。

（2）“发包人要求”的编写。“发包人要求”是合同文件的构成部分，而设计文件却不在合同文件之列。政府投资项目的初步设计文件是发包人界定合同标的物的重要文件，因此，在编写“发包人要求”时，应首先将初步设计文件明确为“发包人要求”的组成部分，并与“发包人要求”一起构成合同文件且具有相同的效力顺序。尽管初步设计完成后项目建设范围、建设内容、建设标准等已基本明晰，但初步设计与施工图设计之间存在的深度差异，仍应为“发包人要求”在界定合同标的物时所重点关注的内容，并根据合同计价方式的不同，采取不同的编写策略。

在发包前需要对工作包的技术配置及交付标准，尤其是对工程质量及工程造价影响较大的内容，进行较为详细的规定性或性能性描述，以形成较为明确的变更研判基准，减少发承包双方对施工图设计“极致简化”问题的争议。当少数项目采用单价计价方式时，在发包前需要对合同标的物进行基本约定。此外，应围绕合同标的物的特点及实现过程，分析招标采购文件中合同条款的设置情况，并将合同条款未予明确的内容一并编写在“发包人要求”中。

（3）“发包人要求”的修改。工程总承包模式下的建设项目，承包人设计并经发包人审查后的施工图，是详细界定合同标的物的关键成果。尽管合同约定应严格按照经发包人审查同意的施工图设计文件实施工程，但发包人对承包人文件的审查和同意不应理解为对合同的修改或改变，即经审定的施工图设计文件应符合“发包人要求”，判断变更是否发生的基准亦为“发包人要求”。总价合同的签约合同价的对价工作内容包括合同明确的工作和合同隐含的工作，变更主要来源于“发包人要求”的改变。因此，发包人对“发包人要求”的修改属于变更问题，而对“发包人要求”所做的补充和完善，则容易引发发承包双方关于“变更或优化认定问题”的争议，故发包人在该阶段应尽量减少对“发包人要求”的再次完善。

在施工总承包模式的影响下，“设计变更”等于“价款变更”的观念支配着我们的思维，例如，《最高人民法院关于审理建设工程施工合同纠纷案件的解释（一）》（法释〔2020〕25 号）第十九条第二款规定：“因设计变更导致建设工程的工程量或者质量标准发生变化，当事人对该部分工程价款不能协商一致的，可以参照签订建设工程施工合同时当地建设行政主管部门发布的计价方法或者计价标准结算工程价款。”就是对这一观念的规则化表达。在施工总承包模式下，施工合同所指的设计变更一般指施工图设计变更，但是在工程总承包模式下，合同价款的对家不再是施工图纸，而是更加偏重于目的性的“发包人要求”，“设计变更”不再必然成为工程变更的理由，还需要进一步认定是否涉及“发包人要求”的变更。由此可见，“发包人要求”发生实际变化的变更可调整合同价格。在工程总承包模式下，如何界定“发包人要求”的范围，也就是如何确定工程价款明确边界，将成为工程总承包项目的焦点。在实践中，存在最多的问题之一就是“发包人要求”过于简洁与粗略，甚至没有“发包人要求”，这将导致发承包双方对于合同目的的理解存在更大偏差的可能，也可能导致承包人建设的工程根本不符合发包人的预期。更严重的后果可能意味着合同目的无法实现，对于发承包人双方而言都是重大损失。

4.“发包人要求”的编写深度

工程总承包发包阶段可以分为以下三个阶段：一是可行性研究报告批准或项目审批、核准或者备案程序后；二是方案设计完成后；三是初步设计批复后。发包人编写的“发包人要求”应结合不同的发包阶段，不同的合同计价模式，匹配不同的重点和深度。

（1）可行性研究报告批复后。项目审批、核准或者备案程序后的发包，项目的资料极其有限，“发包人要求”中技术标准需要参考成熟技术方案资料的形式进行体现。建设范围、建设内容、功能需求及品质要求均需在可行性研究报告的基础上明确，对“发包人要求”的编制要求较高。如果采用该模式，前期招标需准备较为充分，准备时间更长。

（2）方案设计完成后。方案设计完成后，项目已具有一定的设计资料，如建筑方案、主要的建筑功能、功能需求、建设范围及建设内容已基本确定，“发包人要求”中需要更多关注的是详细的建设范围、建设内容、功能需求以及品质要求。

（3）初步设计批复后。在初步设计及初设概算批复后，项目的建设范围及建设内容已通过初步设计图纸确定，“发包人要求”中的功能需求可以通过图纸或图表方式表达，品质要求需详细约定。因此，该阶段的总价包干计价发包风险较小。

需要注意的是，由于我国现阶段工程总承包合同条件均未再细分总承包的不同模式，即EPC或DB等，编制设计施工总承包（DB）“发包人要求”时，由于初步设计已反映了“发包人要求”的不少内容，因此，与EPC相比，可以简化一些初步设计文件已经明确的内容。

由于“发包人要求”在工程总承包中特别是EPC模式具有举足轻重的重要作用，是否编制或编制的“发包人要求”是否达到引领承包人实施建设项目，达到发包人的预定目标，可以说是判断发包人的建设项目是否具备采用工程总承包模式（特别是EPC）的前提条件，因此本条第二段规定没有编制“发包人要求”或编制的“发包人要求”不符合工程建设目标实现的，不宜采用工程总承包模式。

3.1.5 发包人采用工程总承包模式，应依据相关法律规定，要求承包人提供履约担保，并在合同中约定履约保函占签约合同价的比例及数额。

发包人应当向承包人提供工程款支付担保。

【条文解读】

本条是关于工程总承包下发承包双方履约担保的规定。

相对于施工总承包，采用工程总承包模式更适用于履约担保，以保障工程建设的顺利进行。因此，本条第一段根据《中华人民共和国招标投标法》（以下简称《招标投标法》）相关规定，借鉴国际通行做法，要求承包人提供与工程总承包范围相适应的履约担保，这是采用经济手段维护发包人利益，保障工程总承包顺利推行的重要举措。

本条第二段依据《保障农民工工资支付条例》第二十四条规定："建设单位应当向施工单位提供工程款支付担保。"以避免发包人拖延工程款支付，维护承包人的利益。

【应用指引】

（1）担保方式。目前我国法律法规对履约担保和支付担保的方式并没有强制性要求，一般由发承包双方确定对方提供的担保方式并在合同中约定。担保方式为银行和专业担保机构保函。

发包人工程款支付担保是指为保证发包人履行合同约定的工程款支付义务，由担保人为发包人向承包人提供的保证业主支付工程款的担保。

（2）担保额度。担保金额不得低于合同价款的 10%，且不得少于合同约定的分期付款的最高额度。

（3）担保期限。合同约定的有效期截止时间为发包人根据合同的约定完成全部工程结算款项支付之日起 30 天至 180 天。发包人工程款支付担保按合同约定的分期付款段滚动进行，当一个阶段的付款完成后自动转为下一阶段付款担保，直至工程结算款全部付清。因发包人不履行合同而导致工程款支付保函金额被全部提取后，发包人应在 15 日内向承包人重新提交同等金额的工程款支付担保函。否则，承包人有权停止施工并要求赔偿损失。

（4）联合体担保。履约担保由联合体各方共同提交，或由联合体牵头人代表联合体提交，具体提交主体应在专用合同条件中明确约定。

【法条链接】

《中华人民共和国招标投标法》

第四十六条第二款　招标文件要求中标人提交履约保证金的，中标人应当提交。

《中华人民共和国招标投标法实施条例》

第五十八条　招标文件要求中标人提交履约保证金的，中标人应当按照招标文件的要求提交。履约保证金不得超过中标合同金额的 10%。

《保障农民工工资支付条例》（国务院令第724号）

第二十三条　建设单位应当有满足施工所需要的资金安排。没有满足施工所需要的资金安排的，工程建设项目不得开工建设；依法需要办理施工许可证的，相关行业工程建设主管部门不予颁发施工许可证。

政府投资项目所需资金，应当按照国家有关规定落实到位，不得由施工单位垫资建设。

第二十四条　建设单位应当向施工单位提供工程款支付担保。

建设单位与施工总承包单位依法订立书面工程施工合同，应当约定工程款计量周期、工程款进度结算办法以及人工费用拨付周期，并按照保障农民工工资按时足额支付的要求约定人工费用。人工费用拨付周期不得超过1个月。

建设单位与施工总承包单位应当将工程施工合同保存备查。

第四十九条　建设单位未依法提供工程款支付担保或者政府投资项目拖欠工程款，导致拖欠农民工工资的，县级以上地方人民政府应当限制其新建项目，并记入信用记录，纳入国家信用信息系统进行公示。

第五十七条　有下列情形之一的，由人力资源社会保障行政部门、相关行业工程建设主管部门按照职责责令限期改正；逾期不改正的，责令项目停工，并处5万元以上10万元以下的罚款：

（一）建设单位未依法提供工程款支付担保；

（二）建设单位未按约定及时足额向农民工工资专用账户拨付工程款中的人工费用；

（三）建设单位或者施工总承包单位拒不提供或者无法提供工程施工合同、农民工工资专用账户有关资料。

3.1.6　采用工程总承包模式，发承包双方应实行工程保险，增强防范风险能力。

【条文解读】

本条是关于工程总承包下，发承包双方实行工程保险的规定。

采用工程总承包模式，相比于施工总承包模式，发承包双方都面临更大的风险，因此，本条依据《房屋建筑和市政基础设施项目工程总承包管理办法》（建市规〔2019〕12号）第十五条“鼓励建设单位和工程总承包单位运用保险手段增强防范风险能力”的规定，发承包双方应实行工程保险，增强防范风险能力。

工程总承包的保险除法律法规规定的保险外，一般包括建设工程设计责任险、建筑工程一切险、安装工程一切险等，在确定投保其他保险时，应尽量与已投保或将要投保的保险相互衔接，一是避免在保险责任和保障范围上出现交叉重复而导致承担不必要的保险费用，二是注意避免在保险责任和保障范围上出现遗漏和真空地带。保险责任包含了基本责任、除外责任与附加责任三种责任。基本责任是指约定在保险合同中的保险人应承担的经济赔偿责任的范围，一般包括自然灾害、意外事故、抢救或防止灾害蔓延采取必要措施造成的保险财产损失等支出的合理费用。除外责任是指约定在保险合同中的保险人不承担经济赔偿责任的风险范围。附加责任是指在保险合同约定的基本责任以外，经保险双方协商一致后特别约定附加承保范围的一种责任范围。发包人与承包人在投保其他保险时要清楚明确不同保险的责任范围，防止发生因超出保险责任范围而无法索赔的情形。

【法条链接】

《中华人民共和国保险法》

第十条　保险合同是投保人与保险人约定保险权利义务关系的协议。

投保人是指与保险人订立保险合同，并按照合同约定负有支付保险费义务的人。

保险人是指与投保人订立保险合同，并按照合同约定承担赔偿或者给付保险金责任的保险公司。

第十四条　保险合同成立后，投保人按照约定交付保险费，保险人按照约定的时间开始承担保险责任。

第十七条　订立保险合同，采用保险人提供的格式条款的，保险人向投保人提供的投保单应当附格式条款，保险人应当向投保人说明合同的内容。

对保险合同中免除保险人责任的条款，保险人在订立合同时应当在投保单、保险单或者其他保险凭证上作出足以引起投保人注意的提示，并对该条款的内容以书面或者口头形式向投保人作出明确说明；未作提示或者明确说明的，该条款不产生效力。

3.2　工程总承包计价方式

【概述】

工程总承包和施工总承包是两个性质完全不同的工程建设组织实施方式，因而在工程计价方式方面也必然存在根本性的区分。近年来不少地方推行工程总承包的实践已经充分证明，用施工总承包的思维，仍然以施工图项目作为计量计价基础的方式，采用所谓“模拟清单”“费率下浮”“施工图预算评审”等方法，对工程总承包项目进行计量计价，违背了工程总承包的客观规律，对推行工程总承包是无益的，也是不可能持久的。因此，本节从不同于施工总承包计价方式的角度，明确了不同发承包阶段的工程总承包的投资控制基础；细化了不同发承包阶段工程总承包模式下勘察、设计包含的内容；有针对性地对工程总承包宜采用的合同方式，增值税、附加税金的处理，材料、设备采购方式，价格清单的作用，工程实施过程中的期中结算与支付方式，预备费的使用等作了规定，以期引导工程总承包健康可持续推进。

3.2.1 发包人采用工程总承包模式时，应根据发包内容，按照下列规定作为建设项目控制投资的基础：

1 在可行性研究报告批准或方案设计后，按照投资估算中与发包内容对应的总金额作为投资控制目标；

2 在初步设计批准后，按照设计概算中与发包内容对应的总金额作为投资控制目标。

【条文解读】

本条是关于不同发承包阶段投资控制目标的规定。

不同的发承包阶段以及采用的不同的发承包模式其计价基础和计价方式是大不相同的。可行性研究及方案设计发包的计价基础是发包人要求及方案设计所包含的全部工程内容；初步设计批准后发包的计价基础是发包人要求和初步设计文件，由于工程总承包项目的承包人至少要承担施工图设计任务，因此颠覆了传统的以施工图设计为基础的计价方式，计价基础发生实质性的变化。但由于我国长期以来没有适用于工程总承包的计价计量规则，因此，近年来在推行工程总承包的过程中，不少地方在政府投资项目中，仍然采用施工总承包的思维，依据施工总承包的计价计量规则进行工程总承包的计价，将工程总承包的投资控制仍然定位在施工图预算评审，例如一些建设项目工程总承包合同，已明确为签约总价合同，但又在专用合同条件中设置“竣工结算以施工图预算评审结果办理”的类似条文，形成开口合同，让总价合同形同虚设，为承包人过度设计打开了方便之门，导致工程结算大幅度超过签约合同价，形成结算超概算或结算难办进而引起合同纠纷案件的上升，严重影响了工程总承包的顺利推行。因此本条按照工程总承包的客观规律和内在逻辑，与我国现行基本建设投资管理中的投资估算、设计概算做到无缝衔接，规定了工程总承包下投资控制的基础，以便于从源头上使建设项目投资受到有效的管理和控制，并与施工总承包以施工图预算作为投资控制基础完全区分开了。

实行工程总承包，对发包人来讲，其中一项最大的优势就是使投资控制比施工总承包更容易实现，因为部分勘察设计的风险转移到了承包人。对承包人来讲，勘察设计施工的一体化，可以有效改进设计的可施工性，从而带来生产率的提高，实现建设成本的节省。对政府投资项目来讲，可以改变当前不少建设项目仍然以施工图预算评审作为投资控制的基础，导致工程总承包项目投资失控，结算难办，争议增多的现状，使工程总承包控制投资的目标前移有据可依，对工程总承包项目无须再进行施工图预算评审，实现《政府投资条例》要求的建设项目设计概算控制的目的，高质量完成我国工程项目管理模式的迭代升级。

既然工程总承包已明确不同于以施工图预算为投资控制基础的施工总承包模式，其投资控制的基础应前移到投资估算或设计概算中与工程总承包发包范围和内容相对应的总金额，使其成为工程总承包项目控制投资的重要依据，也必然成为工程总承包项目确定合同总价的重要指标。因此，对于发承包双方，尤其是发包人而言，无论是政府投资项目还是非政府投资项目，制订科学合理、符合市场价格的投资估算或设计概算是合理确定项目投资、影响项目建设成败的极其重要的因素。

【法条链接】

《政府投资条例》

第十二条　经投资主管部门或者其他有关部门核定的投资概算是控制政府投资项目总投资的依据。

初步设计提出的投资概算超过经批准的可行性研究报告提出的投资估算10%的，项目单位应当向投资主管部门或者其他有关部门报告，投资主管部门或者其他有关部门可以要求项目单位重新报送可行性研究报告。

第二十三条　政府投资项目建设投资原则上不得超过经核定的投资概算。

因国家政策调整、价格上涨、地质条件发生重大变化等原因确需增加投资概算的，项目单位应当提出调整方案及资金来源，按照规定的程序报原初步设计审批部门或者投资概算核定部门核定；涉及预算调整或者调剂的，依照有关预算的法律、行政法规和国家有关规定办理。

《中央预算内直接投资项目管理办法》（国家发展改革委令2014年第7号）2023修正

第二十八条　项目由于政策调整、价格上涨、地质条件发生重大变化等原因确需调整投资概算的，由项目单位提出调整方案，按照规定程序报原概算核定部门核定。概算调增幅度超过原批复概算百分之十的，概算核定部门应按照规定委托评审机构进行专业评审，并依据结论进行概算调整。

《中央预算内直接投资项目概算管理暂行办法》（发改投资〔2015〕482号，2023修正）

第三条　概算由国家发展改革委在项目初步设计阶段委托评审后核定。概算包括国家规定的项目建设所需的全部费用，包括工程费用、工程建设其他费用、基本预备费、价差预备费等。编制和核定概算时，价差预备费按年度投资价格指数分行业合理确定。对于项目单位缺乏相关专业技术人员或者建设管理经验的，实行代建制，所需费用从建设单位管理费中列支。除项目建设期价格大幅上涨、政策调整、地质条件发生重大变化和自然灾害等不可抗力因素外，经核定的概算不得突破。

第五条 经核定的概算应作为项目建设实施和控制投资的依据。项目主管部门、项目单位和设计单位、监理单位等参建单位应当加强项目投资全过程管理，确保项目总投资控制在概算以内。国家建立项目信息化系统，项目单位将投资概算全过程控制情况纳入信息化系统，国家发展改革委和项目主管部门通过信息化系统加强投资概算全过程监管。

第七条 项目主管部门履行概算管理和监督责任，按照核定概算严格控制，在施工图设计（含装修设计）、招标、结构封顶、装修、设备安装等重要节点应当开展概算控制检查，制止和纠正违规超概算行为。

第八条 项目单位在其主管部门领导和监督下对概算管理负主要责任，按照核定概算严格执行。概算核定后，项目单位应当按季度向项目主管部门报告项目进度和概算执行情况，包括施工图设计（含装修设计）及预算是否符合初步设计及概算，招标结果及合同是否控制在概算以内，项目建设是否按批准的内容、规模和标准进行以及是否超概算等。项目单位宜明确由一个设计单位对项目设计负总责，统筹各专业各专项设计。

第十四条 因项目建设期价格大幅上涨、政策调整、地质条件发生重大变化和自然灾害等不可抗力因素等原因导致原核定概算不能满足工程实际需要的，可以向国家发展改革委申请调整概算。

第二十二条 因项目单位擅自增加建设内容、扩大建设规模、提高建设标准、改变设计方案，管理不善、故意漏项、报小建大等造成超概算的，主管部门应当依照职责权限对项目单位主要负责人和直接负责的主管人员以及其他责任人员进行诫勉谈话、通报批评或者给予党纪政纪处分；两年内暂停申报该单位其他项目。国家发展改革委将其不良信用记录纳入国家统一的信用信息共享交换平台；情节严重的，给予通报批评，并视情况公开曝光。

第二十三条 因设计单位未按照经批复核定的初步设计及概算编制施工图设计（含装修设计）及预算，设计质量低劣存在错误、失误、漏项等造成超概算的，项目单位可以根据法律法规和合同约定向设计单位追偿；国家发展改革委商请资质管理部门建立不良信用记录，纳入国家统一的信用信息共享交换平台，作为相关部门降低资质等级、撤销资质的重要参考。情节严重的，国家发展改革委作为限制其在一定期限内参与中央预算内直接投资项目设计的重要参考，并视情况公开曝光。

第二十四条 因代建方、工程咨询单位、评估单位、招标代理单位、勘察单位、施工单位、监理单位、设备材料供应商等参建单位过错造成超概算的，项目单位可以根据法律法规和合同约定向有关参建单位追偿；国家发展改革委商请资质管理部门建立不良信用记录，纳入国家统一的信用信息共享交换平台，作为相关部门资质评级、延续的重要参考。

【应用指引】

实践中，不少采用工程总承包的建设项目尤其是政府投资项目会出现结算超概算进而形成工程结算纠纷，“超概”产生的原因较多，对发包人来说，大致存在以下问题：①前期工作不到位，导致工程实施中发包人要求或方案设计、初步设计文件发生变更，引起合同价款调整，增加工程费用。②建设单位擅自扩大建设规模、提高建设标准等。③设计单位方案设计或初步设计质量低劣，存在重大失误等。④项目设计概算编制不科学，例如采用材料设备价格与市场脱节等。⑤工程总承包采用总价合同但又在条文中约定费率下浮，模拟清单，形成开口合同，为承包人过度设计开了绿灯，将本应由承包人承担的计量风险又转移到发包人。上述问题出现后，发包人往往以政府投资项目不得超概算为由拒绝调整合同价款。这一认识，需要明确不同的法律关系，《政府投资条例》虽是行政法规，但其约束的是政府投资行为，即与政府投资项目相关的管理机关、建设单位、设计单位等，其非民事法律，不能直接约束工程总承包的承包方，或者说不能约束工程总承包合同的签约方。因为工程总承包双方的工程价款问题是民事法律关系，受双方签订的合同约定约束，工程超概算并不必然构成发包人拒付超概算工程款的法定事由。为此，工程总承包发包人应注意以下事项：

（1）发包人应高度重视项目前期策划，明确建设规模、建设标准、功能需求等建设目标，按照基本建设程序和工程总承包的内在逻辑编制好符合建设项目需求和发包人需求的发包人要求，为发承包双方划清职责界限。

（2）采用总价合同方式，除合同另有约定外，合同价款不予调整。同时，不应约定以模拟清单、费率下浮、在结算时按施工图项目重新计量计价的开口合同，避免合同价款约定失控而超概，避免违背诚实信用的法律规定。

3.2.2 发承包双方应按照国家勘察设计规范，技术标准或发包人要求中提出的标准和合同中约定的承包范围，完成各自职责范围内建设项目的勘察设计工作并提供勘察设计文件，并应对各自提供的勘察设计文件的质量负责。

采用工程总承包，除发包人将全部勘察工作单独委托勘察人实施或合同另有约定外，发承包双方对勘察设计工作可按下列分工进行：

1 可行性研究报告批准或方案设计后发包，由发包人负责可行性研究勘察和初步勘察；承包人负责详细勘察和施工勘察以及初步设计和施工图设计、专项设计工作，按规定取得相关部门的批准，并符合专用合同条件的约定；

2 初步设计后发包的，由发包人负责详细勘察；承包人负责施工勘察以及施工图设计、专项设计工作，按规定取得相关部门的批准，并符合专用合同条件的约定。

【条文解读】

本条是关于工程总承包中勘察、设计范围的规定。

在本规范面向全国征求意见中，有的以工程总承包相关文件《房屋建筑和市政基础设施项目工程总承包管理办法》（建市规〔2019〕12号）未包括勘察为由，建议工程总承包不应包括勘察。但工程建设自有其客观规律，勘察作为工程建设过程中必不可少的一环，在工程总承包中不可能缺席，也不应该缺席。因为，工程总承包的优势就是由承包人统一进行勘察、设计和施工，可以有效改进设计的可施工性，从而提高生产率。工程总承包可以包括相应的勘察工作，法律有明确规定。《建筑法》第二十四条规定："提倡对建筑工程实行总承包，禁止将建筑工程肢解发包。/建筑工程的发包单位可以将建筑工程的勘察、设计、施工、设备采购一并发包给一个工程总承包单位，也可以将建筑工程勘察、设计、施工、设备采购的一项或者多项发包给一个工程总承包单位；但是，不得将应当由一个承包单位完成的建筑工程肢解成若干部分发包给几个承包单位。"

《公路设计施工总承包管理办法》（交通运输部令2015年第10号）第二条第二款明确规定设计施工总承包是指将公路工程的施工图勘察设计、工程施工等工程内容由总承包单位统一实施的承发包方式。并在第七条、第十四条、第十八条等对包括勘察在内的内容在招标文件、投标文件、工程实施等方面都作了规定。

鉴于我国关于勘察设计的法律责任规定明确，技术标准规范健全，因此，本规范未采纳工程总承包范围不包含相应勘察工作的意见。

工程总承包的优势就是由承包人统一进行勘察、设计和施工，可以有效改进设计的可施工性，从而提高生产率。改进设计的可施工性而带来的生产率的提高是承包人测算成本、投标报价应考虑的一个重要的变量。若承包人在勘察设计阶段充分考虑了可施工性的问题，将有利于降低成本，提高报价的竞争力。工程总承包模式将勘察设计工作纳入承包范围以内，给承包人开展设计的可施工性研究提供了便利，提高设计的可施工性成为了承包人降低成本的一个重要途径。

鉴于我国关于勘察设计的法律责任规定明确，技术标准规范健全，因此，本条第一段规定了发承包双方应按照工程总承包合同中约定的承包工作范围，完成约定的勘察设计工作，并对提供的勘察设计文件的质量承担相应的法律责任。

本条根据《岩土工程勘察规范》GB 50021—2001（2009年版）和建设工程设计深度编制的相关规定，对工程总承包中勘察设计的分工作了划分，包含以下内容：

（1）发包人可根据工程具体情况，对勘察工作是否列入发包范围作出选择：一是将全部勘察工作委托勘察人单独实施；二是按本条规定的分工在合同中约定；三是按照《岩土工程勘察规范》GB 50021—2001（2009年版）规定，与设计深度匹配确定勘察工作范围，在合同中约定。

（2）发承包双方按照本条规定确定工程总承包下设计的范围，发包人并按合同约定对设计文件进行审核。

设计是施工的灵魂。从设计、施工分离到设计施工一体，工程总承包模式强调了设计这一上游环节在工程总承包的必要，其应用显然有利于设计单位充分发挥设计在工程建设全过程的主导作用，及其所带来的总体控制、成本控制、质量控制以及工期控制的优势，以利于工程项目建设整体方案的不断优化。

施工是设计的落实。工程总承包模式强调了施工向上游环节的拓展和延伸，其应用显然也有利于施工单位充分发挥其现场管理、成本管理以及风险管理的优势，推动施工单位不断强化工程建设总体策划与宏观管理能力。

【法条链接】

《中华人民共和国建筑法》

第五十六条　建筑工程的勘察、设计单位必须对其勘察、设计的质量负责。勘察、设计文件应当符合有关法律、行政法规的规定和建筑工程质量、安全标准、建筑工程勘察、设计技术规范以及合同的约定。设计文件选用的建筑材料、建筑构配件和设备，应当注明其规格、型号、性能等技术指标，其质量要求必须符合国家规定的标准。

《建设工程质量管理条例》（国务院令第 279 号）

第二十条　勘察单位提供的地质、测量、水文等勘察成果必须真实、准确。

《建设工程勘察设计管理条例》（国务院令第 293 号）

第五条第二款　建设工程勘察、设计单位必须依法进行建设工程勘察、设计，严格执行工程建设强制性标准，并对建设工程勘察、设计的质量负责。

【应用指引】

1. 勘察与设计的匹配

本规范对勘察的划分实际上是按照发包人负责初步勘察、承包人负责初步设计；发包人负责详细勘察、承包人负责施工图设计界定的，这一界定虽然降低了承包人的风险，但勘察与之对应的设计匹配并不紧密。实践中，发承包双方还可以按照《岩土工程勘察规范》GB 50021—2001（2009 版）的规定：“建筑物的岩土工程勘察宜分阶段进行，可行性研究勘察应符合选择场址方案的要求；初步勘察应符合初步设计的要求；详细勘察应符合施工图设计的要求；场地条件复杂或有特殊要求的工程，宜进行施工勘察”，在合同中约定，初步勘察与初步设计、详细勘察与施工图设计匹配，均由承包人负责，以进一步发挥工程总承包的优势。

2. 工程总承包模式下设计管理边界

施工总承包模式下发包人与设计人签订设计合同，发包人对设计人的设计文件提出的修改意见只要不超出国家强制性标准与相关设计规范，设计人必须接受并进行更改，即实质上发包人拥有设计文件的控制权，施工人一般只需按图施工。而在工程总承包模式下承包人是按约设计、按约施工，其中的“约”最重要的就是发包人要求以及发包人提供的与工程建设有关的各项资料，最终由承包人以发包人要求及之前完成的设计为基础完成项目后续设计工作。

由此可见，按照我国基本建设程序，除少数 EPC 外，工程总承包项目的设计一般分为两阶段，第一阶段设计由发包人完成，控制权掌握在发包人手中，在发包后享有提出意见和变更的权利，有权对设计进行审批。发包后第二阶段设计的控制权转移到承包人手中，由承包人负责审核发包人要求及提供资料的准确性，并进行后续设计，期间可以采用优化设计、深化设计的方式或提出合理化建议对设计进行优化，最终形成符合发包人要求和相关标准规范的设计文件。

（1）工程总承包模式下承包人设计选择权。承包人以发包人要求及其提供的设计文件为基础进行后续设计工作时具有设计选择权，前提是承包人完成的设计必须满足发包人要求，符合相关的设计标准，达到发包人预期目标和使用功能。承包人在进行施工图设计时注重可施工性，在设计过程中可以利用价值工程的方法对设计进行优化，在满足合同约定的前提下，追求最大限度的项目增值。最终通过对比不同方案选择价值最高、成本控制最优的方案，从而有效控制项目成本，实现价值最大化。

（2）工程总承包模式下发包人设计审查权。工程总承包模式下承包人虽然具有合同约定的设计选择权，但合同也会约定发包人具有设计审查权，在发包人批准或审查期满前，承包人不能擅自将其文件用于工程实施。国内外总承包合同范本中关于发包人设计审查权的相关内容见表 3-2。

表 3-2　国内外总承包合同范本中关于发包人设计审查权

合同范本	FIDIC 银皮书	FIDIC 黄皮书	建设项目工程总承包合同（示范文本）	《标准设计施工总承包招标文件》中的通用合同条款
条文号	5.2　承包商文件	5.2　承包商文件	5.2　承包人文件审查	5.3　设计审查
审批权限	承包商应按雇主要求中规定提交相关文件供雇主审核。雇主在审核期可发出通知指出承包商文件不符合合同规定	承包商应按雇主要求中规定提交相关文件供工程师审核。工程师在审核期可发出通知，指出承包商文件不符合合同规定	承包人应将发包人要求中规定的应当通过工程师报发包人审查同意的承包人文件按照约定的范围和内容及时报送审查。发包人应在审查期限内通过工程师以书面形式通知承包人，说明不同意的具体内容和理由	承包人的设计文件应报发包人审查同意，审查的范围和内容在发包人要求中约定

表 3-2(续)

审批时限	除非雇主要求中另有说明，从雇主收到一份承包商文件和承包商通知的日期算起每项审核期不应超过 21 天	除非雇主要求中另有说明，从工程师收到第一份承包商文件和承包商通知的日期算起，每项审核期不应超过 21 天	除专用合同条件另有约定外，自工程师收到承包人文件以及承包人的通知之日起，发包人对承包人文件审查期不超过 21 天	除合同另有约定外，自监理人收到承包人的设计文件以及承包人的通知之日起，发包人对承包人的设计文件审查期不超过 21 天
审批范围	若承包商文件不符合要求，应由承包商承担修正费用，并重新上报审核。另外除双方另有协议的范围外，工程每一部分在承包商文件审核期未满前，不得开工	若承包商文件不符合要求，应由承包商承担费用修正，重新上报并审核（或批准）。在工程师批准承包商文件之前，该文件所涉及的工程不得开工，为了避免工程师无故拖延，合同中还规定工程师必须在审核期内给出批准意见，否则视为被批准	发包人意见构成变更的，承包人应在 7 天内通知发包人按照第 13 条［变更与调整］中关于发包人指示变更的约定执行，双方对是否构成变更无法达成一致的，按照第 20 条［争议解决］的约定执行；因承包人原因导致无法通过审查的，承包人应根据发包人的书面说明，对承包人文件进行修改后重新报送发包人审查，审查期重新起算。因此引起的工期延长和必要的工程费用增加，由承包人负责。合同约定的审查期满，发包人没有作出审查结论也没有提出异议的，视为承包人文件已获发包人同意	发包人不同意设计文件的，应通过监理人以书面形式通知承包人，并说明不符合合同要求的具体内容。承包人应根据监理人的书面说明，对承包人文件进行修改后重新报送发包人审查，审查期重新起算。合同约定的审查期满，发包人没有作出审查结论也没有提出异议的，视为承包人的设计文件已获发包人同意

发包人对设计文件的审查应注意质量与价格联动，以满足合同约定为前提，不能一味要求提高标准而忽视设计方案的经济性，反之亦然。此外由于承包人对设计负最终责任，并非所有文件都需要经过发包人审查，以免造成时间和资源的浪费，双方可以在合同中约定只对一些重要文件进行审查。

3. 工程总承包项目设计审批争议

在工程总承包模式下，发承包双方出于自身利益的考量，极易在承包人设计文件是否符合合同约定方面产生争议，因此，承包人设计文件应当满足发包人要求和合同约定的标准，发包人要求中预期目的或功能标准的不清晰将导致双方可能出现对同一设计方案意见不一致，并上升为设计审批争议。此外，有时发包人出于自身原因改变标准因而在审核阶段对设计方案进行干预，这种干预是否构成变更，若沟通不当将不可避免会产生争议。

在设计审批过程中，发包人对承包人的设计文件提出的修改意见，承包人若无异议应进行修改并重新提交发包人确认；或者承包人若认为原设计符合合同约定，应在收到审批意见后与发包人沟通，说明遵守修改意见将构成变更，发包人可对此意见进行确认或撤回；若发包人坚持认为承包人设计未满足合同约定，双方则会就此产生争议。

（1）发包人要求不清导致设计审批争议的应对。工程总承包下发包人应对建设项目这一标的物进行完整的定义，对于影响承包人投标报价以及进行后续设计的信息要清晰准确。同时，尽量减少基于规定型的指标，采用基于绩效型的指标如功能需求、质量标准等，给予承包人足够的创新空间。

承包人要做好现场踏勘，准确评估风险，与发包人建立良好沟通的渠道，完整准确地理解发包人要求，如果发现有歧义的地方，立即向发包人发函要求澄清；承包人应熟练掌握并运用规范标准满足工程预期目的和功能需求。满足使用功能需求优先于遵守一定标准的义务，即是说承包人按照标准实施工程且不存在过失，但最终项目未能满足预期目的和使用功能，承包人也要承担责任。避免发包人以设计方案不符合合同约定为由提出修改，造成返工从而加大工期与成本的损失。

发承包双方应做到可公开信息的高度透明，实现资源共享，通过及时的沟通对话增强对项目设计理解的一致性，合同中模糊的界面应以会议纪要、往来函件的形式明确，避免设计理解分歧导致争议，实现项目建设的顺利实施。

（2）发包人干预设计方案导致设计审批争议的应对。工程总承包模式下发包人需要转变传统施工发包心态，不能超过约定干预承包人设计，使承包人在设计中发挥创造性和创新性解决方案的能力。对于承包人设计文件中不符合合同约定的及时提出修改意见，而无正当理由提出的修改将被视为变更，其应对干预的行为承担相应的责任。

在项目实施期间，若出现发包人违反合同约定执意要求采用某一方案的情况，承包人要善于运用异议权，及时发出异议通知，说明风险及不利后果。若发包人仍一味坚持，承包人应注意收集相关资料等作为索赔证据，及时发出索赔通知，掌握索赔主动权。发承包双方应重视风险责任的划分，在公平合理分担风险的同时明确双方设计责任，避免争议产生。

3.2.3 建设项目工程总承包应采用总价合同，除工程变更外，工程量不予调整。

总价合同中也可在专用合同条件约定，将发承包时无法把握施工条件变化的某些项目单独列项，按照应予计量的实际工程量和单价进行结算支付。

发承包双方可根据本规范第 6 章的规定在合同中约定合同价款调整的内容，形成可调总价合同，据此进行调整，否则视为固定总价合同，合同价款不予调整。

【条文解读】

本条是关于工程总承包适用合同方式的规定。

长期以来，在我国工程建设领域，将工程计价的合同方式归纳为固定价合同、可调价合同、成本加酬金合同，这一划分在实践中带来了问题：一是固定价合同需要区分是固定单价还是固定总价，因二者的区分是十分明显的，如是固定单价合同，其工程数量也是可调的，合同价款随之也是变化的；如是固定总价合同，则工程数量是不可调的，合同价款是不变的，除非专用合同条件就某类项目有明确约定的除外；二是采用“固定”字眼的价格合同，容易使人产生价格绝对固定，不能调整的错觉，无形中带来了一些无谓的合同争议。实际上，在工程建设领域，国内外成熟的合同文件，都是根据发承包范围来分摊计价风险，合同价款是固定还是可调整都应根据合同的具体约定来判断，而不是不管合同的具体约定就对合同下一个固定或可调的结论。可见，准确地把握工程合同涉及工程价款的具体约定，是做好工程总承包合同管理的前提。

那么，工程总承包采用什么合同方式恰当呢？这也是推行工程总承包无法回避的问题。

2015 年 6 月，《公路工程设计施工总承包管理办法》（交通运输部令 2015 年第 10 号）第十四条规定：“总承包采用总价合同，除应当由项目法人承担的风险费用外，总承包合同总价一般不予调整。”

2019 年 12 月，住房城乡建设部、国家发展改革委发布的《房屋建筑和市政基础设施项目工程总承包管理办法》第十六条第一款规定：“企业投资项目的工程总承包宜采用总价合同，政府投资项目的工程总承包应当合理确定合同价格形式。采用总价合同的，除合同约定可以调整的情形外，合同总价一般不予调整。”

《标准设计施工总承包招标文件》中通用合同条款第 17.1 条合同价格第一款为：“除专用合同条款另有约定外，（1）合同价格包括签约合同价以及按照合同约定进行的调整”，第二款为“合同约定工程的某部分按照实际完成的工程量进行支付的，应按照专用合同条款的约定进行计量和估价，并据此调整合同价格。”

《建设项目工程总承包合同（示范文本）》第 14.1.1 条为“除专用合同条件中另有约定外，本合同为总价合同。”

FIDIC 黄皮书第 14.1 条合同价格为：除非专用条件另有约定，（a）合同价格应为总价中标合同额，并可根据合同进行调整、增加（包括承包商根据本条件的规定有权获得的成本或成本加利润）和/或扣减。

FIDIC 银皮书第 14.1 条合同价格为：除非专用条件另有规定：（a）工程款的支付应以合同协议书规定的总额合同价格为基础，并可按照合同进行调整、补充（包括承包商根据本条件的规定有权获得的成本或成本加利润）和/或扣减。

从上述文件和合同范本来看，除《房屋建筑和市政基础设施项目工程总承包管理办法》（建市规〔2019〕12 号）对政府投资项目工程总承包合同方式是否采用总价合同有所保留外，其余均是总价合同。那么，工程总承包能采用单价合同吗？不能！因为总价合同与单价合同最根本的区别就在于工程量变化的风险由谁承担，工程总承包模式最明显的特点就是设计施工的一体化，如果工程量的变化风险仍由发包人承担，则相比施工总承包更加落后且不符合逻辑，因为工程总承包的施工图已由承包人设计，而非发包人提供。虽然工程总承包下发包人仍对承包人设计的施工图具有审查权，但其审核的依据是发包人要求及约定的技术标准，只要设计不违反就算通过，施工图设计对初步设计的优化只要符合发包人要求，其收益归承包人。而单价合同的计价方法就是工程数量×单价，无论单价是固定还是可调整，但工程量均是可调的。而工程总承包发包时不可能出现施工图项目那么清晰的工程量，可能有的会说：房屋建筑以每平方米建筑面积、市政道路以每千米长度来计量，那么这还是总价而非单价，因为每平方米房屋、每千米道路的具体工程项目、工程内容、功能需求是变化的，与施工图项目下工程数量不可同日而语。

工程总承包采用总价合同自有其内在逻辑，一是在工程总承包模式下，承包人承担全部或大部分的设计工作，即使在初步设计批准后，也承担着施工图设计和专项设计的工作，承包人对完成建设项目的工程数量多少是有直接控制能力的，如果还是采用以施工图为基础计量的单价合同，而此时施工图设计已由承包人在负责，出于其自身的逐利性，工程量还是如施工总承包那样据实计算，将会给工程总承包项目的造价控制带来隐患，这已被近几年的实践所证明。二是在工程总承包模式下，是发包人对造价确定，工期固定的迫切需求，合同价格必须相对固定，否则就失去总承包的意义。要达此目的，总价合同明显优于单价合同。

本条第一段规定了工程总承包合同采用的合同方式，总的来说，除工程特别复杂，抢险救灾工程宜采用成本加酬金合同外，工程总承包最适宜采用的应当是总价合同，这是中外合同范本的基本共识。因此除工程变更外，工程量应当不予调整。

本条第二段是针对第一段的特殊性规定，根据工程建设的复杂性和施工条件的多变性，规定了可以将某些项目单独列项，形成了按实际工程量计价的单价项目，但这并不表示其是单价合同，仍然是总价合同下可以实施工程量调整的一个项目而已，并未改变总价合同的性质。

本条第三段实质上规定了可调总价合同可以根据本规范第 6 章的规定，在合同中约定价款调整的内容，据此进行调整。如未具体约定合同价款调整内容的，视为固定总价合同，合同价款不予调整。说明了判断总价合同是可调的还是固定的，应当依据专用合同条件的约定进行鉴别。

【应用指引】

1. 政府投资项目对合同范本的选择

当前，我国存在国家发展改革委等九部委发布的《标准设计施工总承包招标文件》中的通用合同条件和住房城乡建设部、国家市场监督总局发布的《建设项目工程总承包合同（示范文本）》。

根据国家发展改革委等九部委《关于印发简明标准施工招标文件和标准设计施工

总承包招标文件的通知》（发改法规〔2011〕3018号）的规定，“设计施工一体化的总承包项目，其招标文件应当根据《标准设计施工总承包招标文件》编制”。“‘通用合同条款’，应当不加修改地引用”。行业主管部门通过“‘专用合同条款’可对‘通用合同条款’进行补充、细化，但除‘通用合同条款’明确规定可以作出不同约定外，‘专用合同条款’补充和细化的内容不得与‘通用合同条款’相抵触，否则抵触内容无效。/招标人或者招标代理机构可根据招标项目的具体特点和实际需要，在‘专用合同条款’中对《标准文件》中的‘通用合同条款’进行补充、细化和修改，但不得违反法律、行政法规的强制性规定，以及平等、自愿、公平和诚实信用原则，否则相关内容无效”。

住房城乡建设部、国家发展改革委印发的《房屋建筑和市政基础设施项目工程总承包管理办法》（建市规〔2019〕12号）第九条第三款规定：“推荐使用由住房和城乡建设部会同有关部门制定的工程总承包合同示范文本”。

对于政府投资项目来讲，如采用工程总承包模式，需注意如何选择上述两个合同范本。

2. 政府投资项目工程总承包合同方式的选择

《政府投资条例》第十二条规定：“经投资主管部门或者其他有关部门核定的投资概算是控制政府投资项目总投资的依据。”第二十三条也明确：“政府投资项目建设投资原则上不得超过经核定的投资概算。”

《某省政府投资的房屋建筑和市政基础设施工程开展工程总承包试点工作方案》中规定：“在初步设计审批后进行工程总承包发包的，宜采用固定总价合同方式”“采用固定总价合同方式的项目……中标人在完成施工图设计并经审查后，编制的施工图预算（原则上不得超过中标价）应当经建设单位及财政审核部门（如需）审核。经审核后的预算造价作为按进度支付及结算工程款的依据，除招标文件或工程总承包合同中约定可以变更价款外，其他不予调整”，这一规定使人费解。

对于工程总承包项目而言，合同价格方式的选定，最大的意义在于匹配其控制项目投资的目的。采用总价合同，以中标价为投资控制依据，相比单价合同，能够更好地降低投资风险。因而，一些地方的类似上述规定，既不符合工程总承包的客观规律，又违背合同的诚信原则。采用施工图预算所确定的单价并据实结算，必然加大了投资失控的风险。

3.2.4 工程总承包中价格清单项目的价格应包括成本、利润。

成本中的应纳税金由发包人按照下列规定在发包人要求中明确，并在合同中约定：

1 由承包人结合具体工程测算，将应纳税金计入价格清单项目汇入合同总价；

2 由承包人将应纳税金单列计算。

【条文解读】

本条是关于工程总承包应纳税金处理方式的规定。

2015 年，为适应建筑业“营改增”后工程计价的需要，住房城乡建设部标准定额司下达了“建筑业营改增对工程造价及计价体系的影响”科研课题，其课题报告出来以后，在业内引起了不同凡响，有的省市也分别组织了营改增对计价方式影响的研究，在 2015 年底于广州召开的研讨会上，上海、四川、深圳提出了三套方案，归纳起来，三套方案实为两种思路，一是以人为除税方式形成税前造价调整计价依据；二是以增值税税负率替代营业税率，维持现有计价方式不变。此次研讨会未作出结论性意见，但住房城乡建设部办公厅《关于做好建筑业营改增建设工程计价依据调整准备工作的通知》（建办标〔2016〕4 号）对两种思路都给了出口，人为除税的思路体现在第二条的规定上；税负率的思路符合第三条的规定精神，由深圳市住建局在其发布的计价依据中采用。2016 年 5 月 1 日，建筑业全面推开营改增工作，除深圳市外都采用人为除税方式调整计价依据。经过 7 年多来的实践，随着政府投资管控的强化，工程总承包模式的大力推行，越来越证明了两种计税方式的优劣，已经到了总结两种计税方式以应对投资估算、设计概算、施工图预算以及不同发承包方式的计价需要的时候了。

1. 建筑业营改增后的计税方法

增值税是对商品生产、流通、劳务服务中多个环节的新增价值或商品的附加值征收的一种流转税。我国也采用国际上普遍采用的税款抵扣的办法，即根据销售商品或劳务的销售额，按规定的税率计算出销项税额，然后扣除取得该商品或劳务时所支付的增值税款（即进项税额），其余额就是增值部分应交的税额（即应纳增值税）。

（1）一般计税方法。

按照财政部、国家税务总局《关于全面推开营业税改征增值税试点的通知》（财税〔2016〕36 号）的规定，建筑业营改增后原则上适用增值税一般计税方法。

增值税一般计税方法是指在计算应纳增值税额的时候，先分别计算当期销项税额和进项税额，再以销项税额抵扣进项税额后的余额为实际应纳增值税额。当期销项税额小于当期进项税额不足抵扣时，其不足部分可以结转下期继续抵扣。

应纳增值税额是指当期销项税额抵扣当期进项税额后的余额。计算公式为：

$$\text{应纳增值税额}=\text{当期销项税额}-\text{当期进项税额} \tag{3-1}$$

销项税额是指纳税人发生应税行为按照销售额和增值税税率计算并收取的增值税额。一般计税方法的销售额不包括销项税额，纳税人采用销售额和销项税额合并定价方法的，计算公式如下：

$$\text{销售额（税前造价）}=\text{含税销售额（工程造价）}\div(1+\text{税率}) \tag{3-2}$$

上式中的税前造价指已包含进项税但不包含应纳增值税额的工程造价。含税销售额指已包含进项税和应纳增值税额的工程造价。

$$\text{销项税额}=\text{销售额}\times\text{税率}=\text{含税销售额}\div(1+\text{税率})\times\text{税率} \tag{3-3}$$

按照规定，现行建筑服务适用的增值税税率为 9%。

进项税额是指纳税人购进货物、加工修理修配劳务、服务、无形资产或者不动产，支付或者负担的增值税额。进项税额按《中华人民共和国增值税暂行条例》（以下简称《增值税暂行条例》）第八条规定："从销售方取得的增值税专用发票上注明的增值税额。"

有了应纳增值税额，按规定，附加税额的计算公式如下：

附加税额=应纳增值税额×附加税率 （3-4）

（2）简易计税方法。

简易计税法下的应纳增值税额是指按照销售额和增值税征收率计算的增值税额，不得抵扣进项税额。简易计税方法的销售额不包括其应纳增值税额，纳税人采用销售额和应纳税额合并定价方法的，计算公式如下：

销售额=含税销售额（工程造价）÷（1+征收率） （3-5）

应纳增值税额=销售额×征收率=含税销售额÷（1+征收率）×征收率 （3-6）

按照规定，现行建筑服务适用简易计税的增值税征收率为3%。

2. 当前增值税、附加税在工程造价中的处理方式

（1）人为除去进项税方式。

《关于做好建筑业营改增建设工程计价依据调整准备工作的通知》规定：工程造价=税前工程造价×（1+9%）。税前工程造价为人工费、材料费、施工机具使用费、企业管理费、利润和规费之和，各费用项目均以不包含增值税可抵扣进项税额的价格计算。

该方式的计算公式看似简单，但7年来实践证明，它带来对增值税概念的混淆，工程计价的繁琐，造价人员处理工程变更、现场签证、工程索赔和竣工结算等人为除税理解错误而争执不断。

1）将税前造价规定为"不包含增值税可抵扣进项税额的价格计算"与财政部、税务总局印发的《营业税改征增值税试点实施办法》（财税〔2016〕36号）规定"一般计税方法的销售额不包括销项税额"严重不符。在实际纳税时，销项税额应按照公式（3-3）计算，承包人开具的工程价款专用发票即证明这一点，例如工程价款1 000万元，价格917.43万元，增值税82.57万元就是按照公式（3-3）计算得出，而非按照人为除去进项税额后得出。若扣除进项税，则计算增值税（销项税）的基数变小，销项税额将随之减少。

此外，进项税额除税困难，除税方式的理想状况是所有进项税均完全抵扣，但在实践中是完全做不到的。例如，施工机具使用费的除税，只能人为划分一部分机械自有，一部分机械租赁，真实情况如何，造价人员完全不知道；安全文明施工费的除税，也是人为假定比例计算的，具体进项税多少，造价人员也说不清楚。如此等等，人为的、模拟的除税与税务部门征收增值税时采用增值税专用发票上的进项税抵扣完全不能同日而语。

该方式只能用于一般计税方法，而建筑业还存在简易计税方法。简易计税法不需

扣除进项税，如何计算造价呢？

2）该方式漏计附加税。由于该方式无法计算出应纳增值税，附加税也就无法计算。虽在住房城乡建设部标准定额所《关于研究落实“营改增”具体措施研讨会会议纪要的通知》中明确“附加税费纳入企业管理费项下”，但此规定未解决附加税如何计算，并存在税、费不分的问题。

3）不符合价税合一的商品交易习惯。目前的建筑市场及建材市场，不论建筑产品，还是材料价格，均是以含税价格交易。除税的材料价格在市场上不能直接得到。人为除税，由于增值税率不一样，要求造价人员对成千上万种材料的增值税率完全掌握不现实。这也是造价人员处理工程变更、现场签证等争执不断的主要原因。

4）不适应工程建设不同阶段的计价需要。在投资估算、设计概算、施工图预算、标底或最高投标限价中人为除去人工、材料、设备、管理费等费用项目包含的进项税额是极度繁琐的，也无法完全实现，并与实际工作中计算缴纳增值税不相符。但人为除税方式对工程计价规则的改变是颠覆性的，无形中加大了工程计价的难度，导致付出的社会成本十分巨大，也是当前工程计价的痛点。

（2）用增值税销项税替代原营业税。

营改增后，有的工程概预算编制办法规定：“税金指国家税法规定应计入建筑安装工程造价的增值税销项税额。税金=（直接费+设备购置费+措施费+企业管理费+规费+利润）×9%”。某工程计价教材中定义：“建筑安装工程费用中的税金就是增值税”“计算公式为：增值税=税前造价×9%”。

这种用增值税销项税替代原营业税的说法是错误的。

1）按照《建筑安装工程费用项目组成》（建标〔2013〕44号）的规定：

工程造价=人工费+材料费+施工机具使用费+企业管理费+规费+利润+税金 (3-7)

建筑业营改增后，只是计税方法的改变或应纳税金数量的变化，建设项目工程造价的构成内容是没有改变的。

在营业税模式下，公式（3-7）中，税金=应纳营业税额+附加税额；

在增值税模式下，公式（3-7）中，税金=应纳增值税额+附加税额；

按照公式（3-1）：应纳增值税额=当期销项税额-当期进项税额。

从上述计算可以看出，计入工程造价的应该是应纳增值税额，而不是销项税额。从目前实际征税时缴税情况看，纳税人向税务机关缴纳的也是应纳增值税额，而不是销项税额。

所以，认为计入工程造价的税金就是销项税额的理解是错误的。出现这种理解错误，是现行工程计价方式中先在造价中人为的除去进项税，再乘以销项税率的规定造成的，使造价人员完全没有应纳增值税额的概念。

在销售额中人为的强制扣除进项税做法，是我国税法规定中所没有的，在增值税实际纳税操作中不存在，也是市场交易行为没有的。人为除税是无论如何除不净的，与现实相差较大，所以国家税务部门从来不会采用这种方式。

这也是现行建安工程计价方式中税金计算概念混乱、争执不休的根本原因。

2）由于现行计价方式用销项税代替营业税的思路来处理增值税，必然带来对增值税概念的错误理解。如当建筑服务增值税税率由11%降为10%再降为9%时，有的发包人就认为增值税税率降了2个百分点，工程造价也应该降2个百分点或增值税税额应降2个百分点，由此带来很多哭笑不得的争执。增值税包括进项税和销项税两个概念，它们是相辅相成的。销项税降了，进项税一定相应下降。如采购钢材等材料就从17%降为13%。销项端和进项端均有降低。而增值税实际税负是否变化，需要区分不同结构类型的工程项目进行测算。

（3）采用综合税负率取代原营业税综合税率。

深圳市建设工程计价费率标准在营改增后以“增值税综合应纳税费率替代原营业税率，2019年给出的参考范围为0.59%~6.28%，推荐费率为3.02%，并明确规定应纳税费=增值税应纳税+附加税，附加税=增值税应纳税额×税务部门公布的税（费）率”。经了解，深圳市的规定实施多年，反映良好。

1）该方式与增值税简易计税方法一致，符合住房城乡建设部办公厅《关于做好建筑业营改增建设工程计价依据调整准备工作的通知》（建办标〔2016〕4号）第三条“有关地区和部门可根据计价依据管理的实际情况，采取满足增值税下工程计价要求的其他调整方法”的规定。其综合税负率为工程建设各方计价提供了简便的方法。

2）综合税负率计价除综合税负率数值与增值税征收率、营业税率不同外，人工费、材料费、施工机具使用费、企业管理费、利润和规费之和都不需要人为除税。所以，现行计价规则不变，与建设市场的交易习惯一致，适应不同阶段的计价需要，也适应不同合同方式计价的需要。

3. 营改增后工程计价最适宜的计税方式

（1）工程计价规则调整应遵循的基本标准。

为研究营改增后计价规则如何调整，业内提出了人为除税与不除税采用税负率的两大基本对立的方式，实质上反映了研究者分析问题、解决问题的角度、视野的不同，或者说，评价其是否适应营改增后的计价需要的标准不同。但无论如何，研究营改增后计价规则调整的目的是要寻求解决其在工程计价如何适应的问题。因此，营改增后工程计价规则、计价依据的调整应当符合以下基本标准：

1）是否适应中国特色建设市场经济发展需要，满足政府投资管控、财政投资评审、竣工结算办理的需要。

2）是否具有通用性，满足工程建设不同阶段的计价需要，为投资估算、设计概算、施工图预算、标底或最高投标限价等的编制和评审提供依据。

3）是否符合建筑市场、建材市场的交易习惯，有利于发包人正确编制和审核最高投标限价，有利于承包人自主报价、竞争形成价格，减少发承包双方签约、履约过程中的争议并提供公平的计价规则。

4）是否遵循简明适用的计价依据编制原则。在满足上述标准的前提下，应选择工程计价规则变动最小、计价依据编制简便、工程计价可操作性强的方法。

（2）增值税税负率和综合税负率的测算。

在营业税模式下：

工程造价=税前造价+营业税+附加税

=税前造价×［1+营业税率×（1+附加税率）］

=税前造价×（1+综合税率） （3-8）

公式（3-8）中的税前造价，为不含营业税和附加税的工程造价。

在增值税模式下：

工程造价=税前含进项税造价+应纳增值税额+附加税额

=税前含进项税造价×［1+增值税税负率×（1+附加税率）］

=税前含进项税造价×（1+综合税负率） （3-9）

公式（3-9）中，如果不考虑附加税额：

增值税税负率=应纳增值税额/（工程造价-应纳增值税额） （3-10）

如果同时考虑应纳增值税额和附加税额：

综合税负率=（应纳增值税额+附加税额）/（工程造价-应纳增值税额-附加税额） （3-11）

公式（3-9）中，税前含进项税造价指不包含应纳增值税额和附加税额，人工费、材料费、施工机具使用费、企业管理费、利润和规费之和不扣除进项税的工程造价。

从上述增值税税负率的推导中可知，按照简易计税方法计算税金的思路，完全可以将增值税与附加税合并，采用综合税负率计算工程造价，可以一揽子解决现行工程计价方式中对附加税的诟病。

（3）采用综合税负率调整工程计价规则最为适宜。

2021年国家税务总局《关于增值税消费税与附加税费申报表整合有关事项的公告》（国家税务总局公告2021年第20号），从2021年8月1日起，增值税申报和附加税申报表整合，启用增值税及附加税申报表，综合税负率契合了这一需要。

综合税负率由相关部门针对不同的专业工程、不同的结构类型测算发布，供编审投资估算、设计概算、施工图预算、标底或最高投标限价使用。承包人根据企业税负确定报价，并在合同中进行约定，大大减少了因计税引起的合同争议。

该方式计算程序与营业税下工程计价方法相同，计算原理与简易计税方法相同。营改增后在工程计价中的实质是税负多少问题，采用综合税负率在工程建设不同阶段、不同发承包模式下计价均适用。

按照财政部、税务总局《关于全面推开营业税改征增值税试点的通知》（财税〔2016〕36号）的规定，增值税实际税负是“指纳税人当期提供应税服务实际缴纳的增值税额占纳税人当期提供应税服务取得的全部价款和价外费用的比例”。在营业税下，征收率与税负率一致，均为3%。在增值税下，采用简易计税办法的一般纳税人和小规模纳税人税负率等于征收率3%；一般纳税人的增值税率为9%就不能简单地认为税负率也为9%，因为实际税负多少，取决于抵扣进项税的多少，抵扣得多，实际税负就低，反之，实际税负就高。从这一思路出发，营改增后，工程计价中税金如何处理的重点是应纳增值税额取代营业税额，而非9%的销项税取代营业税或以人为除去进项税的方式计算工程造价。

营改增后，计税的难点是进项税额的取得，如果知道准确的进项税额，一切计算就很简单了。按照《增值税暂行条例》第八条规定：进项税额是“从销售方取得的增值税专用发票上注明的增值税额”，所以在编制投资估算、设计概算、施工图预算、投标报价时是无法取得进项税额的，这使工程造价中的税金计算复杂化。

我们可以采用综合税负率的思路，通过类似工程或典型工程测算来取得相关进项税额数据，计算出综合税负率。需要说明的是，由于进项税额无法准确掌握，同一项目不同企业施工，进项税都是不同的。所以不管如何人为除税，始终是近似计算。那么，采用更简单的综合税负率计算，也会有误差，但从理论到实际都是可行的。在增值税的条件下，工程造价税金（应纳增值税和附加税）的计算，始终是不准确的，就可以把这些问题交由市场解决，让投标人在工程成本控制中考虑。

4. 建筑业营改增后对计价规则调整应当解决的认识问题

在增值税下如何调整计价依据及计价方法，业内一直存在不同看法，从技术层面分析应该可以找到共同点，但争议的根源还是认识问题。

（1）计价规则应遵循价格法下的价格构成机制。

按照《中华人民共和国价格法》的规定：“定价的基本依据是生产经营成本和市场供求状况”“并在市场竞争中获取合法利润”。工程建设领域的计价规则历来也是遵循成本+利润。在增值税下什么是成本，很多人把销项税认为是进入造价的成本，这是错误的认识。简易计税下计算的增值税与征收的增值税一致，属于成本；一般计税下的进项税额由于可以抵扣，不属于成本；销项税额属于成本吗？也是也不是！被进项税额抵扣了的那部分销项税额不属于成本，只有销项税额抵扣进项税额后的余额（即应纳增值税额）才属于成本。如果把应纳增值税额才是成本这个概念厘清了，那么，工程造价构成中税金的概念也就明确了。

（2）计价规则应适应《民法典》《招标投标法》规定的价格形成机制。

在社会主义市场经济条件下，计价规则的制定应有利于市场形成价格，为建筑市场各方主体提供公平、公正的交易平台。

1）应纳增值税额即增值税税负的多少与承包人的经营管理水平密切相关。

在营业税下，工程造价中税金计取一直以营业税税前造价为计算基础，施工企业计取的税金恒等于向税务机关缴纳的税金，也就是说工程造价税金的计算一直“收支平衡”，施工企业完全不需要为税金的高低付出努力。但在增值税下，这种平衡模式被打破，这也是国家推行营改增的目的之一。目前建筑业的销项税率是一样的，而进项税率有高有低，可以抵扣的情况也是变化的。这与承包人选择的进货渠道、采购数量、支付方式及期限具有必然联系，反映了承包人的综合管理能力。取得可以抵扣的进项税额越多，成本就低；反之，成本就高。在增值税下，承包人普遍开展税务筹划，这对承包人的成本核算产生了完全不同的影响。

例如，纳税人销售活动板房、机器设备、钢结构件等自产货物的同时提供建筑、安装服务的，就分别适用不同的税率或者征收率。国家税务总局2018年第42号公告中规定："一般纳税人销售自产机器设备的同时提供安装服务，应分别核算机器设备和安装服务的销售额，安装服务可以按照甲供工程选择适用简易计税方法计税。一般纳税人销售外购机器设备的同时提供安装服务，如果已经按照兼营的有关规定，分别核算机器设备和安装服务的销售额，安装服务可以按照甲供工程选择适用简易计税方法计税。"这些规定对于总承包工程只要纳税人分别列明设备和安装服务，工程服务的金额可以分别计税，其中安装可以采用简易计税方法。又如，在大量采购建筑材料中，承包人也可以选择专项抵扣或不抵扣、含运输或不含运输等方法开展税务筹划，进行成本控制。营改增后，承包人的实际增值税税负与企业的经营管理水平、税务筹划能力也存在较大关系。

2）工程造价中的税金可以在合同中约定并具有效力。

工程合同中约定税款具体由谁来负担，负担多少是当事人意思自治的范畴，只在合同签约方之间有效，不影响合同的效力，不会对纳税义务或征税产生任何影响，这种约定不违反法律的强制性规定。如《民法典》第一百五十三条规定，"违反法律、行政法规的强制性规定……违背公序良俗的民事法律行为无效"。

税金承担可以约定，但纳税义务不能转移，也就是不影响税务机关认定的缴税主体和纳税责任。这里要区分两个概念，即承担的到底是"税金"，还是"纳税义务"？准确地说，纳税义务，是向税务机关承担的，除了要向税务机关依法缴纳税金外，还包括办理纳税登记、纳税申报等。每一项纳税义务，比如由谁承担、怎么计算，都是法定的。《税收征收管理法实施细则》第三条规定："任何部门、单位和个人作出的与税收法律、行政法规相抵触的决定一律无效，税务机关不得执行，并应当向上级税务机关报告。/纳税人应当依照税收法律、行政法规的规定履行纳税义务；其签订的合同、协议等与税收法律、行政法规相抵触的，一律无效。"所以纳税义务的约定是无效的。税费承担的约定，只在合同各方之间有效，而不会对纳税义务或征税产生任何影响。换句话说，税务机关该找谁征税还是找谁，至于征得的税款，到底是谁最终承担，在所不问。无论合同怎么约定，税务机关都只需向纳税义务人征收增值税即可，至于合同约定由谁承担，这是签约方之间的关系，不会对征税产生影响，也不会损害国家利益。

那种坚持只有人为除税后才能计算增值税的思路，实则是混淆了"税金计算"和"纳税义务"两个概念。计价规则是规范发承包双方计价行为的，而不是规范承包人如何缴纳增值税的。工程造价的形成是通过业主招标、企业报价、合同约定、依约结算实现的。

（3）工程造价构成是包含增值税的"价税合一"。

1）实行"价税分离"的计价规则于法无据。

营改增后，并无任何法律法规规定商品价格以及工程造价构成不含增值税，因此，实行“价税分离”的计价规则于法无据。营业税为价内税，增值税为价外税，这是从两税的属性来区分的，并不意味着工程造价在表现形式上必须是“价税分离”。从财政部、税务总局印发《关于全面推开营业税改征增值税试点的通知》（财税〔2016〕36号）给出的“纳税人采用销售额和销项税额合并定价方法”的销售额计算公式来看，商品价格是可以“价税合一”的。现实中我国商品价格包括人工费、材料费、机械费、管理费、利润等基本上都是“价税合一”的。

2）定价时的“价税合一”不能与纳税时的“价税分离”混为一谈。

按照增值税是价外税的属性，税务部门在征收增值税时，必然会在销售额中先除税再计税。当纳税人采用销售额和销项税额合并定价方法的，可以如前述计税方式进行销售额及当期销项税额的计算，并说明两个问题：其一，产品的定价方法和内容可以包括增值税额，并没有规定必须“价税分离”才能定价；其二，不管如何定价，是人为除税方式，还是税负率方式，都不影响纳税时一定会按照增值税专用发票除去进项税再计税，那种认为用税负率计税方式会影响税务机关纳税的说法是毫无根据的。

3）增值税的计算是与商品价格紧密相关的，随成交价格的变化而变化。含税的商品价格，在交易过程中由于价格的变化，价格中包含的增值税也随之变化，即“税随价定”，这是纳税制度的基本原则。如果实行“价税分离”，不含税的商品价格发生变化，分离的增值税是否变化就成了问题，这也是人为除税无法解决的问题。

4）增值税是针对企业征收，《增值税暂行条例》第八条规定，从销项税额中抵扣的进项税额应是“从销售方取得的增值税专用发票上注明的增值税额”。可见税务机关不可能也没有必要采用人为先除税的公式来计算承包人应缴纳增值税额，将“计价中的税金计算”等同于“税务机关计算增值税”是对业内人士的一种误导。

5）在工程计价依据中，经常采用细算粗编，如综合考虑制定费率的方法来处理问题，达到简明适用的计价原则。施工企业缴纳的“五险一金”的计算就采用了综合费率这一方式（制定规费费率）。计价中的规费计算与企业工资总额一定比例计提的规定就完全不同，多年的实践证明，现行计价办法中的规费计算较好地解决了“五险一金”的复杂计算问题，得到了建设各方主体的认同。

其实，人为除税方式的提出者也自觉或不自觉的对一些不好处理的问题采用综合考虑这一思路。例如：对企管费中进项税额的处理，就提出“可抵扣进项业务占管理费的比例”；对安全文明施工费提出“考虑一定比例的项目计算进项税额”；对附加税费又提出“应包括在工程造价企业管理费内容中”（但并未解决附加税如何计算的问题）。问题是，既然在计价依据中已采用了不少综合测算的方法，为什么不能再进一步采用综合税负率的方法使营改增后的计价如营业税下或简易计税下一样简单呢？

《标准设计施工总承包招标文件》中通用合同条款和《建设项目工程总承包合同（示范文本）》以及FIDIC合同条件均规定了合同价格中包括税费。一般纳税人在购进原材料和商品时，如果取得的发票是专用发票，那么发票上的增值税额，即进项税不计入成本，允许抵扣销项税。如果购进时，取得的发票是普通发票，那么，进项税不允许抵扣，一并计入成本。小规模纳税人和一般纳税人实行的简易计税方法因为实行的是3%的征收率，进项税不允许抵扣，所以，购进材料时的税金计入成本中。因此，本条第一款规定价格清单项目应包括成本和利润，作为成本组成部分的应纳税金必然包括在内。

承包人应纳税金在工程总承包合同价款中如何处理，本条第二段规定了两种方式，但倾向于应纳税金应由承包人根据本企业增值税实际税负进行测算，汇入合同总价而不单列。

因此，本条建议发包人优先选择由承包人测算包含应纳税金在内的报价方式，避免开口过多，给工程结算增加难度并导致合同纠纷。发包人也可以选择由承包人将应纳税金单独列项计算。选择将应纳税金包含在价格清单中或单独列项，均应在合同中进行约定。

【法条链接】

《中华人民共和国税收征收管理法实施细则》

第三条　任何部门、单位和个人作出的与税收法律、行政法规相抵触的决定一律无效，税务机关不得执行，并应当向上级税务机关报告。

纳税人应当依照税收法律、行政法规的规定履行纳税义务；其签订的合同、协议等与税收法律、行政法规相抵触的，一律无效。

《中华人民共和国民法典》

第一百五十三条　违反法律、行政法规的强制性规定的民事法律行为无效。但是，该强制性规定不导致该民事法律行为无效的除外。

违背公序良俗的民事法律行为无效。

【应用指引】

1. 综合税负率的测算、发布与应用

通过上述对比分析，权衡利弊，可以得出一个结论：运用税务部门征收增值税的除税方式是测算应纳增值税税负和附加税综合税负率时应当使用的方法，但不是规范发承包双方计价的合适方式。因此，相比而言，大道至简，综合税负率才是解决营改增后计价依据调整的较好方法。

（1）综合税负率的测算和发布可由工程建设管理部门、投资评审部门以及行业协会进行。选取足够的近期竣工结算的专业工程实际样本，运用除税方式进行测算，找出应纳增值税和附加税额占工程造价的比重，作为替代营业税和附加税额的综合税负率。

（2）须按不同专业工程、不同结构形式分别测算和发布综合税负率。这是实施这一方法的特殊之处，因为不同专业工程、不同结构形式的项目由于进项税的变量较大，增值税税负出入较大，当个别专业工程测算为负税率时，可规定为0，这是与营业税的重大区别。如果按照单位工程测算和发布，其划分类别太多，可操作性不强，该方式适用于建设项目单项工程。

按照某省营改增的研究测算，建筑服务类的增值税税负率在下列区间：房屋工程中的砖混结构为3.7%~3.9%、现浇钢筋混凝土结构为3.0%~3.5%；钢结构工程为1.5%~1.9%；装配式结构为2.6%~2.9%；市政工程为2.2%~2.5%；机电安装工程为0~0.03%。现代服务类的增值税税负率在4.5%~5.7%之间。

这一方式也可以直观的回答施工企业关心的营改增后税负是否增加的问题，从上述数据来看，砖混结构、现浇钢筋混凝土结构是增加的，钢结构、装配式结构、市政工程、机电安装工程是减少的，但由于采用了税负率这一方式，营改增后的税负达到了新的平衡。并且，通过增值税税负率可以像营业税率或简易计税的征收率一样，方便地将附加税与其合并，得出项目的综合税负率，因此，不管不同结构类型工程税负如何变化，应用这些数据，可以方便对计价依据进行调整。

（3）由于税随价定，不同地区的造价虽然有差异，但应纳增值税、附加税额占工程造价比重各地区差异不会太大。

按照计价依据的作用，发布的增值税、附加税综合税负率只是作为编制投资估算、设计概算、施工图预算和标底或最高投标限价的依据。承包人的投标报价由其自主确定。工程结算应当按照合同约定办理。增值税由承包人依法缴纳。这一方式完全符合市场竞争形成价格、承包人依法纳税的法律规定。

2. 工程总承包以采用包括增值税的总价合同为宜

鉴于工程总承包由可能面对3%的增值税征收率，6%、9%的增值税税率，将增值税单列计算增加工程结算的工作量及难度，建议采用综合税负率的测算将增值税包括在总价合同中，可以有效避免增值税单列时的结算争议，减少合同纠纷。

3. 工程总承包合同宜约定税金包干

建筑业“营改增”后，增值税税率在2018年和2019年进行了两次下调，将来还有继续调整的可能性，鉴于增值税不同于营业税，增值税率意味着销项税和进项税同时调整，并不意味着增值税税负的变化，因而建议在专用合同条件中约定。发包人和承包人均同意合同总价中的增值税包干使用，增值税税率调整时不再调整合同总价。

3.2.5 除合同另有约定外，采用工程总承包模式发包，应由承包人负责材料和设备的采购、运输和保管。

发包人要提供部分材料和设备时，应在发包人要求中提出，并应在合同中明确约定。发包人应按工程进度计划的要求保质保量按期提供。

工程总承包范围的材料、设备需要加工定制时，承包人可以外包并负责采购策划、设计、招标、签约、催交、检验、运输、验收、入库等。

【条文解读】

本条是关于工程总承包材料、设备采购的规定。

本条第一段规定了工程建设中材料设备采购的一般原则，即由承包人负责，在工程总承包中，由承包人进行设计，在满足发包人要求，实现建设目标，达到合同目的的前提下，承包人更具有选择使用材料、设备的空间，由承包人采购材料、设备比之施工总承包更有合理性。

本条第二段规定了例外，如发包人要提供部分材料设备，应在发包人要求中提出，写明材料的名称、规格、交货方式、交货地点等。并应按时、按量供货并对其提供的材料、设备的质量负责。如发包人提供的材料、设备的品种、规格、数量或质量不符合合同要求，或发生交货日期延误、交货地点及交货方式变更等情况的，发包人应承担由此增加的费用及合理利润和（或）工期延长给予承包人补偿。

本条第三段针对有的工程采用的设备为非标设备，需要加工定制的，规定承包人可以外包并需承担的工作。

【应用指引】

采用工程总承包，发包人对是否自行提供部分材料、设备应持慎重态度，因为无论是采用EPC还是DB模式，承包人都承担了一定的设计工作，在合同约定范围内，承包人进行设计时，只要满足发包人要求，承包人具有使用材料、设备的选择空间，这一点与施工总承包模式下，施工图项目使用材料、设备已经明确是有重大区别的。如发包人仍以施工总承包的观念确定自行提供材料、设备（甲供材），有可能面临以下问题并易产生纠纷：

一是供应材料的品种、规格、数量是否与承包人的设计相匹配？而承包人设计选用的材料、设备符合发包人要求。

二是采购材料设备中的增值税进项税额是承包人用以抵扣销项税的“债权”，但由于发包人采购，其增值税专用发票在发包人，导致承包人失去进项税抵扣，增加了承包人的增值税税负和附加税税负，如果发包人要求对此没有明确说明，有可能导致承包人与发包人发生争议。

（1）发包人提供的材料、设备的品种、规格、数量有可能与承包人设计选用的材料、设备不匹配，而承包人的选择符合发包人要求。

（2）发包人提供的材料、设备供货不及时，影响承包人的进度计划，有可能导致承包人停工，这就增加了承包人的成本，承包人可以据此向发包人索赔。

（3）发包人提供材料、设备有可能质量不符合工程的整体要求，即与工程系统不匹配，导致承包人对工程质量无法把控，引起争议。

（4）发包人提供材料、设备，增值税税率大多为13%，承包人开具增值税专用发票的税率为9%。因此，对于发包人来说，可以取得更多的进项税，从而减少增值税负担；反之，如果材料设备由承包人采购，可以取得税率为13%的增值税专用发票，而承包人增值税税率为9%，意味着可以减少应交增值税。可见，发包人提供材料、设备，对承包人来说，不仅失去了赚取材料差价的机会，也失去了取得税率为13%的材料发票用于抵扣进项税额的机会。承包人的增值税税负肯定增加了。根据营改增相关文件规定，如果材料实行甲供，乙方增值税可以实行简易计税，征收率为3%，但事实上，营改增文件只是说可以实行简易计税，但并没讲必须实行。因此，承包人开具税率为3%的增值税发票，发包人往往也会不予认可，除非合同特别约定。

如果发包人在提供材料设备上没有在发包人要求中明确规定，在工程总承包合同中没有专门约定，发包人擅自决定提供材料设备，将有可能导致合同纠纷，影响工程实施的顺利进行。

因此，发包人选择提供部分主要材料、设备时，应当以“确有必要”为前提，并应在发包人要求中明确有可能产生上述问题时的解决方案。

3.2.6 承包人应按照合同约定的品牌、规格提供材料和设备，并应满足合同约定的质量标准。若需更换时，应报发包人核准；若承包人擅自更换时，承包人应进行改正，并应承担由此造成的返工损失，延误的工期应不予顺延。发包人发现后予以核准时，因更换而导致的费用增加，发包人不应另行支付。因更换而导致的费用减少，发包人应核减相应费用。

发包人可根据工程具体情况，要求承包人在施工过程中更换相关材料或设备，对更换部分的价格变化应按合同约定的有关规定执行。对承包人造成影响的，由此导致的费用增加和工期延误应由发包人承担。

【条文解读】

本条是关于更换材料、设备发承包双方责任划分的规定。

本条第一段约束承包人按照发包人要求按照合同约定的品牌、规格提供材料、设备，在合同履行过程中需要更换的，应报发包人核准；不能擅自更换，承包人擅自更换发包人不同意的，承包人应予以改正，并承担由此造成的返工和工期延误的损失，若发包人核准的，因更换导致的费用增加，发包人不予支付，导致费用减少，发包人应予核减。

本条第二段约束发包人更换材料设备，如因更换材料、设备发生价格变化，应按合同约定调整，对承包人实施合同工程造成影响的，导致的工期延误和费用增加由发包人承担。

3.2.7 采用工程总承包模式，发包人对建筑安装工程价款的计价，除专用合同条件约定的按照应予计量的实际工程量进行结算支付的单价项目外，不得以项目的施工图为基础对合同价款进行重新计量或调整。

【条文解读】

本条是关于工程总承包中建筑安装工程价款计算的规定。

由于我国长期没有工程总承包的计价计量规则，导致不少地方在近年来推行工程总承包中，仍然习惯成自然的采用施工总承包的一些做法和思路，使用“模拟清单”“费率下浮”的方法对工程总承包项目计量计价，因此，一些地方工程总承包签订总价合同，但又在专用合同条款约定以施工图预算评审作为竣工结算的类似内容，很明显这一约定不仅造成合同约定前后矛盾，极易导致合同纠纷。同时，将承包人设计的施工图作为结算依据导致了如下两大后果：一是承包人有可能出于逐利的目的，进行过度设计，使施工图结算超过签约合同价的可能性大大上升而不承担责任，反正施工图都经过发包人审核确认，极大地增加了发包人的投资风险而不自知；二是承包人按照工程总承包的思维，通过优化设计、优化施工组织、优化施工措施等从而降低了施工成本，但竣工结算又回到施工图，导致其改进设计的可施工性进行的优化努力化为泡影，使承包人亏损的可能性大大上升。这一做法形成了事实上的按定额计价，既违反合同的诚信、公平原则，又阻碍了工程总承包的顺利推行，因此，本条明确采用工程总承包模式不得以施工图工程量清单进行计价计量。

但任何事物都可能有特殊情况出现，因此本规范第 3.2.3 条第二段以及《标准设计施工总承包招标文件》中通用合同条款和《建设项目工程总承包合同（示范文本）》均规定了：合同约定工程的某部分按照实际完成的工程量进行支付的，应按照专用合同条款的约定进行计量和估价，并据此调整合同价格。一般来说，工程总承包合同不包括工程量清单。如果包括了，应该清楚地说明包括工程量清单项目的用途。如发承包双方约定包括工程量清单的意图是按照实际完成的工程量进行计量支付时，应在专用条款约定详细的计量和计价规则。

3.2.8 价格清单列出的建筑安装工程量仅为估算的数量，不得将其视为要求承包人实施工程的实际或准确的数量。

价格清单中列出的建筑安装工程的任何工程量及其价格，除按本规范第 3.2.3 条第二段规定在专用合同条件中约定的单价项目外，应仅限于作为合同约定的变更和支付的参考，不应作为结算依据。

【条文解读】

本条是关于价格清单作用的规定。

由于工程总承包是在可行性研究报告或初步设计文件批准后进行，所以很难如施工总承包那样，在施工图设计文件的基础上对工程数量有一个比较准确的计算，这也是工程总承包项目不再要求发包人编制工程量清单，而要求编制发包人要求，提供项目清单的原因。因此，发承包双方都需要对价格清单的性质有一个正确的认识，即价格清单所列工程数量不能视为发包人对工程量的认可。而承包人的工作范围包括了施工图设计，甚至是初步设计，因而，承包人也不能据此将价格清单作为挑战总价合同的工具。

本条第一段规定表明价格清单中列出的工程数量只是估计值，即使发包人在招标时需要承包人提供包括价格和工程数量的价格清单，但其并不确定承包人的义务范围。除非专用合同条件另有约定，承包人应承担其估计工程数量不足的风险。

本条第二段规定除非专用合同条件另有约定，价格清单中的工程数量及其价格，仅限于合同约定的变更和支付的参考。发承包任何一方不应试图因工程数量或价格变化谋求调整合同价格。

本条规定也是工程总承包与施工总承包计价规则的重大区分之一。

3.2.9 建设项目实施过程中的期中结算与支付应按照合同价款支付分解表，并应依据进度计划完成的里程碑节点进行支付。

【条文解读】

本条是关于工程总承包实施过程结算与支付的规定。

由于工程总承包项目的计价并不是建立在施工图设计文件基础上，因此，也不可能采用施工总承包的计价方法，在施工图项目的基础上计量计价。那么，工程总承包如何进行工程款的结算与支付呢？本条根据工程总承包的客观要求，规定了建设项目工程实施过程中的期中结算与支付，应按照合同价款支付分解表，根据进度计划完成的里程碑节点进行结算与支付。

本条规定也是工程总承包与施工总承包在合同价款结算与支付规则的重大区分之一。

3.2.10 预备费按下列规定使用：

1 工程总承包为可调总价合同，已签约合同价中的预备费应由发包人掌握使用，发包人按照合同约定支付后，预备费如有余额应归发包人所有；

2 工程总承包为固定总价合同，预备费可作为风险包干费用，在合同专用条件中约定，预备费归承包人所有。

【条文解读】

本条是关于预备费在可调或固定总价合同中使用的规定。

本条根据工程总承包的内在逻辑，对预备费在工程总承包计价中的用途，区分可调总价合同和固定总价合同分别作了规定。

（1）对可调总价合同而言，工程总承包已签约合同价中的预备费是按照发包人提供的金额，由承包人在投标报价中如实填写，但根据预备费的用途，所有权归发包人，在履行合同过程中由发包人根据合同约定对工程变更、市场价格波动、索赔等进行合同价款调整。发包人按照合同约定支付后，预备费如有余额应归发包人所有。

（2）对固定总价合同而言，预备费可以作为风险包干费用，对发包人提供的金额，由承包人根据自身对总承包项目计价风险的判断在投标报价中填写，可以增加也可以减少。发承包双方根据承包人的承诺金额在合同中约定，预备费归承包人所有，这种模式下无论承包人实际上是盈利或亏损，合同价款均不作调整。

【应用指引】

预备费在固定总价合同中的应用。鉴于预备费的定义的基本预备费范围是项目建设期内不可预见因素构成的工程变更、一般自然灾害处理、地下障碍物处理等（详见本书第 2.0.16 条预备费［条文解读］），通常在估算中占 8% 左右，在概算中占 6% 左右。因此，在建设项目采用工程总承包模式时，发包人可在发包人要求的风险提示中注明，本项目采用固定总价合同，合同工程实施过程中，发包人要求、方案设计变更引起的费用变化在签约合同价的 5% 以内；或发包人要求、初步设计变更引起的费用变化在 3% 以内，合同价款不予调整。

3.3 工程总承包计价风险

【概述】

风险是一种客观存在的，可能会带来损失的不确定状态，具有客观性。工程建设中的风险范围较广，本规范所指的风险仅包括与工程计价相关的风险，既有自然的，例如不可抗力；也有市场的，如市场价格波动超过预期；还有决策失误的，如发承包双方在发承包过程，合同谈判对预期目标判断失误所带来的损失。

不同的工程总承包模式由于承包范围不同，对计价风险的分配也不相同，这在 FIDIC 黄皮书和银皮书中有明显区分。我国《标准设计施工总承包招标文件》中通用合同条款的名称虽然为设计施工总承包（DB），但也包括设计采购施工总承包（EPC）模式，并在通用合同条件中的风险条款中，对同一条款用 A 和 B 表示，由发承包双方根据合同方式选择。《建设项目工程总承包合同（示范文本）》则将二者合二为一，但纵观整个通用合同条件，基本上是以设计施工总承包（DB）设置条文。但也存在个别引用 FIDIC 银皮书的条文，其风险也加在了 DB 模式上，无形间扩大了 DB 模式的风险，如通用条件第 4.8 条不可预见的困难，将 FIDIC 黄皮书第 4.12 条不可预见的物质条件和银皮书第 4.12 条不可预见的困难以及《标准设计施工总承包合同条件》第 4.11 条不可预见的物质条件（A）和第 4.11 条不可预见的困难和费用（B）整合在一条，但采用了 DB 模式的处理方式，实质上降低了 EPC 模式的风险分摊。

本规范在上述两种模式的风险分配中，需要分别设置时，均予以明示，以便区分。

3.3.1 建设项目工程总承包中，发包人应根据采用的工程总承包模式以及发承包依据的基础条件，按照权责对等和平衡风险分担的原则，在发包人要求、工程总承包合同中明确计价的风险范围。存在下列情形时，造成合同工期和价格的变化主要由发包人承担：

1 国家法律发生变化；

2 专用合同条款中约定的人工、主要材料等市场价格变化超过合同约定幅度；

3 可行性研究报告批准或方案设计后发包，发包人要求和方案设计发生变更；初步设计后发包，发包人要求和初步设计发生变更；

4 不可预见的地质条件、地下掩埋物等变化；

5 不可抗力。

具体风险分担内容由发承包双方根据采用的工程总承包模式在专用合同条件中约定。

【条文解读】

本条是关于计价风险分担原则和发包人承担风险范围的规定。

实行工程总承包，如何平衡发承包双方的计价风险分担，是需要解决的一个难题，为此住房城乡建设部和国家发展改革委在《房屋建筑和市政基础设施项目工程总承包管理办法》（建市规〔2019〕12号）、交通运输部在《公路工程设计施工总承包管理办法》（交通运输部令2015年第10号）中均提出了五条由发包人承担的风险（详见本条【法条链接】），据此：

本条提出了权责对等和平衡风险分担的原则，并明确规定发包人应在发包人要求中明确提出计价的风险范围，以便承包人在报价中考虑，同时要求发承包双方在工程总承包合同中明确约定计价风险范围。

本条规定了主要由发包人承担计价风险的5种情形。

本条还规定了风险分担的具体内容由发承包双方根据采用的工程总承包模式在合同中约定。实质上指明工程建设中发承包双方的核心就是合同管理，发包人主要是通过合同对承包人的履约进行监管，承包人也是通过合同进行履约实施工程并对发包人的履约行为予以监管。因此，合同中对建设过程中可能出现的变化因素或风险没有进行分析和预判，对该有的风险分担约定不清楚，发承包双方的履约风险就很高，对这一点，工程总承包合同的签订更需引起重视。

【法条链接】

《房屋建筑和市政基础设施项目工程总承包管理办法》

（建市规〔2019〕12号）

第十五条 建设单位和工程总承包单位应当加强风险管理，合理分担风险。

建设单位承担的风险主要包括：

（一）主要工程材料、设备、人工价格与招标时基期价相比，波动幅度超过合同约定幅度的部分；

（二）因国家法律法规政策变化引起的合同价格的变化；

（三）不可预见的地质条件造成的工程费用和工期的变化；

（四）因建设单位原因产生的工程费用和工期的变化；

（五）不可抗力造成的工程费用和工期的变化。

具体风险分担内容由双方在合同中约定。

《公路工程设计施工总承包管理办法》（交通运输部令2015年第10号）

第十三条 项目法人和总承包单位应当在招标文件或者合同中约定总承包风险的合理分担。风险分担可以参照以下因素约定：

项目法人承担的风险一般包括：

（一）项目法人提出的工期调整、重大或者较大设计变更、建设标准或者工程规模的调整。

（二）因国家税收等政策调整引起的税费变化。

（三）钢材、水泥、沥青、燃油等主要工程材料价格与招标时基价相比，波动幅度超过合同约定幅度的部分。

（四）施工图勘察设计时发现的在初步设计阶段难以预见的滑坡、泥石流、突泥、涌水、溶洞、采空区、有毒气体等重大地质变化，其损失与处治费用可以约定由项目法人承担，或者约定项目法人和总承包单位的分担比例。工程实施中出现重大地质变化的，其损失与处治费用除保险公司赔付外，可以约定由总承包单位承担，或者约定项目法人与总承包单位的分担比例。因总承包单位施工组织、措施不当造成的上述问题，其损失与处治费用由总承包单位承担。

（五）其他不可抗力所造成的工程费用的增加。

除项目法人承担的风险外，其他风险可以约定由总承包单位承担。

【应用指引】

工程总承包计价风险的分担需要发承包双方理性对待，发包人在发包人要求或招标文件中需要根据法律和建设项目特点提出风险范围。对本条第二段的规定都需要发承包双方在合同中具体约定：

（1）是对于国家法律发生变化的规定，从《民法典》的规定来看，只要不违反法律强制性规定的，发承包双方可在合同中约定。例如，发承包双方可将应纳增值税及附加税在合同中约定包括在合同价格中不予调整，减少或避免因计税理解不一引起争议。

（2）是对市场价格波动的规定，此处需要注意的是对人工是否作为单独约定的因素存在不同看法，一种意见认为人工费的变化已不是不可预见的，目前各地人力资源管理部门每年都在发布工资调整指导意见，人工费的变化是可以预测的，无须单列调整，如《公路工程设计施工总承包管理办法》（交通运输部令2015年第10号）已没有把人工纳入由发包人承担的风险范围；另一种意见认为还是保留这一规定，由发承包双方在合同中约定。

（3）是对工程总承包工程变更的规定，发承包双方可根据本规范对工程变更的定义，在合同中进行更为详细具体的约定，但需注意不要用施工总承包的思维，继续采用施工图设计变更的标准来约定工程总承包下的工程变更，避免引起合同纠纷。

（4）是对不可预见的地质条件的规定。根据我国的地理环境，多数情况下，地质条件是可预见的，如北方的黄土高原、沿海的冲积性平原等，对建筑目标有影响的地下溶洞、地下水文有时不可预见，需注意在合同中约定。对影响建筑施工的地下掩埋物，如古墓、化石等，也需注意在合同中约定处理方式。

（5）是对不可抗力的规定。实际施工过程中，何为不可抗力，需要在合同中详细列出，形成基于不可抗力事件归责原则的风险分配。

3.3.2 发包人应在基准日期前，将其取得的现场地形和地下、水文、气候及环境条件方面的所有相关现场数据，提供给承包人。发包人在基准日期后得到的所有此类数据，也应及时提供给承包人。

原始测量控制点、基准线和基准标高等参考数据应在发包人要求中提出。

承包人应负责验证和解释发包人提供的参考数据，按照合同约定对与参考数据有关的工程放线，并核实参考数据的准确性，纠正在工程的位置、标高、尺寸或定线中的错误，负责对工程的所有部分正确定位。

对发包人提供的现场数据和参考数据的错误可按下列规定分担责任：

1 采用设计采购施工总承包（EPC）模式时，发包人除按照合同约定或本规范第3.3.3条第1款的规定承担责任外，不对现场数据和参考数据的准确性、充分性和完整性承担责任。

2 采用设计施工总承包（DB）模式时，承包人应及时将发现参考数据中的错误通知发包人，如果承包人因错误而遭受延误和（或）费用增加时，承包人有权获得工期的延长和（或）额外费用的增加及合理的利润。

【条文解读】

本条是关于现场基准数据准确性责任划分的规定。

在我国工程合同文件将现场地形和地下、水文等数据称为基准资料（见《标准设计施工总承包招标文件》中通用合同条款）或基础资料（见《建设项目工程总承包合同（示范文本）》），两个合同文本均对资料中的错误归责为发包人负责。仍然用施工总承包的思维看待工程总承包，但《标准设计施工总承包招标文件》中通用合同条款第1.13条（B）保留采用了FIDIC银皮书的规定。

归责于发包人的依据是《建设工程质量管理条例》第九条规定："建设单位必须向有关的勘察、设计、施工、工程监理等单位提供与建设工程有关的原始资料。原始资料必须真实、准确、齐全。"据此设置合同条款"发包人应对其提供的测量基准点、基准线和水准点及其书面资料的真实性、准确性和完整性负责。"但这一条文忽略了该条例第二十条的规定："勘察单位提供的地质、测量、水文等勘察成果必须真实、准确。"

《建筑法》第五十六条规定："建筑工程的勘察、设计单位必须对其勘察、设计的质量负责。勘察、设计文件应当符合有关法律、行政法规的规定和建筑工程质量、安全标准、建筑工程勘察、设计技术规范以及合同的约定。设计文件选用的建筑材料、建筑构配件和设备，应当注明其规格、型号、性能等技术指标，其质量要求必须符合国家规定的标准。"

《建设工程勘察设计管理条例》第五条第二款规定："建设工程勘察、设计单位必须依法进行建设工程勘察、设计，严格执行工程建设强制性标准，并对建设工程勘察、设计的质量负责。"很明显，发包人提供的现场数据来源于测绘部门和勘察单位，实行工程总承包，特别是EPC，其部分或大部分勘察工作已转由承包人进行，再如施工总承包那样，由发包人全部承担此类责任，既显得不合逻辑，也不符合法律规定。

FIDIC合同条件第2.5条将其定义为现场数据和参考事项。"雇主应在基准日期前，向承包商提供其拥有的现场地形和地下、水文、气候及现场环境条件方面的所有相关数据，供承包商参考。雇主应立即向承包商提供在基准日期后其拥有的所有此类数据。/原始测量控制点、基准线和基准标高（本条件中的"参考事项"）应在雇主要求中规定。"

银皮书在此条增加第三款："除第5.1款［一般设计义务］规定外，雇主对此类数据和/或参考事项的准确性、充分性或完整性不承担任何责任。"

FIDIC银皮书第4.7款放线："承包商应按照第2.5款［现场数据和参考事项］的规定对与参考事项有关的工程放线。/承包商应：（a）在工程使用前，核实所有这些参考事项的准确性；/（b）纠正在参考项目中的工程的位置、标高、尺寸或定线中的任何错误；（以及）/（c）负责对工程的所有部分正确定位。"

FIDIC红皮书（Conditions of Contract for Construction）、黄皮书、银皮书在第4.10款现场数据的使用中均规定"承包商应负责验证和解释雇主根据第2.5款［现场数据和参考事项］的规定提供的所有数据。"

很明显，FIDIC对现场数据的规定更合理，更注重数据错误的纠正，因为这是工程建设质量得以保证的基础，此类责任偏重于承包人，因为他们是有经验的建筑产品的生产者。假设承包人明知数据错误而不纠正，反正由发包人承担责任，出了问题还可以索赔，这不是保证工程质量的好机制。

FIDIC黄皮书对如果承包商在实施工程中由于这几项基准中的某项错误必然遭受延误和（或）招致增加费用，而有经验的承包商不能合理发现此类错误，并避免此延误和（或）增加费用，承包商应通知工程师有权要求：对任何此类延误给予延长期；此类费用和合理利润计入合同价格。

因此，本条采用了 FIDIC 合同条件的观点。

【应用指引】

鉴于我国关于工程总承包的示范文本在通用合同条件中条文与工程总承包不相适应，发承包双方可以根据现行法律法规和本条规定在专用合同条件中重新约定。

3.3.3 发包人要求中错误的责任可按下列规定分担：

1 采用设计采购施工总承包（EPC）模式，承包人应复核发包人要求，发现错误应书面通知发包人。发包人做相应修改的，按照合同约定进行调整；如确有错误，发包人坚持不改，应承担由此导致承包人增加的费用和（或）延误的工期，以及合理的利润。

承包人未发现发包人要求中存在错误和（或）未通知发包人提交说明文件的，除专用合同条件另有约定外，承包人自行承担由此导致的费用增加和（或）工期延误。

无论承包人发现与否，发包人要求中的下列错误导致承包人增加的费用和（或）延误的工期，由发包人承担，并向承包人支付合理利润：

1）发包人要求中或合同中约定由发包人负责的或不可变的数据和资料；

2）对工程或其他任何部分的预期目的的说明；

3）竣工工程的试验和性能的标准；

4）除合同另有约定外，承包人不能核实的数据和资料。

2 采用设计施工总承包（DB）模式，承包人应复核发包人要求，发现错误应书面通知发包人。

发包人要求中的错误导致承包人增加费用和（或）工期延误的，应承担承包人由此增加的费用和（或）延误的工期以及合理的利润。

【条文解读】

本条是关于发包人要求错误处理责任的规定。

工程建设中的发承包双方应当是合作关系，风险分配和合同条文设置不应当引导任何一方在发现对方提交的文件中存在明显错误或疏忽时，任由这些错误发生，再利用这些错误索赔。因此，本条规定承包人应复核发包人要求，发现错误应书面通知发包人。由于 EPC 模式和 DB 模式承包范围不同，承包人对发包人要求中的错误承担的风险也不同。本条第 1 款采用《标准设计施工总承包招标文件》中通用合同条款第 1.13（B）条、第 2 款采用第 1.13（A）条的规定。《建设项目工程总承包合同（示范文本）》则在第 1.12 条不区分 EPC 模式和 DB 模式对发包人要求的错误作出类似 FIDIC 黄皮书的规定，降低了 EPC 模式下承包人的风险，这是使用者在合同约定时需要注意的。

3.3.4 工程总承包项目的承包人应按照合同约定范围统一负责建设项目的勘察、设计、材料设备采购、施工等的组织、协调、进度控制等所有相关工作。

设计单位和施工单位组成联合体的，应当根据项目特点和复杂程度，合理确定牵头单位，明确各自的权利和责任。若设计单位对合同约定范围内的施工图设计变更，施工单位不得向发包人申请合同价款调整。

【条文解读】

本条是关于联合体承包工程总承包项目的计价规定。

工程总承包模式改变了施工总承包模式下设计与施工为相互独立的两方，由设计方造成的工程设计变更使施工方有权向发包人提出索赔的机制。因为在施工总承包模式下设计变更，只能由发包人承担，反过来又造成设计方的责任心不足，从而使工程项目发生由施工总承包提出的因设计修改或变更造成的经济洽商与索赔。所以增强设计方的责任感，提升工程设计的质量是发包人的普遍要求，而工程总承包模式正好能满足这一要求。

由于我国对设计、施工实行资质管理，在建筑行业长期专业化分工发展的背景下，目前大多数设计和施工企业只具有单资质，在推行工程总承包中出现有设计资质的无施工资质，有施工资质的无设计资质的现象。因此企业只好采用联合体的方式承包工程总承包项目。从当前的实践来看，联合体紧密型的极少，松散型较多，并未形成一个核心，或确定一个牵头单位，“铁路公安各管一段”，联合体内部各管各。甚至有的发包人，对项目总承包采用“拉郎配”式的“包办婚姻”，确定施工单位，又确定一个设计单位组成联合体，变相形成设计单位按发包人意图设计，施工单位按设计图纸施工，但在工程实施中突破合同总价后，发包人又以这是总价合同为由，不予调整价款，造成合同纠纷。近年来，工程总承包联合体的合同纠纷案件呈上升趋势，因此，联合体承包工程总承包项目，设计和施工单位应当明确各自职责。

本条第一段针对当前存在的联合体承接工程总承包后，实际存在的设计、施工两张皮，仍然习惯性地沿用施工总承包的思维，设计只管设计，施工只管照图施工，反映在工程总承包合同中，不少工程项目的合同价款标明为设计费多少金额，建安工程费多少金额，导致工程总承包合同范围内，设计人只管做好设计和设计费用的收取，并不考虑总承包项目的收益，完全不考虑工程总承包合同下的施工图的设计变更是承包人的事。而面对设计人对施工图的设计变更，施工人也沿用施工总承包的思维，照图施工，完工后仍然向发包人提出合同价款调整，这一不正常现象的出现已成了我国房屋和市政工程总承包的奇特现象。根据《房屋建筑和市政基础设施项目工程总承包管理办法》（建市规〔2019〕12 号）的规定，设计单位和施工单位组成联合体承包的，应按照工程总承包的要求，确定牵头单位，统一负责建设项目总承包合同的履行。

施工总承包下的设计变更意味着发包人要承担合同价款调整的责任。可以说深入人心，得到了工程建设领域各方主体的高度认可。即使在《最高人民法院关于审理建设工程施工合同纠纷案件的解释》中也是按照这一思路进行裁判。但对于工程总承包项目来说，这一理念就不能套用，因施工图设计已从发包人提供转移到了承包人负责，即使是联合体承包，施工图设计变更应由联合体内部消化，不存在施工图设计变化导致向发包人寻求合同价款调整的空间。

本条第二段明确规定总承包合同范围内由联合体承包人承担的施工图设计，如发生修改变更，应由设计人和施工人协调解决，不得向发包人申请合同价款调整。

【法条链接】

《中华人民共和国招标投标法》

第三十一条　两个以上法人或者其他组织可以组成一个联合体，以一个投标人的身份共同投标。

联合体各方均应当具备承担招标项目的相应能力；国家有关规定或者招标文件对投标人资格条件有规定的，联合体各方均应当具备规定的相应资格条件。由同一专业的单位组成的联合体，按照资质等级较低的单位确定资质等级。

联合体各方应当签订共同投标协议，明确约定各方拟承担的工作和责任，并将共同投标协议连同投标文件一并提交招标人。联合体中标的，联合体各方应当共同与招标人签订合同，就中标项目向招标人承担连带责任。

招标人不得强制投标人组成联合体共同投标，不得限制投标人之间的竞争。

《中华人民共和国建筑法》

第二十七条　大型建筑工程或者结构复杂的建筑工程，可以由两个以上的承包单位联合共同承包。共同承包的各方对承包合同的履行承担连带责任。

两个以上不同资质等级的单位实行联合共同承包的，应当按照资质等级低的单位的业务许可范围承揽工程。

《房屋建筑和市政基础设施项目工程总承包管理办法》（建市规〔2019〕12号）

第十条　工程总承包单位应当同时具有与工程规模相适应的工程设计资质和施工资质，或者由具有相应资质的设计单位和施工单位组成联合体。工程总承包单位应当具有相应的项目管理体系和项目管理能力、财务和风险承担能力，以及与发包工程相类似的设计、施工或者工程总承包业绩。

设计单位和施工单位组成联合体的，应当根据项目的特点和复杂程度，合理确定牵头单位，并在联合体协议中明确联合体成员单位的责任和权利。联合体各方应当共同与建设单位签订工程总承包合同，就工程总承包项目承担连带责任。

《住房城乡建设部办公厅关于同意上海、深圳市开展工程总承包企业编制施工图设计文件试点的复函》（建办市函〔2018〕347号）

一、同意在上海、深圳市开展工程总承包企业编制施工图设计文件试点，同步开展建筑师负责制和全过程工程咨询试点。

【应用指引】

1. 明确设计、施工的地位

工程总承包的优势，绝不会因为牵头人的变化而不同，但有一点应该是明确的：工程总承包项目应做到设计主导、以设计为龙头。

设计是施工的灵魂，龙头的内涵要求工程总承包的承包人无论谁作为联合体牵头人，都要重视设计的重要性和前端性。因为在施工总承包模式下，设计人仅需对图纸负责，但在工程总承包模式下，首先需要转变设计师思维，让设计师围绕建设项目最终目标，通过设计施工一体化的设计方法，充分考虑施工条件、施工措施、施工组织、材料工艺、工程成本等。只有设计师具有总包思维了，才能真正做到设计施工融合，才能确保建设项目品质，才能更好地实现合同目的。

施工是设计的落实，施工企业是唯一能以施工反作用、反制约设计从而真正实现设计施工深度融合、系统集成的企业，只有施工企业能对设计漏洞和缺陷具有深刻了解，从而能最大限度减少和避免设计失误，使设计具有可施工性，且在工程总承包中具有较强的资源整合能力、现场管理能力和抗风险能力。因此，在工程总承包联合体中，设计、施工如何协调是工程总承包成败的关键。

2. 做好联合体分配

相较于施工总承包模式的风险，工程总承包模式中联合体各方承担着更多的从发包人转移而来的风险。同时，由于工程总承包模式常采用固定总价方式，合同总额在施工图纸出来之前就已经确定，从而使得工程总承包项目的潜在利润与预期成本存在很大的不确定性。由于设计采购施工的高度一体化，意味着联合体各成员之间的工作联系更趋紧密，联合体各方的利益纠缠更为复杂，各方的贡献与对应收益因此难以划清。

分配方式作为联合体成员权责关系的连接纽带，不仅仅在于分配方式是否公平、各方能否争取到自身最大利益，其作用还体现在：分配方式是否能够为联合体的协同管理建立坚实基础，促使联合体成员之间的有效协作配合，实现联合体整体利益最大化。

（1）将风险与成本视为基本分配对象。相对于施工总承包模式，工程总承包模式的额外风险与额外收益并存。风险对于风险承受能力、控制能力不同的企业是有差别的。对于风险承受能力较弱的企业而言，工程总承包模式所带来的风险可能会使其无法承受。联合体的风险承受能力取决于承受能力最低的成员。因此，联合体应对风险进行内部再分配，将风险从风险承受及控制能力较弱的成员转移至风险承受及控制能力较强的成员，同时作出相应的补偿，如将利润分配比例转移给对方。

仅基于利润的比例分配为联合体成员的积极履约增添了不确定性。成本作为决定成员收益的关键要素应引入分配当中，与利润分别进行分配。这一双重分配模式可以提升单个联合体成员收益的确定性，促使联合体整体利益最大化。如在将优化设计利润按比例分配的基础上，若出现优化设计成本大于设计方所获利润的情况，应由其他受益方对设计方进行成本补偿。

（2）明确权责利对应关系。在联合体进行总体利润分配的基础上，应明确各成员参与的工作界面及与此相对应的分配方式。明确的权责利关系将有利于理顺各成员间的协作关系并建立管理关系，调动成员之间协调配合的积极性。

（3）分配方式形成管理基础及手段。分配方式在联合体这一以利益关系为基础且不存在上下级管理关系的组织当中是最根本、最有效的管理基础与管理手段，是联合体有效运作的重点。

分配方式作为管理基础一方面需要牵头单位对财务流程有着足够的控制，使各成员在项目上的财务信息透明化，促进各成员之间互信并形成管理基础。另一方面需要预留一部分收益作为管理资源，形成有效的激励机制，为分配方式建立灵活的调整空间。如可从利润中预留一部分作为联合体内部履约保证金。

分配方式作为管理手段应具备灵活性，建立奖惩双重管理手段。牵头单位可将总承包管理费用与其他成员按比例分配，同时预留一定比例作为激励费用，牵头单位拥有对其他成员所得总承包管理费的额度进行奖惩的权力。

3.3.5 承包人在合同约定承包范围内实施设计时，应在满足发包人要求的前提下进行优化设计，并应从中选取最优设计方案；在满足发包人提供的设计文件技术标准的前提下进行深化设计，实现合同目标，优化设计和深化设计导致的盈亏均归承包人享有或承担。

【条文解读】

本条是关于工程总承包项目设计方面的规定。

实行建设项目工程总承包，其最大的优势就是实行了设计施工一体化，从而实现投资可控，工期缩短、成本降低、效益提高。而在满足发包人要求，符合工程建设强制性标准，完成建设目标，实现合同目的方面，设计实际上居于核心地位，也可以说设计是工程总承包项目的灵魂。正是基于这一认知，本条规定明确了承包人在合同约定的承包范围内进行的初步设计、施工图设计或专项设计时，应在满足发包人要求，符合工程建设强制性标准的前提下，进行优化设计，或在发包人提供的方案设计、初步设计文件下进行深化设计，改进设计的可施工性时，只要满足发包人要求，符合技术标准，发包人当然不应干预承包人的工作，优化设计和深化设计导致合同约定价款的盈亏均归承包人享有或承担。

3.3.6　除本规范第3.3.3条规定的发包人要求的错误导致承包人文件出错的外，当承包人文件中存在错误、遗漏、含糊、不一致、不适当或其他缺陷，即使发包人作出了同意或批准，承包人仍应对前述问题带来的缺陷和工程问题进行改正，并应承担相应费用和工期延误。

【条文解读】

本条是关于工程总承包承包人文件错误如何处理的规定。

本条采用了《标准设计施工总承包招标文件》中通用合同条款第5.6条的规定，其最初来源于FIDIC黄皮书和银皮书的规定。本条包含了两层含义，一是承包人文件中的任何错误或缺陷，即使发包人作出了同意或批准，均不能免除承包人文件错误或缺陷所引起的后果，承包人均应自费对前述问题带来的缺陷和工程问题进行改正，并自行承担有可能造成的工期延误；二是例外规定，如果是发包人要求的错误导致承包人文件的错误，则承包人不承担后果，而是按照本规范第3.3.3条实施，需要注意的是，该条区别EPC和DB，对发包人要求错误的风险分配不同。

3.3.7　承包人应被认为已确信工程总承包合同约定的合同金额的正确性和充分性，除合同另有约定外，签约合同价应被视为包括承包人根据合同约定应承担的全部义务，以及按照合同约定为正确的实施工程所需的全部有关事项的费用。

【条文解读】

本条是关于工程总承包合同价格充分性的规定。

本条采用了FIDIC黄皮书第4.11条中标合同金额的充分性和银皮书第4.11条合同价格的充分性，这两条的内涵是基本一致的，因此，本条不再区分EPC和DB。

在我国的司法实践中，存在着有的承包人在工程合同纠纷案件中自我否定所签合同的不正常现象，因此，设置本条提示承包人应当遵守诚信原则，履行合同义务，防止出现承包人自我否定合同约定的现象。

3.3.8　采用设计采购施工总承包（EPC）模式时，承包人应被认为已取得对承包工程可能产生影响或作用的有关风险、意外事件和其他情况的全部必要资料，接受为完成工程预见到的所有困难和费用的全部职责，除合同另有约定外，合同价款不予调整。

【条文解读】

本条是关于 EPC 风险的规定。

本条采用《标准设计施工总承包招标文件》中通用合同条款第 4.11（B）条的规定，提示采用 EPC 模式承揽建设项目工程总承包的承包人应予注意的风险。

3.3.9 当不可抗力发生影响合同价款时，除合同另有约定外，发承包双方责任的分担应符合本规范第 6.5 节的规定。

【条文解读】

本条是关于不可抗力发生如何处理的规定。

4　工程总承包费用项目

【概述】

早在新中国成立初期，我国就开始编制概预算用的各项定额、费用标准及材料预算价格。1978 年 3 月，原国家建委、财政部印发了《建筑安装工程费用项目划分暂行规定》（〔78〕建发施字第 98 号），明确了建筑安装工程费用项目的划分。此后，根据我国社会经济发展和工程建设项目投资控制和计价管理的需要，建筑安装工程费用项目历经了多次修改，可以说，《建筑安装工程费用项目组成》在我国工程建设领域已深入人心，具有很高的权威性。当然，这一费用项目组成适应了我国数十年来传统的以施工图为基础的施工总承包的工程建设组织方式。但在推行工程总承包的当下，适应于建设项目工程总承包的费用项目组成至今还没有被国家有关行政主管部门发布，导致近年来不少工程总承包项目仅以设计费、建筑安装工程费、设备购置费等进行发承包。与此同时，浙江、福建、江苏、四川等省也在发布工程总承包计价规则中对工程总承包其他费作了一些探索。因此，按照工程总承包的客观需要和内在逻辑，明确建设项目工程总承包的费用项目组成，是促使工程总承包高质量、可持续发展的必然要求。

为此，本章共分 2 节 10 条，对建设项目工程总承包费用项目组成和项目清单编制作了规定。

4.1　工程总承包费用项目组成

【概述】

建设项目工程总承包采用设计施工一体化，是设计与施工的深度融合，其计价不应是在施工总承包的基础上简单地再加上设计、设备采购的费用，因为，相对于施工总承包仅包含建筑安装工程费用，从工程总承包的范围来看，必然会涉及建筑安装工程费之外更多的费用。但如何确定工程总承包费用项目组成，说难不难，说易也不易，2017 年 9 月，住房城乡建设部办公厅曾将《建设项目工程总承包费用项目组成（征求意见稿）》（建办标函〔2017〕621 号）向全国征求意见，但意见纷纷，行政管理部门的意见也不一致，至今没有出台。但推行工程总承包，又需要制定适应工程总承包的费用项目，以便引导工程总承包计价，因此，本规范改变思路，从大家都比较熟悉的建设项目总投资费用项目着手，从建设项目总投资费用项目中选出适用于工程总承包并与工程总承包的范围相匹配的费用项目，以减少歧义、统一认识，达到合理界定工程总承包计价范围的目的。

目前我国不同的专业工程归属于不同的行政部门管辖，但对建设项目总投资的费用项目组成，除房屋工程外，不同的专业工程在投资估算、设计概算的编制办法中均有规定。由于专业工程的特点，费用项目不完全一致，但也大同小异。同时，鉴于财政部《基本建设项目建设成本管理规定》（财建〔2016〕504号）是针对所有专业工程投资成本的管理规定，对建设单位来说是投资成本，反过来对承包单位来讲就是营业收入。因此，本规范以建设项目总投资费用项目为基础，结合《基本建设项目建设成本管理规定》（财建〔2016〕504号）选择工程总承包费用项目，参照了住房城乡建设部、交通运输部等工程建设主管部门发布的专业工程投资估算、设计概算编制办法中对费用项目的相关规定，剔除了完全由建设单位使用的相关费用项目，且适当进行费用的综合、调整，个别的从工程总承包的角度重新进行定义，如工程总承包管理费。

工程总承包费用项目可以分为三类，一是必然要发生的并应全部计入工程总承包费用的项目，如：工程费用包括的建筑工程费、设备购置费、安装工程费；二是必然要发生，但计入工程总承包的费用多少是变化的，需要根据发承包范围来确定，如：勘察费、设计费、工程总承包管理费等；三是可能要发生，也可能不发生的，应根据发承包范围判断是否计入工程总承包的费用项目，如：研究试验费、临时用地及占道使用补偿费等。

4.1.1 建设项目工程总承包费用由工程费用和工程总承包其他费组成。

【条文解读】

本条是关于工程总承包费用项目组成的规定。本条根据建设项目总投资费用项目组成内容，将建设项目工程总承包费用项目与之对接，对总投资费用项目组成的工程费用直接采用，对总投资费用项中组成的工程建设其他费中必然用于或有可能用于工程总承包范围的费用项目，将其称为工程总承包其他费，共同构成工程总承包费用项目，从而与我国几十年来在工程建设领域形成的费用项目基本保持一致，便于工程建设的各方在工程总承包计价中能够理解和使用。

4.1.2 工程费用包括建设项目总投资中的下列费用：

1 建筑工程费；

2 设备购置费；

3 安装工程费。

【条文解读】

本条是关于工程费用包含内容的规定。

工程费用是建设项目总投资费用项目中最主要的费用项目，也是《基本建设项目建设成本管理规定》（财建〔2016〕504号）最重要的成本管理项目。本条工程费用的内容与其完全保持一致，包括建筑工程费、设备购置费、安装工程费。

4.1.3 工程总承包其他费包括建设项目总投资中工程建设其他费中的下列部分费用：

1 勘察费：详细勘察费、施工勘察费；

2 设计费：初步设计费、施工图设计费、专项设计费；

3 工程总承包管理费；

4 研究试验费；

5 临时用地及占道使用补偿费；

6 场地准备及临时设施费；

7 检验检测及试运转费；

8 系统集成费；

9 工程保险费；

10 其他专项费。

【条文解读】

本条是关于工程总承包其他费用包含内容的规定。

依据建设项目总投资费用项目的工程建设其他费用，本条在该费用中选择必然要发生的，如勘察费、设计费，将建设单位管理费（有的又称项目建设管理费）改为工程总承包管理费等，有可能要发生的，如研究试验费、临时用地及占道使用补偿费等，列入工程总承包其他费。需要注意的是，工程总承包其他费不应包括建筑安装工程费用中已明确包含的费用。

4.1.4 发包人应根据工程总承包项目的发包范围，对工程总承包其他费用按照本规范第4.1.3条的规定予以增加或减少。

【条文解读】

本条是关于工程总承包其他费可以取舍的规定。

发包人应根据专业工程的特点和投资估算、设计概算对相关费用的规定，工程总承包项目的发包范围，从建设项目总投资中的工程建设其他费中，参照本规范的规定选择适用于工程总承包的其他费用项目，既可以增加，也可以减少。例如，如工程总承包是初步设计文件批准后进行，就应扣除方案设计和初步设计费用，只将施工图设计、专项设计费列入设计费中；如要在可行性研究或方案设计完成后发包，应将初步设计费加入设计费中；如涉及专利或专有技术的使用，可以增加单独列项，或计列入其他专项费中等。如在设计阶段不需要进行研究试验，可以取消不列研究试验费等。

4.1.5　如发包人将建设项目的报建报批等其他服务工作列入发包范围，代办服务费应纳入工程总承包其他费。

【条文解读】

本条是关于代办服务费列入工程总承包其他费的规定。

按照相关法律法规的规定，在工程所在地有关行政主管部门办理建设项目实施的各种许可、备案、审批等各种文件，是发包人的责任和义务，这些事项需要发包人完成。但由于采用工程总承包，发包人也可以将这些工作列入发包范围，向承包人支付一笔代办服务费，本条规定将代办服务费归入工程总承包其他费中。

【法条链接】

《中华人民共和国建筑法》

第七条　建筑工程开工前，建设单位应当按照国家有关规定向工程所在地县级以上人民政府建设行政主管部门申请领取施工许可证；但是，国务院建设行政主管部门确定的限额以下的小型工程除外。

按照国务院规定的权限和程序批准开工报告的建筑工程，不再领取施工许可证。

第四十二条　有下列情形之一的，建设单位应当按照国家有关规定办理申请批准手续：

（一）需要临时占用规划批准范围以外场地的；

（二）可能损坏道路、管线、电力、邮电通讯等公共设施的；

（三）需要临时停水、停电、中断道路交通的；

（四）需要进行爆破作业的；

（五）法律、法规规定需要办理报批手续的其他情形。

《中华人民共和国城乡规划法》

第三十七条　在城市、镇规划区内以划拨方式提供国有土地使用权的建设项目，经有关部门批准、核准、备案后，建设单位应当向城市、县人民政府城乡规划主管部门提出建设用地规划许可申请，由城市、县人民政府城乡规划主管部门依据控制性详细规划核定建设用地的位置、面积、允许建设的范围，核发建设用地规划许可证。

建设单位在取得建设用地规划许可证后，方可向县级以上地方人民政府土地主管部门申请用地，经县级以上人民政府审批后，由土地主管部门划拨土地。

第三十八条　在城市、镇规划区内以出让方式提供国有土地使用权的，在国有土地使用权出让前，城市、县人民政府城乡规划主管部门应当依据控制性详细规划，提出出让地块的位置、使用性质、开发强度等规划条件，作为国有土地使用权出让合同的组成部分。未确定规划条件的地块，不得出让国有土地使用权。

以出让方式取得国有土地使用权的建设项目，建设单位在取得建设项目的批准、核准、备案文件和签订国有土地使用权出让合同后，向城市、县人民政府城乡规划主管部门领取建设用地规划许可证。

城市、县人民政府城乡规划主管部门不得在建设用地规划许可证中，擅自改变作为国有土地使用权出让合同组成部分的规划条件。

4.2 工程总承包费用项目清单

【概述】

为从根本上解决目前工程总承包仍然以施工图为基础采用“模拟清单”“费率下浮”进行计价的不正常做法，本规范依据我国几十年来形成的工程建设项目投资估算、设计概算的编制办法，将其运用到工程总承包中，从而建立了具有中国特色的多层次(级)的费用项目清单，为工程总承包的计价提供了工程建设领域为大家所熟知的依据和指引。

4.2.1 发包人应在建设项目总承包发包时对工程总承包费用项目编制项目清单列入招标文件。项目清单可根据不同的发承包阶段，分为可行性研究或方案设计后清单、初步设计后清单。

【条文解读】

本条是关于不同发包阶段工程总承包项目清单的规定。

本条依据专业工程设计编制深度的划分，规定了工程总承包费用项目清单应根据发承包阶段的不同，分为可行性研究或方案设计（指房屋工程）后清单、初步设计后清单。由于发承包阶段的不同，发承包范围也随之不一样，因此，编制项目清单应注意发承包阶段的区分。

（1）对于房屋建筑工程来讲，可在可行性研究报告批准或方案设计后编制项目清单，或在初步设计文件批准后编制项目清单。

（2）对于市政工程和城市轨道交通工程来讲，可在可行性研究报告批准后编制项目清单，或在初步设计文件批准后编制项目清单。

（3）对于政府投资的房屋建筑和市政基础设施项目来讲，按照《房屋建筑和市政基础设施项目工程总承包管理办法》（建市规〔2019〕12号）第七条的规定：“原则上应当在初步设计审批完成后进行工程总承包项目发包，其中，按照国家有关规定简化报批文件和审批程序的政府投资项目，应当在完成相应的投资决策审批后进行工程总承包项目发包。”

对于公路工程来讲，按照《公路工程设计施工总承包管理办法》（交通运输部令

2015 年第 10 号）第五条的规定："公路工程总承包招标应当在初步设计文件获得批准并落实建设资金后进行。"

从上述文件规定可知，对于政府投资的项目，原则上是在初步设计文件批准后进行工程总承包发包。此时，只能编制初步设计后项目清单，对于房屋建筑和市政工程，如是简化报批文件和审批的政府投资项目，可在完成投资决策审批后进行工程总承包发包，此时，可编制可行性研究后或方案设计后项目清单。

4.2.2 编制项目清单应依据本规范和发包人要求，以及专业工程计量规范，按照不同发承包阶段的发包范围和内容，确定工程总承包费用项目。

【条文解读】

本条是关于工程总承包费用项目清单内容的规定。

选择了项目清单的类型，应根据发包人要求、发承包范围和内容，工程总承包计量规范确定项目清单的内容，例如，房屋工程是否包括勘察，如包括是在方案设计后还是初步设计文件后发包，以便确定具体包括勘察的哪些项目，如初步勘察、详细勘察、施工勘察，如设计工作包括哪些设计内容，初步设计文件批准后发包的，应包括施工图设计、专项设计等，有的还需要根据工程现场情况确定，例如：是否需要临时占用道路等。

4.2.3 工程费用项目清单宜依据相关专业工程的工程总承包计量规范编制。

【条文解读】

本条是关于工程费用项目清单编制依据的规定。

本条明确了工程费用项目清单应依据相关专业工程的工程总承包计量规范编制，例如《房屋工程总承包工程量计算规范》T/CCEAS 002—2022、《市政工程总承包工程量计算规范》T/CCEAS 003—2022、《城市轨道交通工程总承包工程量计算规范》T/CCEAS 004—2022 等。需要注意的是，实行工程总承包，不能按照以施工图为基础的项目工程量清单计量规范编制工程费用项目清单，例如：房屋建筑、市政工程、安装工程、园林绿化工程、城市轨道交通工程等就不能按照 2013 年发布的《房屋建筑与装饰工程工程量计算规范》GB 50854—2013 等九本工程量清单计量规范编制工程总承包项目工程费用项目清单。

4.2.4 工程总承包其他费清单应根据工程总承包范围和内容列项。

【条文解读】

本条是关于工程总承包其他费项目清单编制内容的规定。

发包人编制工程总承包其他费项目清单，应把握工程总承包范围和内容，根据本规范所列费用项目可以增加，可以减少。

4.2.5 发包人在建设项目工程总承包发包时，应将预备费列入工程总承包项目清单中。

【条文解读】

本条是关于预备费列入工程总承包费用项目清单的规定。

预备费应编列在项目清单中，但发包人应在发包人要求或招标文件中标明采用的合同方式，是固定总价合同还是可调总价合同，以便对预备费的约定正确处理。因为，如是可调总价合同，预备费由承包人按项目清单的金额填写即可，签约后在工程实施中发包人根据约定在调整合同价款时使用。如是固定总价合同，承包人对预备费作为风险费用可在投标报价中作出调整，签约后由承包人包干使用，合同价款不再调整。

5　工程价款与工期约定

【概述】

建设项目工程价款和工期在合同中的约定是建设项目工程总承包顺利实施的关键一环。如果此部分内容没有约定，或是约定不清、约定不明，那么，发承包双方发生争议就是大概率事件。因此，发承包双方应高度重视工程价款和工期在合同中的约定。本章从工程总承包发承包方式的角度，对发包人有关标底和最高投标限价的确定、承包人有关投标报价和工期的承诺、评标、合同价款和工期的约定等几个阶段的事项作了规定。

5.1　一般规定

【概述】

本节依据相关法律法规的规定，明确了工程总承包应采用的发包方式和在合同中约定价款和工期的事宜。

5.1.1　发包人应通过招标或直接发包等方式，择优选择承包人。

依法必须招标的建设项目，应通过招标方式确定承包人。

【条文解读】

本条是关于建设项目工程总承包发包方式的规定。

建设工程的发包方式总的来讲，就是招标发包和直接发包两种方式，《建筑法》第十九条规定："建筑工程依法实行招标发包，对不适于招标发包的可以直接发包。"由于工程建设项目一般投资额巨大，因此，为了选择一个适合该项目的承包人，通过充分竞争达到节省投资的目的，一般都会采取招标的方式进行发包，当然，也并不排除一些不适于招标发包的项目从节省社会成本的角度采取直接发包的方式，总的来说，除依法必须招标的建设项目外，其余建设项目都可以直接发包。

本条第二段依据国家法律规定，明确依法必须招标的项目，应通过招标方式确定承包人，《必须招标的工程项目规定》国家发展和改革委员会令第16号对此就作了明确规定。

【法条链接】

《中华人民共和国建筑法》

第十九条　建筑工程依法实行招标发包，对不适于招标发包的可以直接发包。

《必须招标的工程项目规定》
(国家发展和改革委员会令第16号) 2018年3月发布

第二条　全部或者部分使用国有资金投资或者国家融资的项目包括：

(一) 使用预算资金200万元人民币以上，并且该资金占投资额10%以上的项目；

(二) 使用国有企业事业单位资金，并且该资金占控股或者主导地位的项目。

第三条　使用国际组织或者外国政府贷款、援助资金的项目包括：

(一) 使用世界银行、亚洲开发银行等国际组织贷款、援助资金的项目；

(二) 使用外国政府及其机构贷款、援助资金的项目。

第四条　不属于本规定第二条、第三条规定情形的大型基础设施、公用事业等关系社会公共利益、公众安全的项目，必须招标的具体范围由国务院发展改革部门会同国务院有关部门按照确有必要、严格限定的原则制订，报国务院批准。

第五条　本规定第二条至第四条规定范围内的项目，其勘察、设计、施工、监理以及与工程建设有关的重要设备、材料等的采购达到下列标准之一的，必须招标：

(一) 施工单项合同估算价在400万元人民币以上；

(二) 重要设备、材料等货物的采购，单项合同估算价在200万元人民币以上；

(三) 勘察、设计、监理等服务的采购，单项合同估算价在100万元人民币以上。

同一项目中可以合并进行的勘察、设计、施工、监理以及与工 程建设有关的重要设备、材料等的采购，合同估算价合计达到前款规定标准的，必须招标。

《房屋建筑和市政基础设施项目工程总承包管理办法》
(建市规〔2019〕12号)

第八条　建设单位依法采用招标或者直接发包等方式选择工程总承包单位。

工程总承包项目范围内的设计、采购或者施工中，有任一项属于依法必须进行招标的项目范围且达到国家规定规模标准的，应当采用招标的方式选择工程总承包单位。

《公路设计施工工程总承包管理办法》(交通运输部令2015年第10号)

第五条　总承包单位由项目法人依法通过招标方式确定。

5.1.2 发承包双方应当按照招标文件和中标人的投标文件或谈判的结果，在合同中约定工程价款和工期。

【条文解读】

本条是关于中标和谈判结果是合同约定价款和工期的规定。

根据《建筑法》《招标投标法》《招标投标实施条例》和《建筑工程施工发包与承包计价管理办法》（住房和城乡建设部令第16号）以及《建设工程价款结算暂行办法》（财建〔2004〕369号）等法律法规和规范性文件的规定，对招标工程，发包人与承包人应当根据中标价订立合同。不实行招标投标的工程由发承包双方协商（谈判）订立合同。合同价款的有关事项由发承包双方约定，一般包括合同价款约定方式，预付工程款、工程进度款、工程竣工价款的结算和支付方式，合同价款的调整情形等以及具体工期的约定。

【法条链接】

《中华人民共和国招标投标法》

第四十六条 招标人和中标人应当自中标通知书发出之日起三十日内，按照招标文件和中标人的投标文件订立书面合同。招标人和中标人不得再行订立背离合同实质性内容的其他协议。

招标文件要求中标人提交履约保证金的，中标人应当提交。

《中华人民共和国招标投标法实施条例》

第五十七条 招标人和中标人应当依照招标投标法和本条例的规定签订书面合同，合同的标的、价款、质量、履行期限等主要条款应当与招标文件和中标人的投标文件的内容一致。招标人和中标人不得再行订立背离合同实质性内容的其他协议。

招标人最迟应当在书面合同签订后5日内向中标人和未中标的投标人退还投标保证金及银行同期存款利息。

5.2 标底或最高投标限价与工期

【概述】

本节关于标底、最高投标限价以及工期是针对发包人对工程建设项目的投资和工期控制的预期目的所定的期望值，依据相关法律法规的规定和工程总承包的内在逻辑作了指引。

5.2.1 发包人采用工程总承包模式招标发包时，可自行决定是否选择设置标底或最高投标限价进行招标。

【条文解读】

本条是关于标底或最高投标限价选择的规定。

按照《中华人民共和国招标投标法实施条例》（以下简称《招标投标法实施条例》）的规定，招标人在建设工程招标时可以设置标底，也可以设置最高投标限价，本条据此规定。

在我国工程建设领域，现在所谓的标底或最高投标限价其实质内容均是在施工图基础上生成，从计价专业角度来看，在施工发承包时，作为标底使用的应该是施工图预算。1983 年 6 月原城乡建设环境保护部印发《建筑安装工程招标投标试行办法》第十条规定，工程的标底，由招标单位在发布招标广告前提出，报建设主管部门和建设银行复核；第十一条规定了标底编制的方法和内容；第十二条规定，标底在开标前要严格保密，如有泄露，对责任者要严肃处理，直至法律制裁。1984 年 9 月，国务院印发《关于改革建筑业和基本建设管理体制若干问题的暂行规定》（国发〔1984〕123 号）第二条提出："招标工程的标底，在批准的概算或修正概算以内由招标单位确定。"同年 11 月原国家计委、城乡建设环境保护部印发《建设工程招标投标暂行规定》（计施〔1984〕2410 号）第十四条规定："工程施工招标的标底，在批准的概算或修正概算以内，由招标单位确定。标底在开标前要严格保密，如有泄漏，对责任者要严肃处理，直至法律制裁。"1992 年 12 月，原建设部发布《工程建设施工招标投标管理办法》（建设部令第 23 号）第十九条规定："工程施工招标必须编制标底"。第二十条规定编制标底的原则，第二十一条规定："标底必须报经招标投标办事机构审定"。第二十二条规定标底的保密。2001 年 6 月，原建设部发布《房屋建筑和市政基础设施工程施工招标投标管理办法》（原建设部令第 89 号，2019 年 3 月住房和城乡建设部令第 47 号修正）第二十条规定："招标人设有标底的，应当依据国家规定的工程量计算规则及招标文件规定的计价方法和要求编制标底，并在开标前保密。一个招标工程只能编制一个标底。"

2003 年 7 月我国开始推行工程量清单计价，国家标准《建设工程工程量清单计价规范》GB 50500—2003 发布，工程造价改革迈上新台阶，与此同时，招标时以标底为核心的评价办法逐步退出历史，因其不符合清单计价，但随之又出现了新的问题，实践中，一些项目在招标中出现了所有投标人的报价均超过概算的现象，即使是最低报价，招标人也难以接受，但由于当时缺乏相关制度规定，使得招标陷入两难，一是如让其中标，意味着工程还未实施就超过概算（标底）；二是如不让其中标，又面临违反招标程序。由此如何让招标适应工程量清单计价，避免投标人串标，哄抬标价，我国多个地区相继出台了控制最高限价的规定，有拦标价、预算控制价、最高限价等多个不同名称，并规定投标人的报价如超过最高限价，其投标将作为废标处理。2008 年，《建设工程工程量清单计价规范》GB 50500—2003 开始修订，根据存在的上述问题，总结提出了招标控制价并在招标文件中公布，报价超过者废标的规定，此做法被《招标投标法实施条例》采纳，更名为最高投标限价，并与标底并存，其最主要的区分一要保密，二要公开，具体采用何种方式，由招标人选择。

因此，本条规定发包人可自行选择标底或最高投标限价。

5.2.2　发包人选择设置标底时，一个招标项目应只能有一个标底，标底应保密。

发包人宜选择设置标底进行招标发包，以利于工程价款在充分竞争的基础上合理确定。

【条文解读】

本条是关于标底设置的规定。

本条第一段依据《招标投标法》第二十二条第二款："招标人设有标底的，标底必须保密。"《招标投标法实施条例》第二十七条第一款："招标人可以自行决定是否编制标底。一个招标项目只能有一个标底。标底必须保密"进行规定。

本条第二段根据工程总承包的性质和特点与施工总承包以施工图为基础实行工程量清单计价不同，由发包人提供的施工图和工程量清单，其具体的项目特征、选用材料等已经明晰清楚，此时采用设置最高投标限价标准比较统一，竞价的出入不大。而承包人在工程总承包范围内进行设计时，可充分根据承包人的经营管理能力，机械设备装备水平，施工技术、施工工艺、施工组织水平等，考虑设计的可施工性，决定施工方法、施工措施、施工方案，对原材料、设备的匹配，也具有选择的空间等。不同的承包人由于自身能力的差异，其报价与施工总承包相比，有可能存在重大差别。因此，本规范优先推荐发包人选择设置标底进行招标，因为标底要保密，可以让承包人不受最高投标限价的影响决定自身的工程实施方案并报价，以实现《房屋建筑和市政基础设施项目工程总承包管理办法》（建市规〔2019〕12号）第十六条要求："合同价格应当在充分竞争的基础上合理确定"。

5.2.3　发包人选择设置最高投标限价时，应在招标文件中明确最高投标限价。

【条文解读】

本条是关于最高投标限价设置的规定。

《招标投标法实施条例》第二十七条第三款规定："招标人设有最高投标限价的，应当在招标文件中明确最高投标限价或者最高投标限价的计算方法。招标人不得规定最低投标限价。"鉴于本规范根据工程总承包的特点和我国工程建设几十年来的习惯性做法，不主张在现行投资估算、设计概算之外重新编制最高投标限价和标底，并优先推荐发包人选择标底。因此，建议发包人选择设置最高投标限价应持慎重态度，因为，相比于施工总承包计价基础的施工图及其工程量清单的明确具体，工程总承包计价基础的发包人要求，方案设计或初步设计所提的功能需求是概括性表述，实现其功能承包人将有多种选择，比如材料、设备的匹配、施工措施的选择、机械设备的配置、施工组织的优化等，如采用最高投标限价如何编制，且按规定还要在招标文件中明确最高投标限价或其计算方法，这样将有可能影响承包人对总承包项目的规划和竞争，且容易产生合同纠纷。

5.2.4 发包人对工程费用项目清单可只提供项目清单格式不列工程数量，由承包人根据招标文件和发包人要求填写工程数量并报价。

【条文解读】

本条是关于工程费用项目清单及工程数量的规定。

本条根据工程总承包的性质和特点，与国内施工发承包采用施工图为基础的工程量清单不同，采用符合工程总承包需要的做法，发包人对工程费用项目清单不列施工图项目下的工程数量，改由承包人根据招标文件和发包人要求以及可行性研究报告、方案设计或初步设计文件（初步设计文件后发包的）按照自身的施工设计、施工组织、施工措施、施工方法、机械配置等填写工程数量。充分发挥设计施工一体化的优势，一揽子解决在施工发承包下极易产生的争议。

例如：针对土石方工程，项目清单中土石方的土石类别、土与石方的比例、土石方的数量、土石方开挖及回填方法、运输方式、运输距离等均由承包人通过勘察自行确定，自主报价，约定合同价款不予调整。这样可以通过市场竞争来解决发承包双方针对土石方类别、土与石比例、土石方数量、土石方运输距离等认识不一致的问题。

这是工程总承包与施工总承包在工程计量上的重大区分，本规范除合同专用条件约定的单价项目按承包人应予完成的实际工程量计量外，其他的在工程结算与支付中均不再按施工图计量。

5.2.5 标底或最高投标限价应依据拟定的招标文件、发包人要求，宜按下列规定形成：

1 在可行性研究或方案设计后发包的，发包人宜采用投资估算中与发包范围一致的估算金额为限额按照本规范的规定修订后计列；

2 在初步设计后发包的，发包人宜采用初步设计概算中与发包范围一致的概算金额为限额按照本规范的规定修订后计列。

【条文解读】

本条是关于标底或最高投标限价如何形成的规定。

本条规定发包人确定标底或最高投标限价根据工程总承包项目在不同的发包阶段，在建设项目投资估算或设计概算的基础上形成，而无须另行编制。这一规定，将工程总承包的投资控制，计价规则与工程建设中的投资估算或设计概算做到无缝衔接，并且节约了标底或最高投标限价的编制成本。在征求意见过程中，有的提出了重新编制标底或最高投标限价的建议，其理由是现在的投资估算、设计概算与实际差距较大。编制组认为，既然工程总承包是在可行性研究报告或方案设计批准后进行发包，且政府投资工程一般在初步设计文件批准后招标发包，那么标底或最高投标限价与投资估算或设计概算挂钩就是顺理成章的事了。对估算、概算的编制质量提出质疑，但不能以此否定所有的投资估算或设计概算，且重新编制并不必然就能解决这一问题，至今质疑工程量清单计价下的最高投标限价脱离实际的不是也时有发生吗？而在工程总承包模式下，投资估算或设计概算进入建筑市场经受市场的检验，可以促进投资估算、设计概算的编制和审批与市场紧密结合，逐步达到符合市场预期的目的。

（1）在可行性研究或方案设计后发包的，发包人宜采用投资估算中与发包范围一致的估算金额为限额按照本规范的规定修订后计列；“采用投资估算中与发包范围一致的估算金额为限额”是指按照工程总承包的发包范围删去不属于总承包范围的估算中的费用，例如市政工程投资估算中的建设用地费、建设项目前期工作咨询费、环境影响咨询服务费、劳动安全卫生评审费等，“按照本规范的规定修订后计列”是指对属于总承包范围，但工作内容变化或对象变化需要对费用金额进行调整，例如：勘察费就需要根据勘察工作的内容进行调整，如发包人承担全部勘察工作，则工程总承包费用不列勘察费，如除前期的可行性研究勘察外的勘察全部列入总承包范围，则估算中的勘察费需扣除可行性研究选址勘察费用；再如估算中的建设管理费，需更名为工程总承包管理费等。

（2）在初步设计后发包的，发包人宜采用初步设计概算中与发包范围一致的概算金额为限额按照本规范的规定修订后计列。“采用初步设计概算中与发包范围一致的概算金额为限额”是指按照工程总承包的发包范围删去不属于总承包范围的概算中的费用，例如市政工程设计概算中的建设用地费、建设项目前期工作咨询费、环境影响咨询服务费、劳动安全卫生评审费等，“按照本规范的规定修订后计列”是指对属于总承包范围，但工作内容变化或对象变化需要对费用金额进行调整，例如：设计费就需要根据设计工作的内容多少进行调整，如发包人承担初步设计文件及前期的设计工作，则工程总承包费用的设计费应在概算中的设计费扣除方案设计和初步设计费用；再如概算中的建设管理费，需更名为工程总承包管理费等。

5.2.6 标底或最高投标限价中工程费用和工程总承包其他费用，应按下列规定计列：

1 工程费用中的建筑工程费、设备购置费、安装工程费宜直接按投资估算或设计概算中的费用计列；

2 工程总承包其他费应根据建设项目工程总承包发包的不同范围，按投资估算或设计概算中同类费用金额计列。并应符合下列规定：

1）勘察费、设计费根据不同阶段发包的勘察、设计工作内容，按投资估算或设计概算中勘察、设计费对应的工程总承包中的勘察、设计工作的部分金额计列；

2）工程总承包管理等其他费用在投资估算或设计概算中有同类项目费用金额的可根据发包内容全部或部分计列，没有项目的，参照同类或类似工程的此类费用计列；

3）代办服务费根据发包人委托代办所发生的费用计列。

3 预备费应根据不同阶段的发包内容，采用建设项目投资估算或设计概算中的预备费计列。

【条文解读】

本条是关于标底或最高投标限价中工程总承包费用如何计列的规定。

本条第1款规定了工程费用的计列方式：这是所有建设项目一般均包括的费用项目，即按照投资估算、设计概算中与项目清单对应，可以直接采用。

第2款规定了工程总承包其他费计列的方式：

（1）勘察费、设计费，这也是所有建设项目均有的费用项目，但由于发包范围缩小，应扣除未包括的内容计列，例如总承包范围仅包括施工图设计和专项设计。显然，估算或概算中的设计费应扣除方案设计和初步设计的费用才能列入。

（2）除勘察费、设计费的工程总承包管理等其他费用，可根据投资估算或设计概算金额依据发包内容全部或部分计列。如《市政工程设计概算编制办法》（建标〔2011〕1号）规定的场地准备和临时设施费的计算：①新建项目的场地准备和临时设施费应根据实际工程量估算，或按工程费用的比例计算，一般可按第一部分工程费用的0.5%～2.0%计列。②改扩建项目一般只计拆除清理费。③发生拆除清理费时可按新建同类工程造价或主材费、设备费的比例计算，凡可回收材料的拆除采用以料抵工方式，不再计算拆除清理费。④此费用不包括已列入建筑安装工程费用中的施工单位临时设施费用。

（3）投资估算和设计概算没有的项目，例如代办服务费，可在估算和概算总金额范围内计列。

第3款规定了预备费的计入方式，采用投资估算或设计概算中的预备费计列：例如市政工程投资估算：基本预备费以工程费用+工程建设其他费之和乘以8%～10%计算；设计概算：基本预备费以工程费用+工程建设其他费之和乘以5%～8%计算。

【法条链接】

《市政工程设计概算编制办法》（建标〔2011〕1号）

第五十九条 基本预备费：指在设计概算中难以预料的工程和费用，其中包括实行按施工图预算加系数包干的预算包干费用，其用途如下：

一、在进行初步设计、技术设计、施工图设计和施工过程中，在批准的建设投资范围内所增加的工程和费用。

二、由于一般自然灾害所造成的损失和预防自然灾害所采取的措施费用。

三、在上级主管部门组织竣工验收时，验收委员会（或小组）为鉴定工程质量，必须开挖和修复隐蔽工程的费用。

计算方法：以第一部分“工程费用”总值和第二部分“工程建设其他费用”总值之和为基数，乘以基本预备费率5%-8%计算，预备费费率的取值应按工程具体情况在规定的幅度内确定。

第六十条　价差预备费：指项目建设期间由于价格可能发生上涨而预留的费用。

计算方法：以编制项目初步设计报告的年份为基期，计算到项目建成年份为止的设备、材料等价格上涨系数，以第一部分工程费用总值为基数，按建设期分年度用款计划进行价差预备费计算。

价差预备费计算公式如下：

$$P_{\mathrm{f}} = \sum_{t=1}^{n} I_t[(I+f)^{t-1} - 1] \tag{2}$$

式中：I_t——计算期第 t 年的建筑安装工程费用和设备及工器具的购置费用；

f——物价上涨系数；

n——计算期年数，以编制初步设计报告的年份为基数，计算至项目建成的年份；

t——计算期第 t 年（以编制初步设计报告的年份为计算期第一年）。

《公路工程建设项目投资估算编制办法》JTG 3820—2018

3.4.2　基本预备费指在项目建议书和可行性研究报告及投资估算中难以预料的工程费用，包括以下内容：

1　基本预备费包括：

1）在进行工程可行性研究、初步设计（技术设计）、施工图设计和施工过程中，在批准的项目建议书、工程可行性研究报告和投资估算范围内所增加的工程费用；

2）在设备订货时，由于规格、型号改变的价差，材料货源变更、运输距离或方式的改变以及因规格不同而代换使用等原因发生的价差；

3）在项目主管部门组织竣（交）工验收时，验收委员会（或小组）为鉴定工程质量必须开挖和修复隐蔽工程的费用。

2　基本预备费以建筑安装工程费、土地使用及拆迁补偿费、工程建设其他费之和为基数，按下列费率计算：

1）项目建议书投资估算按11%计列。

2）工程可行性研究报告投资估算按9%计列。

3.4.3　价差预备费指设计文件编制年至工程交工年期间，建筑安装工程费用的人工费、材料费、设备费、施工机械使用费、措施费、企业管理费等由于政策、价格变化可能发生上浮而预留的费用，及外资贷款汇率变动部分的费用。

1　计算方法：价差预备费以建筑安装工程费用总额为基数，按设计文件编制年始至建设项目工程交工年终的年数和年工程造价增涨率计算。计算公式见式（3.4.3）。

$$价差预备费=P\times[(1+i)^{n-1}-1] \quad (3.4.3)$$

式中：P——建筑安装工程费总额（元）；

i——年工程造价增涨率（%）；

n——设计文件编制年至建设项目开工年+建设项目建设期限（年）。

2 年工程造价增涨率按有关部门公布的工程投资价格指数计算。

3 设计文件编制至工程交工在1年以内的工程，不列此项费用。

5.2.7 发包人应根据相关规定或已完成同类或类似工程的建设工期，在招标文件中合理确定工期，不得任意压缩合理工期。

【条文解读】

本条是关于确定招标文件合理工期的规定。

《建设工程质量管理条例》第十条第一款规定：“建设工程发包单位不得迫使承包方以低于成本的价格竞标，不得任意压缩合理工期。”《招标投标法》第十九条第三款规定：“招标项目需要划分标段，确定工期的，招标人应当合理划分标段、确定工期，并在招标文件中载明。”

本条所称按照规定是指按照住房城乡建设部2016年12月发布的《全国建筑设计周期定额（2016年版）》（建质函〔2016〕295号）总说明（一）“是建设单位与设计单位签订建设工程设计合同，确定合理设计周期的依据。编制方案设计招标文件时，可作为参照依据。……建设单位和设计单位不得任意压缩设计周期。”在发布通知中明确为“请参照执行”。住房城乡建设部同年7月发布《建筑安装工程工期定额》TY 01-89-2016（建标〔2016〕161号），该定额实为施工工期定额，规定“是国有资金投资工程在可行性研究、初步设计、招标阶段确定工期的依据，非国有资金投资工程参照执行。”此后，一些省提出压缩工期超过定额工期30%应组织专家论证，有的省市制定本地区的施工工期定额，并规定压缩幅度超过15%或20%的应组织专家论证。

在建设工程工期纠纷案件中，有的申请对合同约定工期进行鉴定，主张以设计周期定额+施工工期定额为工程总承包的合理工期，可见在合理工期的认知上并不一致。实践中，合理工期很难界定，即使是施工工期，在一定的技术条件下，相同项目的工期，也与承包人机械设备的配置能力，施工组织、施工措施的合理安排、施工人员的配置水平具有十分紧密的联系，与施工总承包的工期确定相比，工程总承包模式下，由于勘察设计等进入承包范围，影响工期变化的因素更多，而承包人对工期的合理安排有更大的选择空间和自主决定权，因而，何谓合理工期更难以确定。因此，本条又提出了可以根据已完工程的同类型或类似工程项目的建设工期在招标文件中合理确定。

总的来说，合理工期的确定还是以采用承包人的工期承诺在合同中约定较为恰当。毕竟，工期是否合理，涉及承包人的重大利益，承包人最有发言权。按照《建设工程安全生产管理条例》第七条的规定："建设单位不得对勘察、设计、施工、工程监理等单位提出不符合建设工程安全生产法律、法规和强制性标准规定的要求，不得压缩合同约定的工期。"对合同约定的工期，建设单位不得压缩，显然在合同履行中更有操作性，更符合诚实信用的契约精神。

【法条链接】

《中华人民共和国招标投标法》

第十九条　招标人应当根据招标项目的特点和需要编制招标文件。招标文件应当包括招标项目的技术要求、对投标人资格审查的标准、投标报价要求和评标标准等所有实质性要求和条件以及拟签订合同的主要条款。

国家对招标项目的技术、标准有规定的，招标人应当按照其规定在招标文件中提出相应要求。

招标项目需要划分标段、确定工期的，招标人应当合理划分标段、确定工期，并在招标文件中载明。

《建设工程质量管理条例》

第十条　建设工程发包单位，不得迫使承包方以低于成本的价格竞标，不得任意压缩合理工期。

建设单位不得明示或者暗示设计单位或者施工单位违反工程建设强制性标准，降低建设工程质量。

《建设工程安全生产管理条例》

第七条　建设单位不得对勘察、设计、施工、工程监理等单位提出不符合建设工程安全生产法律、法规和强制性标准规定的要求，不得压缩合同约定的工期。

5.3　投标报价与工期

【概述】

本节是对承包人在建设项目工程总承包中投标报价和工期承诺，依据相关法律法规的规定和工程总承包的要求作了指引。

5.3.1　投标人应依据招标文件和发包人要求，根据本企业专业技术水平和经营管理能力自主决定建设工期，并在投标函中作出承诺，中标后应在工程总承包合同中约定，并在工程实施中认真履行。

【条文解读】

本条是关于承包人自主决定承诺建设工期的规定。

建设项目的工期是工程总承包合同的实质性内容之一，本条对承包人如何应对提出以下要求：

（1）承包人应依据招标文件和发包人要求，对其招标文件中或发包人要求中提出的工期应作出实质性响应。

（2）承包人依据本企业经营管理能力、机械设备水平、本项目的总进度计划等自主决定项目工期，并在投标函中作出承诺。

（3）中标后在工程总承包合同中约定，工程实施中认真履行合同，不以合同约定工期不合理为由推翻合同约定。

5.3.2 投标人应依据招标文件、发包人要求、项目清单、补充通知、招标答疑、可行性研究、方案设计或初步设计文件、本企业积累的同类或类似工程的价格自主确定工程费用和工程总承包其他费用投标报价，但不得低于成本。

【条文解读】

本条是关于承包人自主决定投标报价的规定。

工程价格是建设项目工程总承包合同最重要的实质性内容，本条对承包人如何应对提出以下要求：

（1）承包人应认真阅读、研判招标文件、发包人要求、设计文件、招标答疑等资料，厘清建设项目拟招标的范围，采用的合同方式，自主决定投标报价。

（2）承包人应依据本企业同类或类似工程的价格，结合建筑市场价格并预测判断本项目建设期间市场价格的波动趋势自主确定投标价格，按照《招标投标法》第三十三条规定："投标人不得以低于成本的报价竞标，也不得以他人名义投标或者以其他方式弄虚作假，骗取中标。"

5.3.3 初步设计后发包，发包人提供的工程费用项目清单应仅作为承包人投标报价的参考，投标人应依据发包人要求和初步设计文件、详细勘察文件按下列规定进行投标报价：

1 对项目清单内容可增加或减少；

2 对项目应进行细化，原项目下填写投标人认为需要的施工项目和工程数量及单价。

【条文解读】

本条是关于初步设计后发包，承包人如何投标报价的规定。

工程总承包模式与施工总承包模式不一样，发包人不提供建立在施工图项目基础上的工程量清单，更不要说“模拟清单”，也不承担项目清单工程数量不准确的责任，即使针对个别施工条件多变的项目（如土石方工程、地下工程等），其工程量也由承包人根据勘察文件、初步设计文件填报，但这类项目也可以约定按实际工程量计算（即说明该类项目工程数量是可以按实调整的）。由此可见，实行工程总承包不能以施工总承包的思维来定义项目清单的准确性，本规范定义的项目清单仅作为承包人投标报价的参考。因此，本条规定：

（1）投标人应在符合发包人要求的前提下，依据初步设计文件、勘察文件及相关技术标准，对发包人提供的项目清单包含的内容根据自己的理解作出判断，可以增加，也可以减少；

（2）投标人对清单项目应进行细化，由于初步设计后发包，项目清单是建立在初步设计文件基础上，不可能像施工图那样详细，因此，要求承包人依据发包人要求和初步设计文件在项目清单下对项目进行细化，填写投标人认为需要的施工项目，工程数量及其单价，使其明确承包人对该项目报价的构成，以便发包人对承包人报价的准确理解，在评标时评标专家对投标报价的正确评判，从而为“合同价款支付分解”奠定基础，充分落实工程总承包计价事前算细账、算明账，使工程总承包投资可控落在实处。

采用工程总承包，承包人对项目清单的细化实质上是承包人在初步设计文件基础上，设计施工图文件在工程计价上的反应。这是设计施工一体化，改进设计的可施工性的工程总承包与设计施工相分离的施工总承包在工程计价上的根本区别。下面是房屋工程土建、安装的两个例子：

（1）某医院工程初步设计后的项目清单，其中现浇钢筋混凝土柱项目的工程内容包括混凝土（含后浇带）、钢筋、模板及支架（撑）等全部工程内容。计量规则是按照设计图示尺寸以体积计算（实物量）。投标时，投标人应根据发包人要求、初步设计文件及相关规范和标准进行施工设计，明确模板工程量、钢筋规格型号及其工程量、混凝土强度等级及其工程量等，据此形成项目价格清单明细，详见表 5-1。

表 5-1　项目价格清单明细表

项目编码	项目名称	工程内容	计量单位	数量	单价（元）	合价（元）
A602300070201	现浇钢筋混凝土柱	包括混凝土（含后浇带）、钢筋、模板及支架（撑）等全部工程内容	m^3	2 080	1 763.34	3 667 747.20

表5-1(续)

项目编码	项目名称	工程内容	计量单位	数量	单价(元)	合价(元)
其中	矩形柱模板		m^2	10 385	50.97	529 323.45
	圆钢	≤Φ10	t	190	4 801.87	912 355.30
	Ⅲ级螺纹钢	HRB400	t	310	4 135.41	1 281 977.10
	混凝土	C60	m^3	586	516.00	302 376.00
	混凝土	C50	m^3	539	465.25	250 769.75
	混凝土	C40	m^3	476	424.65	202 133.40
	混凝土	C30	m^3	479	394.20	188 821.80

（2）在房屋建筑项目初步设计文件中，给排水工程等安装项目，通常都会以建筑面积计量的“系统”表示，如给水系统、雨水系统、中水系统、污水系统等，需要投标人在价格清单中根据施工图设计细化，例如给水系统项目清单包括设备、管道、支架及其他、管道附件、卫生器具等全部工程内容。投标人应根据发包人要求、初步设计文件、《建筑给水排水设计标准》GB 50015—2019 进行施工设计，明确管道（件）和设备的规格型号品牌及其工程量，据此形成“给水系统”项目价格清单明细，详见表5-2。

表5-2 “给水系统”项目价格清单明细

项目编码	项目名称	工程内容	计量单位	数量	单价(元)	合价(元)
A604100150101	给水系统	包括设备、管道、支架及其他、管道附件、卫生器具等全部工程内容	m^2	39 427	140.07	5 522 539.89
其中	给水水泵及配套设备	变频恒压供水装置：系统流量 44.3m^3/h，由3台水泵组成（两用一备），3台 KQDQ65-32X8/2 水泵单台参数：Q = 22.3m^3/h，H = 113m，N = 15kW 气压罐1台	台	1	115 865.83	115 865.83
	不锈钢水箱	方形不锈钢水箱 5m×6m×2m（储存加压区最高日用水量的30%）	台	1	84 198.92	84 198.92

表5-2(续)

项目编码	项目名称	工程内容	计量单位	数量	单价（元）	合价（元）
其中	薄壁不锈钢水管	*DN*70	m	4 328.1	285.2	1 234 374.12
	薄壁不锈钢水管	*DN*40	m	877.29	166.5	146 068.78
	薄壁不锈钢水管	*DN*25	m	1 538.84	120.2	184 968.57
	不锈钢水管	*DN*20	m	4 010.77	107.38	430 676.48
	不锈钢水管	*DN*15	m	10 745.41	81.48	875 536.01
	截止阀	*DN*15	个	90	40.3	3 627
	截止阀	*DN*20	个	276	75.6	20 865.6
	截止阀	*DN*25	个	169	118.3	19 992.7
	截止阀	*DN*40	个	126	195.4	24 620.4
	闸阀	*DN*70	个	40	400.5	16 020
	减压阀	*DN*70	个	14	3 256.4	45 589.6
	减压阀	*DN*40	个	16	1 980.8	31 692.8
	单槽洗涤盆	824mm×549mm	个	46	2 250	103 500
	洗脸盆	475mm×423mm×800mm	套	402	1 350	542 700
	坐便器	705mm×389mm×695mm	套	221	2 650	585 650
	蹲便器	575mm×445mm×250mm	套	121	1 056	127 776
	淋浴器	手持出水 2.4 英寸	套	308	455	140 140
	管道支架及其他	角钢 *L*50×50×5 *L*40×40×4 *L*30×30×3	m^2	39 427	20	788 540

详见本丛书《房屋工程总承包工程量计算规范应用指南》《市政及城市轨道交通工程总承包工程量计算规范应用指南》初步设计后发包案例价格清单。

从本条规定来看，实行工程总承包对承包人的要求更高了，这是对承包人专业技术水平、施工组织能力评判的支点，也是与施工总承包对工程量清单的规定不一致的重大区分。

5.3.4　项目清单中需要填写技术参数等产品品质的项目，投标人应列明符合条件的潜在供应商。

【条文解读】

本条是关于填写技术参数的产品项目应列潜在供应商的规定。

对于由工程总承包单位采购的设备、材料、构配件等内容，在招投标时，发包人可以要求投标人列明符合相应条件的供应商。投标人可以在投标文件中选择性列举几家符合条件的供应商供招标人参考，用以确定投标人在实施项目时采购的设备、材料、构配件等能够符合满足建设项目使用功能的技术参数、质量标准等要求。虽然发包人不得指定供应商或生产厂家，但承包人可以在投标报价中给予明确，以便评标的理解和在合同中的明确约定，以减少或避免在履约中的不同理解产生争议。

【法条链接】

《中华人民共和国建筑法》

第二十五条　按照合同约定，建筑材料、建筑构配件和设备由工程承包单位采购的，发包单位不得指定承包单位购入用于工程的建筑材料、建筑构配件和设备或者指定生产厂、供应商。

《中华人民共和国招标投标法》

第二十条　招标文件不得要求或者标明特定的生产供应者以及含有倾向或者排斥潜在投标人的其他内容。

《中华人民共和国招标投标法实施条例》

第三十二条　招标人不得以不合理的条件限制、排斥潜在投标人或者投标人。

招标人有下列行为之一的，属于以不合理条件限制、排斥潜在投标人或者投标人：

（一）就同一招标项目向潜在投标人或者投标人提供有差别的项目信息；

（二）设定的资格、技术、商务条件与招标项目的具体特点和实际需要不相适应或者与合同履行无关；

（三）依法必须进行招标的项目以特定行政区域或者特定行业的业绩、奖项作为加分条件或者中标条件；

（四）对潜在投标人或者投标人采取不同的资格审查或者评标标准；

（五）限定或者指定特定的专利、商标、品牌、原产地或者供应商；

（六）依法必须进行招标的项目非法限定潜在投标人或者投标人的所有制形式或者组织形式；

（七）以其他不合理条件限制、排斥潜在投标人或者投标人。

5.3.5 工程总承包采用可调总价合同的，预备费应按招标文件中列出的金额填写，不得变动，并应计入投标总价中；采用固定总价合同的，预备费由投标人自主报价，合同价款不予调整。

【条文解读】

本条是关于承包人对预备费在投标报价中如何应用的规定。

预备费作为对不可预见的工程变更和市场物价波动等的处理费用，在不同的合同方式下其使用是不同的。因此，本条规定对可调总价合同而言，承包人投标应按照发包人在招标文件中列出的金额填写，计入合同总价，在合同履行中由发包人掌握使用，按合同约定进行价款调整后，如有余额归发包人。对固定总价合同而言，预备费由承包人根据发包人在招标文件中列出预备费自主决定，可以增加，也可以减少，作为风险费用在合同中约定，并归承包人所有，但在合同履行中价款不予调整。

5.4 报价与工期的评定

【概述】

报价和工期的评定是建设项目招标发包评标工作的重要内容，本规范虽仅对此简单作了规定，但由于在工程总承包模式下，报价和工期与技术标的关联比施工总承包模式下的联系更为紧密，因此，建议在工程总承包技术标与商务标的评定中，应综合考虑二者的联系与影响，以便达到技术上先进可行，经济上合理可控。

一是技术标是否符合招标文件、发包人要求提出的技术标准和国家强制性标准的规定。

二是对生产设备或生产线的工艺设计是否先进可行，且与工程设计是否能够有效衔接。

三是技术标中采用的技术措施、施工组织、施工方法、机械配置等是否满足工程实施的需要。

四是商务标中的材料、设备品牌是否已纳入设计的考虑之中，能否满足建设项目的使用功能，是否会在履约中发承包双方产生理解上的歧义。

五是商务标的报价是否建立在技术标的基础上，是否符合发包人要求。

六是投标的工期是否与技术标、总进度计划、资源配置相匹配，保证工程项目的顺利实施。

总的来说，采用工程总承包模式，如没有工程设计、施工组织等方面的优化竞争，就没有合同总价包干的基础。

5.4.1 建设项目工程总承包招标设置标底，应在开标时公布。评标结果选择投标报价超过标底的中标候选人时，评标委员会应向发包人详细说明理由。

【条文解读】

本条是关于投标报价高于标底的处理规定。

采用设置标底，按照《招标投标法》的规定，在标底必须保密不予公布的情况下，承包人可以根据企业自身实力充分体现竞争，其投标报价可能低于标底，但也可能出现投标报价高于标底的情形，一般有三种可能：

（1）所有投标人的报价均低于标底。此时经过评标选择任一投标人均符合发包人招标的预期。

（2）有的投标人报价低于标底，有的投标人报价高于标底。此时选择投标报价低于标底的为中标人，符合国内外工程建设招标的预期和逻辑，但如果评标委员会推荐投标报价高于标底的投标人为中标候选人，从政府投资来讲，就存在着有可能超过投资概算的情形，需要重新报批，因此本条规定评标委员会应当说明理由，说明其选择是合理的。

（3）所有投标人的报价均高于标底。从政府投资项目来看，法律规定不尽完全相同，如《招标投标法》规定："设有标底的，应当参考标底"，对超过标底报价如何处理没有明示，但也隐含可以拒绝的意思在内。《招标投标法实施条例》规定："标底只能作为评标的参考，不得以投标报价是否接近标底作为中标条件，也不得以投标报价超过标底上下浮动范围作为否决投标的条件。"《政府采购法》第三十六条规定：" 在招标采购中，出现下列情形之一的，应予废标：……（三）投标人的报价均超过了采购预算，采购人不能支付的"。《政府投资条例》第十二条规定："经投资主管部门或者其他有关部门核定的投资概算是控制政府投资项目总投资的依据。/初步设计提出的投资概算超过经批准的可行性研究报告提出的投资估算10%的，项目单位应当向投资主管部门或者其他有关部门报告，投资主管部门或者其他有关部门可以要求项目单位重新报送可行性研究报告。"

由于工程建设领域的标底和最高投标限价的内容应当是一致的，如二者不同，其逻辑关系不通，按照《招标投标法实施条例》第五十一条规定："有下列情形之一的，评标委员会应当否决其投标：（五）投标报价低于成本或者高于招标文件设定的最高投标限价"和《政府采购法》第三十六条规定（标底也可视为采购预算的另一表现形式），应当予以废标处理。但由于标底与最高投标限价的区分主要在一个保密，一个公开，需要发包人在招标文件中就本项目采用设置标底，如投标报价超过标底予以废标作出明确规定，以免陷入争议。

【法条链接】

《中华人民共和国招标投标法》

第四十条　评标委员会应当按照招标文件确定的评标标准和方法，对投标文件进行评审和比较；设有标底的，应当参考标底。评标委员会完成评标后，应当向招标人提出书面评标报告，并推荐合格的中标候选人。

《中华人民共和国招标投标法实施条例》

第五十条 招标项目设有标底的，招标人应当在开标时公布。标底只能作为评标的参考，不得以投标报价是否接近标底作为中标条件，也不得以投标报价超过标底上下浮动范围作为否决投标的条件。

《中华人民共和国政府采购法》

第三十六条 在招标采购中，出现下列情形之一的，应予废标：

（一）符合专业条件的供应商或者对招标文件作实质响应的供应商不足三家的；

（二）出现影响采购公正的违法、违规行为的；

（三）投标人的报价均超过了采购预算，采购人不能支付的；

（四）因重大变故，采购任务取消的。

废标后，采购人应当将废标理由通知所有投标人。

《政府投资条例》

第十二条 经投资主管部门或者其他有关部门核定的投资概算是控制政府投资项目总投资的依据。

初步设计提出的投资概算超过经批准的可行性研究报告提出的投资估算10%的，项目单位应当向投资主管部门或者其他有关部门报告，投资主管部门或者其他有关部门可以要求项目单位重新报送可行性研究报告。

5.4.2 建设项目工程总承包招标设置最高投标限价的，对投标人的投标报价高于招标文件设定的最高投标限价的，应否决其投标。

【条文解读】

本条是关于投标报价高于最高投标限价的处理规定。

《招标投标法实施条例》第五十一条规定：“有下列情形之一的，评标委员会应当否决其投标：（五）投标报价低于成本或者高于招标文件设定的最高投标限价。”

5.4.3 工程总承包项目评标时，应对投标报价和工期进行认真评审，发现有疑问的，应书面通知投标人予以书面澄清，澄清不得超出投标文件的范围或改变投标文件的实质性内容。

【条文解读】

本条是关于报价和工期评定的规定。

《招标投标法》第三十九条规定："评标委员会可以要求投标人对投标文件中含义不明确的内容作必要的澄清或者说明，但是澄清或者说明不得超出投标文件的范围或者改变投标文件的实质性内容。"

《招标投标法实施条例》第五十二条规定："投标文件中有含义不明确的内容、明显文字或者计算错误，评标委员会认为需要投标人作出必要澄清、说明的，应当书面通知该投标人。投标人的澄清、说明应当采用书面形式，并不得超出投标文件的范围或者改变投标文件的实质性内容。"

5.5 价款与工期的约定

【概述】

在原《合同法》、现《民法典》合同编均定义："建设工程合同是承包人进行工程建设，发包人支付价款的合同"。由此可见"价款"在工程合同中的地位。同时，按照《民法典》的相关规定，价款与工期也是工程合同的实质性内容，实践中，产生工程合同纠纷的，合同约定不明或没有约定是主要原因之一，因此，为有效减少或避免合同争议，保障工程建设的顺利进行，本节对价款与工期的约定以及未约定产生争议的处理作了指引。

5.5.1 发承包双方应在合同中约定下列内容：

1 工程费用和工程总承包其他费的总额，结算与支付方式；

2 预付款的支付比例或金额、支付时间及抵扣方式；

3 期中结算与支付的里程碑节点，进度款的支付比例；

4 合同价款的调整因素、方法、程序及支付时间；

5 竣工结算编制与核对、价款支付及时间；

6 提前竣工的奖励及误期赔偿的计算与支付；

7 质量保证金的比例或数额、采用方式及缺陷责任期；

8 违约责任以及争议解决方法；

9 与合同履行有关的其他事项。

【条文解读】

本条是关于总承包合同约定价款与工期的规定。

按照《民法典》《建筑法》等法律和财政部、原建设部《建设工程价款结算暂行办法》（财建〔2004〕369号）第七条规定，本条根据工程总承包计价的特点，规定了发承包双方应在合同中对工程计价进行约定的基本事项。发承包双方应重视这些基本事项的约定，避免在合同履行中产生争议。

【法条链接】

《中华人民共和国民法典》

第七百九十四条　勘察、设计合同的内容一般包括提交有关基础资料和概预算等文件的期限、质量要求、费用以及其他协作条件等条款。

第七百九十五条　施工合同的内容一般包括工程范围、建设工期、中间交工工程的开工和竣工时间、工程质量、工程造价、技术资料交付时间、材料和设备供应责任、拨款和结算、竣工验收、质量保修范围和质量保证期、相互协作等条款。

《中华人民共和国建筑法》

第十八条　建筑工程造价应当按照国家有关规定，由发包单位与承包单位在合同中约定。

5.5.2　在合同中未按本规范第5.5.1条规定约定或约定不明的，如发承包双方在合同履行中发生争议由双方协商确定，当协商不能达成一致时，按本规范的相关规定执行。

【条文解读】

本条是合同中没有约定或约定不明的如何处理的规定。

本规范后续一些条文对第5.5.1条的内容从支付比例、时间节点均有明确规定，希望引起使用者重视，在专用合同条件中予以约定，避免逾期失权引起合同纠纷。依据《民法典》的规定包含两层意思：一是双方协商，达成补充协议解决争议；二是双方协商不成的，按照本规范的规定执行，按照《民法典》第五百一十条、第五百一十一条的规定，本规范的规定更为细化。

【法条链接】

《中华人民共和国民法典》

第五百一十条　合同生效后，当事人就质量、价款或者报酬、履行地点等内容没有约定或者约定不明确的，可以协议补充；不能达成补充协议的，按照合同相关条款或者交易习惯确定。

第五百一十一条　当事人就有关合同内容约定不明确，依据前条规定仍不能确定的，适用下列规定：

（一）质量要求不明确的，按照强制性国家标准履行；没有强制性国家标准的，按照推荐性国家标准履行；没有推荐性国家标准的，按照行业标准履行；没有国家标准、行业标准的，按照通常标准或者符合合同目的的特定标准履行。

（二）价款或者报酬不明确的，按照订立合同时履行地的市场价格履行；依法应当执行政府定价或者政府指导价的，依照规定履行。

（三）履行地点不明确，给付货币的，在接受货币一方所在地履行；交付不动产的，在不动产所在地履行；其他标的，在履行义务一方所在地履行。

（四）履行期限不明确的，债务人可以随时履行，债权人也可以随时请求履行，但是应当给对方必要的准备时间。

（五）履行方式不明确的，按照有利于实现合同目的的方式履行。

（六）履行费用的负担不明确的，由履行义务一方负担；因债权人原因增加的履行费用，由债权人负担。

5.5.3 承包人应在合同生效后14天内，编制工程总进度计划和工程项目管理及实施方案报送发包人，发包人如需审批时，应在收到计划和方案的14天内予以批准或提出修改建议。

工程总进度计划和工程项目管理及实施方案应分工程准备、勘察、设计、采购、施工、初步验收、竣工验收、缺陷修复等阶段编制细目，应明确里程碑节点，并作为控制工程进度以及工程款支付分解的依据。

采用工程量清单及其单价计算的单价项目，应列入工程总进度计划，明确里程碑节点。

【条文解读】

本条是关于里程碑节点的规定。

由于工程总承包的特点，工程合同价款的支付分解和工期的控制与工程总进度计划密切相关，因此，本条依据《建设项目工程总承包管理规范》GB/T 50538—2017第10.2.3条的规定，提出了工程总进度计划的编制，以有计划地推进合同工期的实施。

本条第一段提出了承包人应依据合同工期编制工程总进度计划及实施方案，在合同生效后14天内报发包人，如合同约定发包人需要审批时，发包人应在收到计划和方案的14天内予以批准或提出修改建议。

本条第二段规定了工程总承包合同应以工程总进度计划为依据，按照合同约定的各项工作和施工中的形象进度，明确里程碑节点，作为控制工程进度，确保工期以及工程款支付分解的依据。

所谓里程碑，一般是建设项目实施过程中完成阶段性工作的标志，即意味着上一个阶段结束，下一个阶段开始，将一个过程性的任务用一个结论性的标志来描述，明确任务的起止点，一系列的起止点就形成了引导整个项目进展的里程碑。例如，对房屋建筑工程，一般设置在主要的分部、子分部完成节点上，如：桩基施工完成，地基与基础分部完成，正负零以下地下室工程完成，主体结构完成（如是高层还可以分为五层以下，六层至十层等）。

本条第三段针对个别采用清单计算的单价项目，规定同样应列入工程总进度计划，明确里程碑节点。

5.5.4 发承包双方应根据价格清单的价格构成、费用性质、工程进度计划和相应工作量等因素，按照下列分类和分解原则，形成合同价款支付分解表：

1 建筑工程费应按照合同约定的工程进度计划划分的里程碑节点及对应的价款比例计算金额占比，进行支付分解。

设备购置费和安装工程费应按订立采购合同、进场验收、安装就位等阶段约定的比例计算金额占比，进行支付分解。

里程碑节点相邻之间超过一个月时，承包人应按照法规规定提出按月拨付人工费的比例。

2 工程总承包其他费应按照约定的费用，结合工程进度计划拟完成的工作量或者比例计算金额占比，进行支付分解。其中：

1）勘察费按照提供勘察阶段性成果文件的时间、对应的工作量进行支付分解；

2）设计费按照提供设计阶段性成果文件的时间、对应的工作量进行支付分解；

3）除勘察设计的其他专项费用按照其工作完成的时间顺序及其与相关工作的关系进行支付分解。

【条文解读】

本条是关于合同价款支付分解表的规定。

本条根据工程总承包采用总价合同，且工程费用不可能采用施工图为基础的工程量清单计量计价的特点，参照《标准设计施工总承包招标文件》中通用合同条款第17.3.2条设置，对于总价合同而言，采用支付分解表的形式进行支付，既符合工程总承包合同的实际需要，又可以简化合同管理。

本条规定了合同价款支付分解的分解原则：

（1）区分建筑工程费、设备购置与安装工程费分别提出了分解原则。

针对里程碑节点相邻之间超过一个月时，应按月拨付人工费的比例，以保证员工工资发放。

（2）区分勘察设计费与工程总承包的其他专项费用分别提出了按完成提供成果文件与其对应的工作量进行支付分解。

5.5.5 承包人应在收到经发包人批复的工程总进度计划后7天内，将支付分解表以及形成支付分解表的支持性资料报发包人审批，发包人应在收到承包人报送的支付分解表后7天内给予批复或提出修改意见，经发包人批准的支付分解表应具有合同约束力。

进行了工程总进度计划修订的，应相应修改支付分解表，并应按程序报发包人批复。

发包人未能在前述时间内完成审批或不予答复的，视为发包人同意支付分解表。

【条文解读】

本条是关于合同价款支付分解表动态调整的规定。

本条参照《标准设计施工总承包招标文件》中通用合同条款第17.3.2条设置，规定支付分解表的动态管理流程：

第一段提出：承包人提交支付分解表，发包人批复支付分解表。

第二段提出动态修订，总进度计划进行了修订的，应相应修改支付分解表，以解决承包人的进度与支付分解表依据的预期不相符合，从而导致进度款支付不合理的问题。

第三段规定为默示条款，即发包人未在约定时间内完成批复或不予答复的，视为发包人同意承包人提出的支付分解表。

5.5.6 发承包双方可选择本规范第10.0.5条规定的方式之一，形成合同价款支付分解表。

【条文解读】

本条是关于形成合同价款支付分解表方式选择的规定。

发包人和承包人从各自不同角度及其对自身利益的追求，对合同价款支付分解具有不同的利益考量，发包人一般希望前期少支付，待竣工结算再支付，而承包人总是希望前期足额支付，以尽量减少或避免垫资，减少资金压力。因此，在合同价款支付分解中需要注重公平和诚信原则，依据总进度计划合理划分里程碑节点，实事求是计算其工程量及其价款，避免价款支付分解的虚高或压低两种偏向，按照本规范附录C的合同价款支付分解表。使用时可在下列两种方式中选用：

（1）合同价款支付分解表中的里程碑节点及对应的“金额占比”由投标人在投标文件中根据工程进度计划设置里程碑节点并计算里程碑节点对应的“金额占比”，由发承包双方在合同签订阶段确认。

（2）合同价款支付分解表中的里程碑节点及对应的“金额占比”由发包人在招标文件中提供里程碑节点及对应的“金额占比”；投标人应在投标报价中考虑里程碑节点“金额占比”与实际“金额占比”的差异，并向发包人提出，以便合理调整“金额占比”。

例见表5-3~表5-5。

表5-3 建筑工程费支付分解表

工程名称：某建设工程项目

序号	项目名称	支付					
		里程碑	金额（%）	里程碑	金额（%）	里程碑	金额（%）
	竖向土石方						
A0010	竖向土石方	竖向土石方完成	8.51 8.20				
	地下室工程						
A6121	地下土建工程	基坑完成	3.45 3.59	主体结构至正负零	20.02 20.63		
A6132	地下室内装饰工程	室内装饰工程完成	4.14 4.19				
A6140	地下机电安装工程	主体结构完成	1.45 1.42	管道桥架安装完成	10.67 10.68	设备安装完成	5.69 5.70
A6160	地下专项工程	专项工程完成	0.91 0.88				
	住院楼工程						
A6023	地上部分土建工程	主体结构完成50%	4.38 4.04	地上主体结构封顶	4.38 4.04		
A6033	地上室内装饰工程	精装修完成1F~7F	3.26 3.22	精装修完成8F~14F	3.26 3.22	精装修完成	1.86 1.84
A6031	建筑外立面装饰	外立面完成50%	2.56 2.54	外立面完成	2.56 2.54		
A6040	机电安装工程	主体结构完成	1.09 1.10	管道桥架安装完成	8.15 8.27	设备安装完成	4.34 4.41
A6060	地上部分专项工程	专项工程完成	1.01 0.99				
A0050	总图工程	总图完成	5.63 5.80				
A0070	外部配套工程	完成	2.68 2.70				
	合计						

注：金额（%）指里程碑工程款占建筑工程费合同金额的比例，表中下排数据为调整数据。

表 5-4　设备购置费及安装工程费支付分解表

工程名称：某建设工程项目

序号	项目名称	支付					
		里程碑	金额（%）	里程碑	金额（%）	里程碑	金额（%）
1	全自动生化分析仪（300 测试/h）	排产	2. 80	到货	4. 70	安装调试	0. 47
2	彩色超声	排产	4. 60	到货	7. 80	安装调试	0. 65
	（其他略）						
合计							

注：金额（%）指里程碑工程款占设备购置费及安装工程费合同金额的比例。

表 5-5　工程总承包其他费支付分解表

工程名称：某建设工程项目

序号	项目名称	支付					
		里程碑	金额（%）	里程碑	金额（%）	里程碑	金额（%）
1	勘察费	提交详勘报告	7. 06 7. 11	提供施工勘察报告	0. 32		
2	设计费	通过施工图审查	54. 07 53. 94	提交专项设计成果	4. 51 4. 50		
3	工程总承包管理费	施工许可证取得后	4. 76 4. 84	总产值完成 50%	4. 50	总产值完成 100%	4. 50
4	研究试验费	提交研究试验成果	0. 68 0. 69				
5	场地准备及临时设施费	场地临设搭建完	10. 81 10. 79				
6	工程保险费	提供相应发票	6. 83				
7	代办服务费	代办工作完成后	1. 96 1. 98				
合计							

注：金额（%）指里程碑工程款占工程总承包其他费对应合同金额的比例，表中下排数据为调整数据。

6　合同价款与工期调整

【概述】

随着我国社会主义市场经济体制的建立和发展，1991 年 12 月原建设部印发了《关于调整工程造价价差的若干规定》（建标〔1991〕797 号），明确规定了工程造价价差的调整原则和方式，提出“工程造价价差的调整是指从概算、预算编制期至工程竣工期（结算期），因设备、材料价格、人工费等增减变化，对原批准的设计概算审定的施工图预算及已签订的承包协议价、合同价，按照规定对工程造价允许调整的范围所作的合理调整”，提出了单项价格指数和综合造价指数的调差方法。由此，我国工程造价管理全面进入动态管理的新阶段。而中外合同范本一般均有合同价款与工期调整的条文，本章参考国内外多部工程总承包合同文本，在总结我国工程建设合同管理的实践经验和建设市场的交易习惯的基础上，对工程总承包下有可能涉及的合同价款与工期调整、变动的因素或其范围进行了归并，调整事由大致包括五大类：一是法律变化；二是工程变更；三是市场价格变化；四是索赔（包括工期延误、不可抗力）；五是其他类（工程签证以及发承包双方约定的其他调整事项）。并根据其特性设置 8 节 32 条，既有调整的原则性规定，又有调整的程序性规定，也有详细的时效性规定，如发承包双方在合同中采用并约定将使调整具有可操作性。

6.1　一 般 规 定

【概述】

本节是合同价款与工期调整的程序性规定，提示发承包双方在合同专用条件中约定，以免发生争议，逾期失权导致有可能按本规范规定实施的效果。分别规定了调价报告提交时限、审核时限、支付时间、工期调整时限等。

6.1.1　除工程总承包为固定总价合同外，发承包双方可按照本章的规定，在专用合同条件中约定调整合同价款，并在合同履行过程中实施。

【条文解读】

本条是关于合同价款调整的规定。

从工程总承包的相关合同范本和相关规定可以得知，工程总承包适宜采用的合同方式是总价合同，但总价合同并不等于不可调整合同价款的合同，还需根据合同的具体约定来判断，因此，本条规定除工程总承包合同明确约定为固定总价合同外，工程总承包的双方可以按照本章的规定，在合同中约定调整合同价款的具体内容，需要注意的是，约定应当明确具体，避免在合同履行过程中发生争议。

6.1.2 出现合同价款调增事项（不含工程签证、索赔）后的14天内，承包人应向发包人提交合同价款调增报告并附相关资料；承包人在14天内未提交报告的，应视为承包人对该事项放弃调整价款请求。

出现合同价款调减事项（不含索赔）后的14天内，发包人应向承包人提交合同价款调减报告并附相关资料；发包人在14天内未提交报告的，应视为发包人对该事项放弃调整价款请求。

【条文解读】

本条是关于合同价款调整报告的时限规定。

《民法典》第一百四十条规定："行为人可以明示或者默示作出意思表示。/沉默只有在有法律规定、当事人约定或者符合当事人之间的交易习惯时，才可以视为意思表示。"该条明确行为人作出意思表示的有三种方式：明示、默示、沉默。

明示是行为人作出意思表示通过明示的方式进行，其特点通过书面、口头等积极作为的方式，作出要约、承诺。这种方式注重的是"明"，意思表示的内容明确、具体、直接、肯定，不用再对其意思表示的内容进行推测、揣摩。

默示是与明示相对的一种意思表示的方式，是行为人没有通过书面、口头等积极行为的方式表现，而是通过行为的方式作出意思表示。这种方式强调的是"默"，通过行为人的行为来推定、认定出行为人意思表示的内容。

沉默相对于明示与默示这类积极作为的意思表示，是一种完全的不作为。有时候这种沉默行为能够推定出行为人意思表示的内容，法律上也允许这种意思表示的存在，认可其合法性。由于沉默既非明示，也非默示，而是一种推定，为保护当事人的民事权利，避免不当给当事人造成损害，沉默只有在有法律规定、当事人约定或者符合当事人之间的交易习惯时，才可以视为意思表示。

《民法典》的这一规定对合同履行过程中，当事人不作为的沉默如何解决争议提供了依据。

本条引用了《建设工程工程量清单计价规范》GB 50500—2013 第9.1.2条、第9.1.3条，标明工程价款调整报告及其资料应由受益方在合同约定时间内向另一方提出，经对方确认后调整合同价款，受益方未在合同约定时间内提出工程价款调整报告的，视为不涉及合同价款的调整。类似规定，在相关国家标准、行业标准、团体标准、管理部门相关文件以及工程合同范本的通用条件中均有，反映了建筑市场的交易习惯。本条增加了"除专用合同条件另有约定外"的限制词，以表示充分尊重合同当事人的意思自治，同时也提醒当事人在合同中注意逾期失权条款的约定，不至于事后徒增议，既影响工程建设的顺利进行，又影响当事人双方的合作关系。

本条第一段不含工程签证、索赔，第二段不含索赔是因为在本规范第6.7节、第6.8节另有规定。

【法条链接】

《中华人民共和国民法典》

第一百四十条　行为人可以明示或者默示作出意思表示。

沉默只有在有法律规定、当事人约定或者符合当事人之间的交易习惯时，才可以视为意思表示。

第五百七十七条　当事人一方不履行合同义务或者履行合同义务不符合约定的，应当承担继续履行、采取补救措施或者赔偿损失等违约责任。

《建设工程价款结算暂行办法》（财建〔2004〕369号）

第九条　承包人应当在合同规定的调整情况发生后14天内，将调整原因、金额以书面形式通知发包人，发包人确认调整金额后将其作为追加合同价款，与工程进度款同期支付。发包人收到承包人通知后14天内不予确认也不提出修改意见，视为已经同意该项调整。

当合同规定的调整合同价款的调整情况发生后，承包人未在规定时间内通知发包人，或者未在规定时间内提出调整报告，发包人可以根据有关资料，决定是否调整和调整的金额，并书面通知承包人。

6.1.3　发（承）包人应在收到承（发）包人合同价款调增（减）报告及相关资料之日起14天内对其核实，予以确认的应书面通知承（发）包人；当有异议时，应向承（发）包人提出协商意见。发（承）包人在收到合同价款调增（减）报告之日起14天内未确认也未提出协商意见的，应视为承（发）包人提交的合同价款调增（减）报告已被发（承）包人认可。发（承）包人提出协商意见的，承（发）包人应在收到协商意见后的14天内对其核实，予以确认的应书面通知发（承）包人。承（发）包人在收到发（承）包人的协商意见后14天内既不确认也未提出不同意见的，应视为发（承）包人提出的意见已被承（发）包人认可。

【条文解读】

本条是关于合同价款调整的核实确认程序的规定。

本条引用了《建设工程工程量清单计价规范》GB 50500—2013第9.1.4条的规定。

收到工程价款调整报告的一方应在合同约定时间内确认或提出协商意见，否则视为工程价款调整报告已经确认。

6.1.4 发包人与承包人对合同价款调整不能达成一致的，双方应按合同约定继续履行合同义务，直到其按照合同约定的争议解决方式得到处理。

【条文解读】

本条是关于对合同价款调整出现不同意见的履约的规定。

本条引用了《建设工程工程量清单计价规范》GB 50500—2013 第 9.1.5 条的规定。为保证工程建设的顺利进行，发承包双方对合同价款调整的不同意见只要对履约不产生实质影响，双方应继续履行合同义务。

6.1.5 经发承包双方确认调整的合同价款，应作为追加（减）合同价款与工程进度款同期支付（扣减）。

【条文解读】

本条是关于合同价款调整后的支付原则的规定。

本条引用了《建设工程工程量清单计价规范》GB 50500—2013 第 9.1.6 条的规定，按照《建设工程价款结算暂行办法》（财建〔2004〕369 号）第十条最后一款的规定："确认增（减）的工程变更价款作为追加（减）合同价款与工程进度款同期支付。"按照《关于完善建设工程价款结算有关办法的通知》（财建〔2022〕183 号）规定："经双方确认的过程结算文件作为竣工结算文件的组成部分，竣工后原则上不再重复审核。"因此，调整的合同价款列入追加（减）合同价款与当期工程进度款同期支付（扣减）是推行过程结算的必然要求。

6.1.6 出现工期调整事项后的 14 天内，承包人应向发包人提交工期调整报告并附相关资料，发承包双方可根据合同约定，结合实际情况协商调整工期天数。

【条文解读】

本条是关于工期调整程序的规定。

6.2 法律变化

【概述】

《标准设计施工总承包合同条件》和《建设项目工程总承包合同（示范文本）》均在第 1.3 条对合同中所指的法律进行了定义：即"包括中华人民共和国法律、行政法规、部门规章，以及工程所在地的地方法规、自治条例、单独条例和地方政府规章等"。本规范对法律的含义与上述合同的定义相同。

6.2.1 基准日期后，因法律发生变化引起合同价款和（或）工期发生变化的，应按合同约定调整合同价款和工期。

【条文解读】

本条是关于法律变化调整价款、工期的规定。

基准日期在我国建设工程合同中定义不尽相同，《标准设计施工总承包招标文件》中通用合同条款第1.1.4.6条将基准日期定义为：“指投标截止之日前28天的日期”。《建设项目工程总承包合同（示范文本）》第1.1.4.8条将基准日期定义为：“招标发包的工程以投标截止前28天的日期为基准日期，直接发包的工程以合同订立日前28天的日期为基准日期。”本规范所指基准日期是指招标工程投标截止之日前28天，或非招标工程合同签订前28天的时间。与《建设项目工程总承包合同（示范文本）》同义，相比《标准设计施工总承包招标文件》中通用合同条款包含了直接发包即非招标工程的基准日期的定义。

法律变化引起的价款和工期变化是否都应调整价款和工期，是否需要合同的约定，本规范采用住房城乡建设部、国家发展改革委《房屋建筑和市政基础设施项目工程总承包管理办法》（建市规〔2019〕12号）第十五条规定：“建设单位承担的风险主要包括：（二）因国家法律法规政策变化引起的合同价格的变化；具体风险分担内容由双方在合同中约定”。《建设项目工程总承包合同（示范文本）》第14.1.2条（2）规定：“承包人应支付根据法律规定或合同约定应由其支付的各项税费，除第13.7款［法律变化引起的调整］约定外，合同价格不应因任何这些税费进行调整。”例如：“营改增”后，工程总承包合同可否约定增值税包干，不因国家增值税率变化而调整，实践中是可以的。

我国自2016年5月1日全面实行“营改增”以来，建筑业增值税税率在2018年和2019年经历了两次调整，由11%下调至9%。不少工程在施工过程中遇到了增值税税率调整，税率调整后合同价款是否应当进行相应调整，存在不同看法。

增值税税率调整后工程价款是否应当相应调整，可从税务和法律的角度解读。

根据规定，建筑业增值税的纳税人为销售建筑服务的承包人，依法缴纳增值税是承包人的法定义务，不属于双方意思自治的范畴。根据权利义务对等的原则，税率上升或者下降所带来的后果都应由纳税义务人承担，即承包人承担。

下面仅就采用一般计税法时进行分析，工程合同中税金是否可以调整，税金可调整指合同约定税率调整时工程价款中的税金相应调整的合同，税金不可调整指合同约定税率调整时工程价款中的税金不调整的合同。实践中，增值税税率调整时，税金不可调整合同约定最容易产生争议。

《民法典》第一百五十三条规定：“违反法律、行政法规的强制性规定的民事法律行为无效。”《税收征收管理法》《增值税暂行条例》等法律法规，均没有增值税税率调整后必须调整合同价款的强制性规定。

对约定税金不可调整的合同而言，不论合同条款中是否对税率和税金进行了明示，都应视为税金由承包人包干使用，合同履行过程中不因税率调整而调整合同价款。该约定是当事人之间的意思表示，不会导致承包人偷税漏税，也未损害国家利益。所以，税金不可调整的合同约定不违反法律、行政法规的强制性规定，约定合法有效，受法律保护，当事人应当按照合同约定全面履行自己的义务。

近几年的实践中，部分发包人认为，增值税税率下调后，承包人开具的增值税专用发票中的税率比合同签订时的税率降低，导致发包人的进项税减少。承包人按照下调后的税率缴纳增值税，而增值税是工程价款的组成部分，应将税率降幅的差额扣除。虽然承包人缴纳增值税，但实际税款的承担方是发包人，降税红利应由发包人享有。但这样的认知是错误的，仍然以营业税的观点来看待增值税。

国家降低建筑业增值税税率的直接目的在于使建筑业增值税纳税义务人的成本降低，减轻建筑业企业的负担，激发企业活力，增值税率的降低对承包人来讲，从11%降到9%，但相应的一些材料设备采购中的进项税率（如钢材）也从17%降到13%，这之间是否降低税负还不一定。所以，发包人以增值税税率调整为由要求调整含税合定价的，不符合法律规定和工程合同的约定。

应纳增值税是承包人的成本之一，与人工费、材料费等承包人的其他成本相比没有本质上的区别，发包人和承包人将其约定包含在合定价内并无不当。双方已经通过工程合同作出含税合定价的意思表示，在没有明确约定税率调整时调整合定价的情形下，承包人缴税的具体金额对于工程合同价来说无论增值税税率下降或是上调，均不构成调整合同价款的理由。

此外，在征求意见中，有的提出工程建设强制性标准发生变化的，应当调整合同价款，本规范起草组认为，如发生这一状况，可以引用《标准化法》的相关规定，适用法律变化进行调整，且工程建设强制性标准属于技术法规，无论在工程建设领域或是司法实践中，并不存在争议的空间，因此，未将其单列。

6.2.2 因承包人原因导致工期延误的，工期应不予顺延，合同价款调增的应不予调整，合同价款调减的应予以调整；因发包人原因导致工期延误的，工期应顺延，合同价款调增的应予以调整，合同价款调减的应不予调整。

【条文解读】

本条是关于工期延误责任的规定。

本条规定由于承包人原因导致工期延误，按不利于承包人的原则调整合同价款和工期；由于发包人原因导致的工期延误，按不利于发包人的原则调整合同价款和工期。

6.3 工程变更

【概述】

建设工程合同是基于签订时静态的承包范围、设计标准、施工条件等为前提的，发承包双方的权利和义务的分配也是以此为基础的。因此实施过程中如果这种静态前提被打破，则必须在新的承包范围、新的设计标准、新的施工条件等前提下建立新的平衡，此时必须变更才能维护合同的公平。但在不同的发承包模式下，对工程变更的界定是不一致的，例如在施工总承包模式下，与施工图设计文件不一致的一般均构成工程变更，但在工程总承包模式下，工程变更的定义发生了实质性的变化，其原因在于工程承包范围的变化是主要因素，因而本规范对工程变更的定义与施工总承包下的定义是不相同的，工程总承包下构成工程变更的首要因素是发包人要求变更，其次是可行性研究后发包的方案设计变更，或是初步设计后发包的初步设计文件变更。

在工程总承包下，工程变更一般有以下几种情形：一是工作范围的变更，主要体现为增添合同中未包括的工程或工作，例如，原未包括详细勘察和施工勘察，现又改为承包人承担，以便与施工图设计相匹配；二是功能需求变更，例如改变发包人要求的工程基本特征，从而需要改变设计方案；三是提高技术标准，例如提高使用材料等级；四是要求提前竣工。例如非承包人原因工期有可能延后，发包人提出加快施工的指令，导致承包人施工组织的变化而增加资源投入；五是不可预见情形，例如地下古墓、化石等需要处理而增加的额外费用和工期等。

工程总承包下对工程变更的提出一般有两种方式：一是发包人直接提出，因为总承包项目一般具有建设周期长，在实施过程中难免会出现发包人要求考虑欠妥的地方，导致发包人要求进行改变；二是承包人在对发包人提供的设计文件进行设计优化时但又需要改变发包人要求提出的合理化建议，该建议导致变更需发包人审核批准，只有在发包人认为其对工程有益，即对发包人也有利时，批准后形成发包人要求变更，此时其收益双方分享。

工程总承包的特点使得工程变更的范围与施工总承包相比，范围大幅度变小且较难界定，加之发包人以施工总承包的思维，违反合同约定对承包人设计施工的干预，极易导致发承包双方发生争议。因此，工程总承包合同的变更条款设置时，应注意做到详细清晰，厘清变更的范围和责任，在合同中予以明确约定。

本节规定了因工程变更引起价款和工期变化应予调整，以追求新的公平和合理。

6.3.1 因发包人变更发包人要求或初步设计文件，导致承包人施工图设计修改并造成成本、工期增加的，应按照合同约定调整合同价款、工期，并应由承包人提出新的价格、工期报发包人确认后调整。

【条文解读】

本条是关于工程变更调整合同价款和工期的规定。

本规范所称工程总承包模式包括可研批准后或方案设计后发包、初步设计后发包，不论采用哪一阶段后发包，只要构成本规范第 2.0.30 条“工程变更”的，应按合同约定调整合同价款和工期。但明确为固定总价合同的除外。

鉴于工程总承包采用价格清单，而非施工总承包的工程量清单，因此，价格清单不可能达到与工程量清单相同的深度。同时，工程总承包对合同价款的结算与支付与施工总承包的按施工项目工程计量计算与支付并不一致，因此，当发生工程变更时，新的价格应考虑成本和合理的利润。合理的利润可以百分比表示，由发承包双方在合同中约定，合同中未约定的，可以参照《建筑安装工程费用项目组成》（建标〔2013〕44号）规定："利润在税前建筑安装工程费的比重可按不低于5%且不高于7%的费率计算"。

6.3.2 发包人提出的工程变更引起施工方案改变并使措施项目发生变化时，承包人提出调整措施项目费，应事先将拟实施的方案提交发包人确认，并应详细说明与原方案措施项目相比的变化情况，拟实施的方案经发承包双方确认后执行，并应按照本规范第6.3.1条的规则确定措施项目费调整。

若承包人未事先将拟实施的方案提交给发包人确认时，应视为工程变更不引起措施项目费的调整。

【条文解读】

本条是关于工程变更引起施工措施发生变化调整措施费的规定。

本条第一段规定由于发包人提出的工程变更，或发包人未直接提出工程变更，但更改发包人要求，更改了方案设计或初步设计文件，导致了施工措施发生变化，承包人可以提出调整措施费，但应将新的实施方案和原实施方案的对比提交发包人确认，经发包人确认后执行。

本条第二段规定如承包人未事先将拟实施的方案提交发包人确认的，视为工程变更不引起措施项目变化。

6.3.3 承包人对方案设计或初步设计文件进行的设计优化，如满足发包人要求时，其形成的利益应归承包人享有；如需要改变发包人要求时，应以书面形式向发包人提出合理化建议，经发包人认为可以缩短工期、提高工程的经济效益或其他利益，并指示变更的，发包人应对承包人合理化建议形成的利益双方分享，并应调整合同价款和（或）工期。

【条文解读】

本条是关于承包人优化设计收益归属的规定。

在合同履行过程中，承包人对于向发包人提交合理化建议没有任何义务，通常承包人只有在通过合理化建议可以从中获利时才会提出。例如：合理化建议可以降低合同价格，但与此同时也大大降低了承包人的成本；可以明显改善工程质量，但也同时需要提高合同价格；可以明显缩短工期，同时也降低承包人的成本等。因此，本条规定了承包人的设计优化以是否满足或需要改变发包人要求时作为分界线，定义是否应形成合理化建议，报发包人及其原设计人同意。本条包含三层意思：

一是承包人的设计优化满足发包人要求，即不需要改变发包人要求时，承包人通过设计优化形成的利益归承包人享有，这正是工程总承包特点的体现。

二是承包人的设计优化需要改变发包人要求时，承包人不能擅自更改，应向发包人提出合理化建议，经发包人评估，认为该建议可以缩短工期，或提高工程的经济效益或其他利益时，发包人同意变更发包人要求的，此时承包人合理化建议形成的利益由发承包双方分享。

三是发包人批准承包人合理化建议、构成工程变更，如由此有可能发生需要调整合同价款和（或）工期的，承包人应按合同约定向发包人提出，作相应调整。

6.3.4 当发包人提出的工程变更因非承包人原因删减了合同中的某项原定工作或工程，致使承包人发生的费用或（和）得到的收益不能被包括在其他已支付或应支付的项目中，也未被包含在任何替代的工作或工程中时，承包人有权提出并应得到合理的费用及利润补偿。

【条文解读】

本条是关于非承包人原因删减合同中工程内容如何补偿的规定。

在工程建设实践中，由于各种原因导致发包人删减工程合同中某项工作或工程的情况时有发生，其产生的后果必然导致工程费用的变化，导致承包人履行该合同的合法利益受损，从而无法实现工程的预期利润，由此需对承包人予以合同价款补偿，但此问题直接影响发承包双方的切身利益，容易影响发承包双方的合作关系，但按照相关法律规定，补偿是为维护合同的公平，防止某些发包人在签约后以工程变更的名义擅自取消合同中约定的工作或工程，从而使承包人蒙受损失。《民法典》第五百八十四条规定："损失赔偿额应当相当于因违约所造成的损失，包括合同履行后可以获得的利益；但是，不得超过违约一方订立合同时预见到或者应当预见到的因违约可能造成的损失。"

【法条链接】

《中华人民共和国民法典》

第五百八十三条 当事人一方不履行合同义务或者履行合同义务不符合约定的，在履行义务或者采取补救措施后，对方还有其他损失的，应当赔偿损失。

第五百八十四条 当事人一方不履行合同义务或者履行合同义务不符合约定，造成对方损失的，损失赔偿额应当相当于因违约所造成的损失，包括合同履行后可以获得的利益；但是，不得超过违约一方订立合同时预见到或者应当预见到的因违约可能造成的损失。

【应用指引】

按照《民法典》第五百八十三条、第五百八十四条的规定，违约责任中损害赔偿责任的目的，是作为对违约行为造成的损害进行的补偿，合同的受损方有权获得其在合同中约定的利益，通过给付这种损害赔偿、保护合同当事人的期待利益。

违约损害赔偿责任可分为补偿性损害赔偿和惩罚性损害赔偿两种方式。一般的合同违约责任适用补偿性赔偿，不适用惩罚性赔偿。惩罚性赔偿一般在商品或服务欺诈中才适用。

本条提出了工程合同当事人违约补偿性赔偿范围的原则：①赔偿实际损失规则：除赔偿停工、窝工、倒运、材料或半成品结压等直接损失外，还须赔偿管理费用。②可预期损失规则：即合同当事人订立合同，履行合同预期的收益，根据工程建设的实际，本条直接指利润，利润的计算方法：即按照承包人报价中利润的一定比例；或工程所在地统计部门发布的建筑企业统计年报的利润率计算，具有可操作性。如上述两种计算都无依据时，还可以根据原建设部、财政部《建筑安装工程费用项目组成》（建标〔2013〕44号）“利润在税前建筑安装工程量的比重可按不低于5%但不高于7%的费率计算”的规定参考计算。

6.3.5 若工程变更引起建设工期变化时，发包人和承包人应协商确定建设工期的增减天数。

【条文解读】

本条是关于工程变更引起工期变化进行调整的规定。

工程变更是否引起工期变化，需要根据总进度计划并结合关键线路判断计算具体工期影响。

工程变更并不必然导致工期的增加，如果增加的工程量并非是关键工作，可以组织平行施工和交叉施工，还可以增加作业工人和施工机械等组织措施，使本项工作的完成时间不超过本项目的总时差，承包人可以要求增加工程价款而不影响总工期。

关键线路指在工期网络计划中从起点节点开始，沿箭线方向通过一系列箭线与节点，最后到达终点节点为止所形成的通路上所有工作持续时间总和最大的线路。

关键工作指关键线路上的工作，关键线路上各项工作持续时间总和即为网络计划的工期。关键工作的进度将直接影响到网络计划的工期。

对于时差的归属问题，可采用时差归属于项目的原则，即发承包双方哪一方原因造成的延误在先，哪一方优先占用时差。

此条款针对鉴定项目因工程变更是否可以顺延工期提出了原则性意见。但实践中工程变更对于工期的影响定量分析往往十分复杂，需要考虑更多的实施细则。

【应用指引】

双方当事人应根据共同认定的工程总进度计划识别出建设项目的关键线路，在进度计划中，可能存在一个或一个以上的关键线路。工程变更是否引起工期变化需要考虑如下因素：

（1）工程变更增加了关键线路和关键工作的工程量，若总工期未增加（如采取赶工措施），工期不予顺延，但可以结合合同约定考虑赶工费用；若增加了工期，应相应顺延工期。

（2）工程变更增加了非关键线路和非关键工作的工程量，若工作的进度偏差大于该工作的总时差，说明此偏差必将影响总工期，若增加了工期，应相应顺延工期。若工作的进度偏差小于该工作的总时差，说明此偏差未影响总工期，工期不予顺延。

（3）工程变更对于工期的影响还需要考虑变更时其他工期延误事件的影响情况，结合同期延误等情况综合判断。

6.4 市场价格变化

【概述】

市场价格变化历来是中外建设工程合同中进行合同价款调整的重要内容之一，本规范根据工程总承包的特点，在本节仅就指数法调整作出了规定，并对超出可预见范围的市场价格变化，也可依情势变更的法律规定协商变更。

6.4.1 发承包双方可将人工、主要材料及其他认为应根据市场价格调整的项目列入价格指数权重表，按下列规定计算差额并调整合同价款：

1 调整公式如下：

$$\Delta P = P_0\left[A + \left(B_1 \times \frac{F_{t1}}{F_{01}} + B_2 \times \frac{F_{t2}}{F_{02}} + B_3 \times \frac{F_{t3}}{F_{03}} + \cdots + B_n \times \frac{F_{tn}}{F_{0n}}\right) - 1\right] \quad (6.4.1)$$

式中：ΔP——需调整的价格差额；

P_0——根据合同约定，承包人应得到的已完成工作量的金额。此项金额不应包括价格调整、不计质量保证金的扣留和支付、预付款的支付和扣回。约定的变更及其他金额已按现行价格计价的，也不计在内；

A——定值权重（即不调部分的权重）；

B_1、B_2、B_3、…、B_n——各可调因子的变值权重（即可调部分的权重）；

F_{t1}、F_{t2}、F_{t3}、…、F_{tn}——各可调因子的现行价格指数，指约定的付款证书相关周期最后一天的前42天的各可调因子的价格指数；

F_{01}、F_{02}、F_{03}、…、F_{0n}——各可调因子的基本价格指数，指基准日期的各可调因子的价格指数。

2 价格指数的来源。发承包双方应在合同中约定采用的价格指数或价格的来源。

3 暂时确定调整差额。在计算调整差额时得不到现行价格指数的，可暂用上一次价格指数计算，并在以后的付款中再按实际价格指数进行调整。

4 权重的调整。约定的变更导致原定合同中的权重不合理时，由承包人和发包人协商后进行调整。

5 承（发）包人工期延误后的价格调整，由于承（发）包人原因未在约定的工期内竣工的，对原约定竣工日期后继续实施的工程，应采用原约定竣工日期与实际竣工日期的两个价格指数中较低（高）的一个作为现行价格指数。

【条文解读】

本条是关于市场价格波动采用指数法调整价差的规定。

在房屋建筑和市政工程建设领域，长期以来一直采用绝对值调整人工、材料价差的方式，这一方式表面上看对发承包双方都体现了公平，但总的来看，弊大于利：一是计算烦琐，由于原材料种类繁多、价差调整往往拖到竣工结算，导致施工过程中的期中结算结而不实，竣工结算争议不断，我国施工合同纠纷案件居高不下，应当与此具有较大关系。1991 年 12 月，原建设部印发《关于调整工程造价价差的若干规定》（建标〔1991〕797 号）就明确提出了单项价格指数和综合造价指数的调整价差的方法。《中华人民共和国标准施工招标文件》（2007 年版，以下简称《标准施工招标文件》）在通用合同条件中并列指数法和差额法两种调整价差方式。2008 年、2013 年计价规范均已列明上述两种调整价差方式，2014 年住房城乡建设部印发的《关于进一步推进工程造价管理改革的指导意见》（建标〔2014〕142 号）又明确提出推进工程造价要素价格指数调价法。目前已有 20 个省、自治区、直辖市对人工采用指数法调整，取得了非常明显的效果。但各地至今在材料价差的调整方面基本上处于原地踏步状态，导致在推行工程总承包中，以“模拟清单”“费率下浮”采用施工图总承包方式用差额法调整材料价差，阻碍了工程总承包过程结算的推行。

（1）关于市场价格波动，工程总承包合同价款调整不同意见的取舍：

1）关于市场价格波动调整方法，不同意见如下：

一是工程总承包还是保留施工总承包的调整价差方法，即差额法和指数法并列，由使用者选用。

二是工程总承包不可能采用差额法，因为工程总承包下的施工图由承包人设计，发包时定价的基础是可行性研究报告或方案设计后的投资估算或初步设计下的设计概算，不可能再采用施工图计算人工、材料进行一对一的价差调整，因此，本规范借鉴国外通行做法，总结国内其他专业工程经验，工程总承包不再采用差额法调整人工、材料价差。仅采用《标准设计施工总承包招标文件》中通用合同条款和《建设项目工程总承包合同（示范文本）》定义的指数法调整价差。

2）采用工程总承包在市场价格波动价差调整范围的取舍，不同意见如下：

一是人工、材料、机械设备的价格上涨风险不应由发包人承担，理由是：①根据可预见原则，当由承包人负责设计时，只有承包人可以较为准确预见到项目结构形式、工程量以及人材机的大概用量。承包人可以采用提前备料、签署附条件生效采购合同等方式规避人材机的价格上涨风险。②在项目建设过程中，若遇市场价格的异常上涨，承包人可以通过变更设计或施工方法来规避或抵消（部分）风险。③若市场价格上涨风险由发包人承担，则承包人可恶意设计利润较高的工艺材料，导致工程总承包"固定总价合同"失去意义。

二是市场价格波动调整范围应当仅限于主要材料，人工不列入调整范围，因人工成本逐年上调已是可以预见的趋势，承包人可以根据工期长短预测人工成本上调幅度在投标报价中体现，而且《公路工程设计施工总承包管理办法》（交通运输部令2015年第10号）第十三条规定项目法人承担的风险也不包括人工，仅列出了几种主要材料。

三是《房屋建筑和市政基础设施项目工程总承包管理办法》（建市规〔2019〕12号）第十五条规定建设单位承担的风险包括主要工程材料、设备、人工，应按此确定发包人应主要承担的风险范围，并在合同中约定，本条采用了这一观点。

（2）工程总承包下采用指数法调整工程造价价差是必然选择。

指数法是将调价因子的绝对价格差替换为相对指数，同时将其单价差与数量归一到签约合同价一个参数，按价格运动趋势算账的方法，能有效减少发承包双方结算时的价格分歧，是差额法无可比拟的，因为，建设项目的实施必然伴随着风险的产生，市场物价波动风险对签约合同价的影响不可避免，工程实践已经证明，工程实施过程中逐项或仅对主要材料进行调整难度极大，导致大多到竣工结算进行调价极易产生合同纠纷，降低履约效率。

随着工程总承包模式在我国的推行，签约合同价的形成基础已非施工总承包模式下的施工图，也无法在发包阶段计算出人工、材料的数量，因而用差额法已完全不适用于工程总承包的调价需要，因此，采用国际通行的指数法调整价差就是其唯一的选择。

（3）指数法与差额法的优劣对比分析。

1）从调差精度分析，指数法与差额法区别在于表现形式，即指数法仅是将调价因子的绝对价格差替换为相对价格指数比（或价格比），因此，差额法与指数法对合同价格的调差精度从数理统计角度分析具有一致性。

2）从风险分摊分析，差额法调差既要确定调差因子要素单价，又要确定调差因子对应数量，属于事后算细账，对合同风险约定较难实现。指数法调价是一种事前约定的风险分担方法，这种风险的分担通过合同确定调价因子及其权重系数，即意味着发承包双方明确了各自风险的分担，使发承包双方调价处于公平地位。有利于承包人事前进行成本规划，并且可较大程度避免不平衡报价的产生，使发包人能获得比较真实可靠的报价，确保双方能公平、顺利履行合同。

3）从价款支付分析，签约合同价一经确定，履约阶段的价格势必会围绕该价格变化。差额法虽也能在期中支付实现价款调整，但受制于其可操作性差往往出现期中结算结而不实，竣工结算重复核算等问题，难以实现期中价款结算与支付的统一；指数法通过事前约定，将该价格分解为定值部分与变值部分并赋予其权重系数，一旦变化产生的动态增量即可根据指数法及时核算，过程中的期中结算随之完成，使工程实施阶段期中支付更加公平合理，可高效率地完成工程竣工结算，减少双方因结算纠纷引起的矛盾。

4）从调价便利分析，建筑产品不同于一般商品，其施工工序繁多，调价因子种类庞杂。采用差额法逐项调价看似准确，实则为事后算账，较难从履约角度快速实现，其结果是弱化合同的风险分摊。指数法调价采用事前约定，选择有代表性的变值因子权重系数替代调价因子数量，运用价格指数替代单价，紧扣价格调整中数量和单价两个要素，实现由合同价到合同价增量的变化，提高了调价的便利性。

5）从适用范围分析，差额法以调价因子的量价两个要素为必备条件，且同一种类的材料也因规格不一，价格不一需要一一对应。指数法既可将调价因子的量价两个要素相对化为计算参数，也可直接以合同价及约定权重为计算参数，即指数法对调价参数的选择更具广泛性，而差额法则较为单一。因此，指数法相对于差额法适用于各种不同的工程发承包模式，简言之，差额法适用的发承包模式，指数法必然适用，但指数法适用的发承包模式，差额法则不一定适用。

6）从信息反馈分析，差额法调差虽然数据沉淀较多，但限于调价因子种类、规格繁多的特点，难以形成有效的数据库，更难以转变为有效信息。而指数法调价表现为合同价的变化幅度，即项目动态增量的趋势性，变化趋势普遍性的特点能较准确反映事物变化规律，有利于数据转变为有效的信息。因此，指数法能形成有效的数据库，更具有较优异的信息反馈属性，利于工程造价信息化的改革。

综上，调价的实质是风险的量化，指数法与差额法从原理上讲均能实现合同目的。差额法采用绝对调差形式，指数法采用相对调差形式，本质上应具有一致性；但受调差参数的约束，指数法相对于差额法具有更广泛的适用性，由于其在合同缔约中形成了较合理物价风险分担，可以在合同履行阶段快捷实现过程结算与竣工结算的统一，避免差额法调差往往在竣工结算实施的缺陷，更符合工程总承包计价结算与支付的需要。

【应用指引】

采用指数法调整公式的理解与应用：

(1) 调整公式中各符号的含义：

ΔP 为按照价格指数法调整公式计算出来的工程造价价差金额。

P_0 为承包人已完成的各里程碑节点的工作量金额，其中：不包括价格调整，不计质量促证金的招岗与支付，不计预付款的支付和扣回，约定的变更或签证的其他金额已按现行价格计价的，也不包括在内。

A 为定值权重，即不参与调整部分占 P_0 的比重，权重以整数“1”表示，A 值范围应根据不同的专业工程及结算的工程资料和合同约定确定。例如：承包人的工程管理费、利润等应列入定值权重。

B_1、B_2、B_3、…、B_n 为各可调因子的变值权重，即可调因子占 P_0 的比重。这是指数法调价的核心内容，包含三大重点：一是可调因子的选取，即项目选择应区分专业工程确定，例如房屋建筑工程的人工费就远大于道路工程的，人工可作为可调因子，例如材料应选择价值对造价影响较大，长期采购使用，价格波动幅度较大，同时能统计测算进行资料积累；二是可调因子的权重确定，可采用相同或类似工程的指标或投标报价的材料价值计算并在合同中约定；三是可调因子的数量设置。有研究证明，因子过多会降低履约效率，因子过少会导致风险分配不合理，降低感知度。因此，根据工程项目在合同期的变化导致可调因子的变化，提出按合同实施的不同阶段约定调整公式，使其可调因子控制在 3~6 个为佳，置信度可达 95%。

根据工程里程碑节点选择代表性材料 3~5 个作为调整材料价差的代表进入变值权重，这里需要明确的是，使用价差指数法公式，可以一个单项工程约定，也可以根据里程碑节点使用材料情况，应用 1 个或几个节点约定权重。

F_{01}、F_{02}、F_{03}、…、F_{0n} 为各可调因子的基本价格指数，是基准日期（招标工程以投标截止日前 28 天，非招标工程以合同签订前 28 天为基准日）的价格指数。

F_{t1}、F_{t2}、F_{t3}、…、F_{tn} 为各可调因子的现行价格指数，指约定的付款证书相关周期（在本规范指约定的里程碑节点）最后一天的前 42 天的各可调因子的价格指数。

（2）价格指数的来源。目前已有 20 个省、市、自治区和一些专业工程造价管理机构发布人工费指数，材料价格可采用一些材料网站发布的价格指数作为来源。

（3）权重的调整。如果约定的变更导致原约定的权重不合理时，发承包双方可以协商进行调整。

（4）工期延误后的调整，由于发包人原因造成的，现行价格指数就高不就低，由于承包人原因造成的，现行价格指数就低不就高。所谓价格指数的高低指工期延误前后的对比得出。

（5）价格指数权重的形成方式：本规范在附录 B 中提出了两种方式以供选择。

（6）对不列入调整价差的工程项目或材料设备将其占约定价款的比值列入定值权重即可（例如土石方工程、设备费等），已保持指数法调整的完整。

6.4.2 采用工程总承包模式，但又未在合同中约定“价格指数权重表”，可视为不因市场价格波动调整合同价款。

当市场价格波动超出可预见的范围，发承包双方可依据有关情势变更的法律规定，重新协商调整合同价款或变更合同。

【条文解读】

本条是关于情势变更协商调整合同价款的规定。

为规范工程总承包因市场价格波动的价差调整，进一步明确指数法调整的重要性，本条第一段规定合同中未约定“价格指数权重表”的，可视为总价包干合同，不予调整合同价款。

考虑到如果市场价格波动超过了发承包时可预见的范围，不调整将影响合同公平，因此，本条第二段规定，发承包双方可依据《民法典》第五百三十三条：“合同成立后，合同的基础条件发生了当事人在订立合同时无法预见的、不属于商业风险的重大变化，继续履行合同对于当事人一方明显不公平的，受不利影响的当事人可以与对方重新协商；在合理期限内协商不成的，当事人可以请求人民法院或者仲裁机构变更或者解除合同。/人民法院或者仲裁机构应当结合案件的实际情况，根据公平原则变更或者解除合同。”该条规定对《最高人民法院关于适用〈中华人民共和国合同法〉若干问题的解释（二）》第二十六条除不再将不可抗力排除在情势变更情形之外，最大的变化是加入了“受不利影响的当事人可以与对方重新协商。”依据实际变化情况重新调整双方权利义务及风险分担范围，使合同状态重新归于平衡，使得矛盾容易解决，合同关系得以存续。在近年的司法实践中，新冠疫情、非商业风险的市场价格异常涨落、治理大气污染的政府政策变化，构成了情势变更。有关情势变更的规定，发承包双方可协商变更合同，调整合同价款。

6.5 不可抗力

【概述】

本节依据《民法典》第一百八十条第二款“不可抗力是不能预见、不能避免且不能克服的客观情况。”对不可抗力发生后的损失承担、竣工后的工期、费用、解除合同后的价款结算等作了规定。

6.5.1 因不可抗力事件导致的人员伤亡、财产损失及其费用增加和（或）工期延误，发承包双方应按下列原则分别承担并调整合同价款和工期：

1 合同工程本身的损害、因工程损害导致第三方人员伤亡和财产损失以及运至施工场地的材料和工程设备的损害，由发包人承担；

2 发包人、承包人的人员伤亡和其他财产损失各自承担；

3 承包人的施工机械设备损坏及周转材料的损失，由承包人承担；

4 导致承包人停工的费用损失由发承包双方合理分担。停工期间，承包人应发包人要求照管工程的人员费用由发包人承担；

5 工程所需清理、修复费用由发包人承担。

但因承包人原因导致工期延误后发生不可抗力，不免除承包人的违约责任。

【条文解读】

本条是关于不可抗力发生后，损失承担的规定。

（1）不可抗力的发生原因有两种：一是自然原因，如洪水、台风、地震、海啸、暴风雪等人类无法控制的大自然力量所引起的灾害事故；二是社会原因，如战争、动乱、政府禁止令等引起的社会性突发事件。

（2）构成不可抗力的须具备以下要件：一是不能预见的偶然性。不可抗力所指的事件必须是当事人在订立合同时不能预见的事件，它在合同订立后的发生纯属偶然。二是不能避免、不能克服的客观性。当事人对于构成不可抗力的事件，除了不能预见，还必须不能避免或不能克服。生活中不能预见的突发偶然事件很多，但是并不是所有的偶然事件都是不能避免或者不能克服的，如果突发交通事故，也是不能预见的，但是对于一般性的交通事故造成履行合同的障碍，当事人可以克服，就不能认定为不可抗力。

（3）因不可抗力的归责。《民法典》第一百八十条规定："因不可抗力不能履行民事义务的，不承担民事责任。法律另有规定的，依照其规定。/不可抗力是指不能预见、不能避免且不能克服的客观情况。"在不可抗力规则下，合同解除权人根据不可抗力的影响，按照《民法典》第五百九十条的规定："部分或者全部免除责任"，并非一概完全免责。

（4）不可抗力的通知和证明。当事人因不可抗力不能履行合同的，应当及时通知对方，以减轻可能给对方造成的损失，并应当在合理期限内提供证据证明。这是《民法典》第五百九十条规定的附随义务。可见，当事人有义务通知对方当事人并收集能证明不可抗力发生及造成损失的证据，便于当事人对不可抗力事实进行认定，对是否属于不可抗力造成的损失进行确认，避免发生不必要的纠纷。若当事人未为不可抗力发生履行通知义务及其对合同影响举证证明的，则无权援引不可抗力主张免责。若当事人未在合理期限内提供证明或者证明不充分的，可能导致不可抗力规则不被适用或只能部分免责。

（5）不可抗力产生后果的承担。在不可抗力发生后，由于合同当事人对不可抗力事件的发生均没有过错，一般自行承担各自损失，但是由于工程属于发包人所有，发包人对工程拥有物权，所以对于"永久工程、已运至施工现场的材料和工程设备的损坏，以及因工程损坏造成的第三人人员伤亡和财产损失由发包人承担"，因为永久工程虽然承包人并没有移交给发包人，但是在法律上在建的永久工程已经属于发包人所有，发包人可以用在建工程抵押贷款便是最好的例证，所以对于永久工程的损失自然由发包人承担，已运至施工现场的材料和工程设备损失由发包人承担也基于同一道理。另外，不可抗力发生后，对于工期延误的损失也由发包人承担，都体现了发包人作为工程的所有者，对于不可抗力造成的损失承担较多的责任。

（6）对于合同一方迟延履行义务期间发生不可抗力的，不免除其违约责任。由于迟延履行一方当事人过错在先，在其过错期间发生不可抗力，仍需承担违约责任，赔偿守约方损失。

【法条链接】

《中华人民共和国民法典》

第一百八十条　因不可抗力不能履行民事义务的，不承担民事责任。法律另有规定的，依照其规定。

不可抗力是不能预见、不能避免且不能克服的客观情况。

第五百六十三条　有下列情形之一的，当事人可以解除合同：

（一）因不可抗力致使不能实现合同目的；

（二）在履行期限届满前，当事人一方明确表示或者以自己的行为表明不履行主要债务；

（三）当事人一方迟延履行主要债务，经催告后在合理期限内仍未履行；

（四）当事人一方迟延履行债务或者有其他违约行为致使不能实现合同目的；

（五）法律规定的其他情形。

以持续履行的债务为内容的不定期合同，当事人可以随时解除合同，但是应当在合理期限之前通知对方。

第五百九十条　当事人一方因不可抗力不能履行合同的，根据不可抗力的影响，部分或者全部免除责任，但是法律另有规定的除外。因不可抗力不能履行合同的，应当及时通知对方，以减轻可能给对方造成的损失，并应当在合理期限内提供证明。

当事人迟延履行后发生不可抗力的，不免除其违约责任。

【应用指引】

（1）不可抗力的约定。发承包双方应在合同中对不可抗力进行专门约定，既约定不可抗力的具体范围，又罗列属于不可抗力的具体事件及责任分配。虽然在合同中未约定不可抗力或合同约定的不可抗力的范围如小于法定范围，不影响发承包双方直接援引法律规定主张不可抗力进行损失承担，但这种主张的路径通常是进行协商，在协商过程中，由于合同中没有专门的具体约定，对不可抗力的范围、责任分担，是否负责等方面产生争议的概率会大大增加。因此，在合同中对不可抗力的范围和具体事件进行界定，会在合同履行中减少甚至消除对不可抗力认定的争议，大幅度降低对合同履行的影响，提高履约效率。

（2）不可抗力发生后合同当事人均有义务及时采取措施，避免损失的扩大，这是基于合同履行的附随义务，也是基于诚实守信的基本原则。如果一方当事人坐视不可抗力不管不问，造成损失扩大，应该对扩大的损失承担责任，这符合公平合理的法律原则，也保护了社会财产避免遭受不必要的损失。

6.5.2　不可抗力解除后复工的，若不能按期竣工，应合理延长工期。发包人提出要求赶工的，赶工费用应由发包人承担。

【条文解读】

本条是关于不可抗力解除后，复工的工期及费用承担的规定。

因不可抗力解除后复工的，发承包双方应根据不可抗力对工期的影响程度，发承包双方应承担的责任，合理顺延工期，形成新的进度计划。若发包人提出要求承包人赶工以便缩短工期的，赶工的费用应由发承包双方协商形成补充合同，以避免发生结算争议。如无赶工协议承包人自行赶工的，应自行承担赶工费用。

6.5.3 因不可抗力解除合同的，除合同另有约定外，结算可按本规范第 8.4.1 条的规定办理。

【条文解读】

本条是关于因不可抗力解除合同的价款结算原则。

按照《民法典》第五百六十三条（一）：因不可抗力致使不能实现合同目的，当事人可以解除合同。解除后的工程结算，除合同另有约定外，可以按本规范第 8.4.1 条的规定办理。

6.6 工期提前、延误

【概述】

本节是关于工期提前或延误的规定，鉴于工期的提前或延误牵涉到补偿、奖励或赔偿，从而导致合同价款的调整变化，本规范根据工程总承包的特点作了规范。

6.6.1 发包人确需合同工程提前竣工的，应征得承包人同意后与承包人商定采取加快工程进度的措施，并应修订合同工程进度计划。发包人应承担承包人由此增加的提前竣工（赶工补偿）费用。

发承包双方应在合同中约定提前竣工每日历天应补偿、奖励额度，此项费用应作为增加合同价款列入竣工结算文件中，与结算款一并支付。

【条文解读】

本条是关于工期提前的补偿、奖励的规定。

为了保证工程质量，承包人除了根据标准规范、施工图纸进行施工外，还应当按照科学合理的施工组织设计，按部就班地进行施工作业。因为有些施工流程必须有一定的时间间隔，例如，现浇混凝土必须有一定时间的养护才能进行下一个工序，刷油漆必须等上道工序所刮腻子干燥后方可进行等。所以，《建设工程质量管理条例》第十条规定：“建设工程发包单位，不得迫使承包方以低于成本的价格竞标，不得任意压缩合理工期”。本条第一段规定：

（1）工程实施过程中，发包人确需合同工程提前竣工的，指发包人在已约定的合同工期上缩短工期，提前竣工，按照《建设工程安全生产管理条例》第七条“建设单位不得对勘察、设计、施工、工程监理等单位提出不符合建设工程安全生产法律、法规和强制性标准规定的要求，不得压缩合同约定的工期”的规定，此时，发包人应征得承包人同意，在不违反国家法律和强制性标准的前提下，与承包人商定采取加快工程进度的措施，并修订合同工程进度计划。为此，发包人应承担承包人由此增加的提前竣工（赶工补偿）费用。

（2）赶工费用主要包括：①人工费的增加，例如新增加投入人工的报酬，不经济使用人工的补贴等。②材料费的增加，例如可能造成不经济使用材料而损耗过大，材料提前交货可能增加的费用、材料运输费的增加等。③机械费的增加，例如可能增加机械设备投入，不经济使用机械等。

本条第二段规定，提前竣工的补偿、奖励额度，发承包双方应在合同中约定，这一费用作为增加合同价款列入竣工结算，与结算款一并支付。

6.6.2 因承包人原因导致合同工程延误，承包人应赔偿发包人由此造成的损失，并按照合同约定向发包人支付误期赔偿费，同时不应免除承包人按照合同约定应承担的任何责任和应履行的任何义务。

发承包双方应在合同中约定误期赔偿费，并应明确每日历天应赔额度。误期赔偿费应列入竣工结算文件中，在结算款中扣除。

【条文解读】

本条是关于承包人工期延误赔偿的规定。

本条第一段规定了如因承包人原因导致了工期延误，承包人应赔偿发包人的损失，即使按合同约定向发包人支付了误期赔偿费，也不应免除承包人应承担的任何责任和义务。

6.7 工程签证

【概述】

由于工程建设施工生产的特殊性，在实施过程中往往会出现一些与工程合同约定不一致或未约定的事项，这时就需要发承包双方用书面形式记录下来，由于各地区的使用习惯对此的称谓不一，如工程签证、施工签证等，国家标准《建设工程工程量清单计价规范》GB 50500—2013 由于规范的对象是以施工图纸为基础的工程发承包，因此将其定义为现场签证。本规范由于规范的是工程总承包，因此采用工程签证的术语。

工程签证在中国建设工程造价管理协会《工程造价咨询业务操作指导规程》（中价协〔2002〕第016号）中定义为：“按承发包合同约定，一般由承发包双方代表就施工过程中涉及合同价款之外的责任事件所作的签认证明。”《建设工程工程量清单计价规范》GB 50500—2013 将其定义为：“发包人现场代表与承包人现场代表就施工过程中涉及的责任事件所作的签认证明”。本规范将其调整为“发包人和承包人或其授权的代理人就工程合同履行过程中涉及的责任事件所作的签认证明”。

在建设工程合同范本中，签约合同价指“发包人和承包人在合同协议书中约定的合同总金额”，这一金额与合同承包范围相对应。合同价格是发包人用于支付承包人按照合同约定完成承包范围内全部工程的金额，包括合同履行过程中按合同约定进行变更和调整的金额。可见，签约合同价是发包人、承包人两个法人在协议书中的“约定”，且是用于“支付”完成承包工程的款项。工程签证是在履行合同中，按合同“约定”，由发包人、承包人的委托代理人，就合同价款之外的责任事件所作的签认证明，是法定代表人授权行为的具体实施与体现。

上述两项一个是法人行为，另一个是法定代表人委托的代理人的行为，前者明确的是签约合同总金额，后者涉及的是合同价款之外的款项（即签约合同价的调整项），二者有所不同。委托代理人的行为，是通过合同约定明确委托事宜和权限的，其行为不能覆盖法人之间的合同约定，其行为受到合同约定之约束。由于工程签证的这些特点，使其可以在委托代理人平台上通过签认证明的形式，高效解决施工过程中在约定范围内各种行为涉及价款的事件，促进了各种工程合同约定外施工行为的高效协调和快速解决。

在我国工程合同示范文本中，均未使用工程签证的术语，但在工程合同履行的实践中，确实广泛存在着“变更单”“洽商单”“签证单”“工作联系单”“技术核定单”“工程量确认单”等多种形式的书面文件。这些文件均是针对合同履行过程中的具体事项而采用，是施工组织顺利进行的重要内容，更是合同管理必不可少的组成部分，是有效化解发承包双方争议的工具。

在 2004 年，财政部、原建设部《建设工程价款结算暂行办法》（财建〔2004〕369 号），《最高人民法院关于审理建设工程施工合同纠纷案件适用法律问题的解释》（法释〔2004〕14 号）中不约而同提到了“签证”这一术语。

本规范在起草过程中，也有专家建议将工程签证归类为工程变更或索赔，经详细对比分析，工程变更在建设工程施工合同中具有固定涵义，本规范对工程总承包下的工程变更重新进行了定义，主要删去了施工总承包下才适用的变更内容。在工程总承包项目实施过程中，工程变更的发起一般有 3 种情形：第一种为发包人基于对工程的功能需求、规模标准等方面有了新的要求提出变更；第二种是设计人基于方案设计、初步设计文件的修改提出变更，并以设计变更文件的形式提出；第三种是由承包人提出合理化建议，该建议获得发包人的同意后以变更形式发出。根据变更的内容不同，可分为两类：第一类为设计变更，不论是发包人或承包人提出，涉及方案设计或初步设计文件修改的，需要经过设计人审查并出具设计变更文件；第二类为经过发包人直接审核并批准的其他变更，即不需要设计人审查，如产品型号、规格、工期变化等方面。可见，工程签证与工程变更既有联系也有区别，有的具有因果关系，但签证并不完全是因为变更引起的，因工程签证范围比工程变更大，也可以说在工程实施过程中无所不包，只要是与合同约定的条件出现不一致的，均可以用工程签证将这一事实记载下来。发承包双方对其是否涉及价款变化也可根据签证与工程合同约定内容对比予以判断。

工程签证与索赔也存在区别，一是签证一般是双方协商一致的结果，而索赔是单方面的主张；二是签证涉及的利益已经确定，而索赔的利益尚待确定；三是签证是结果，而索赔是过程。因此，发包人拒绝承包人根据合同约定提出的工程签证的，承包人应在合同约定的期限内进入索赔程序，提出索赔通知。

因此，本规范仍然采用工程签证，而未将其归类于工程变更或索赔。

6.7.1 承包人按照发包人通知完成合同以外的零星项目、非承包人责任事件等工作的，发包人应及时以书面形式向承包人发出指令，并应提供所需的相关资料；承包人在收到指令后，应及时向发包人提出工程签证要求。

【条文解读】

本条是关于承包人对工程签证对象提出签证的规定。

工程总承包下的签证比施工总承包下的签证范围已大幅缩小，因为一些施工总承包下存在变化有可能引起签证的风险已经转由承包人承担，因而承包人应按照合同约定和发包人要求厘清是否可以提出工程签证。工程签证有多种情形，一是发包人的口头指令，如涉及工期延误或费用增加的，需要承包人将其提出，由发包人转换成书面签证，否则承包人的主张将没有书证，可能导致权力丧失；二是发包人的书面通知如涉及工程实施，且在工程总承包合同范围之外的，需要承包人就完成此通知需要的人工、材料、机械设备等内容向发包人提出，取得发包人的签证确认；三是工程总承包合同已包含的工作内容，但施工中发现不可预见的情形，如发现地下掩埋物、出现流沙等，需承包人及时向发包人提出签证确认，以便调整合同价款；四是由于发包人原因，未按合同约定提供场地或停水、停电等造成承包人的停工，需承包人及时向发包人提出签证确认，以便计算顺延的工期和索赔费用等等。总之，在工程实施过程中，由于超出工程合同约定范围以及合同条件的变化引起需要签证确认的事项等，都可以以工程签证这一方式处理。

本条包括签证的两个方面：一是发包人对合同约定外的事项需要承包人完成的，发包人应及时书面通知承包人；二是承包人收到通知后，应及时提出工程签证。

【应用指引】

一般来说，工程实施过程中的各种签证的提出者应是承包人，实践证明，签证能实现，应坚持以下几点：

（1）严守诚信原则。提出的签证应当实事求是，不无中生有，避免重复，计算准确，理由充分，严禁虚假签证。

（2）注意因果关系。任何事物只有知其因，方能求其果，要求提出签证的必须熟悉合同约定，把握实施过程，分析判断各种变化是否具有签证价值，不无的放矢。

(3) 讲究方式方法。做到事半功倍，一是会签证，作为签证的发起者，要随时随地搜集、整理、保存实施过程各类资料、分析是否具有办理签证的价值；二是会沟通，可以主动与发包人及其现场管理人员询问签证内容的合理性和准确性，避免签证资料被驳回或拒签；三是会描述，何时（发生的时间）、何地（什么地方的工程项目）、何事（具体的内容）、何因（说明非合同约定内容）、量（准确计算工程数量，有图纸附图纸，无图附计算的草图，人工工日、机械台班、材料等数量）、价（人工单价、材料单价、台班单价等基于合同约定的口径，例如材料是否全价、是否含采购费、运输费、是否含损耗、含税等）、照片（实施后能提供实施前、中、后的照片更佳）。

(4) 及时提出签证。签证要随工程实施的发生及时提出，合同中约定有时限的，应在时限内提出，尽可能做到一事一签，一次一签，及时处理，避免补签造成效力的争议。

6.7.2 承包人应在收到发包人指令后的7天内向发包人提交工程签证报告，发包人应在收到工程签证报告后的48小时内对报告内容进行核实，予以确认或提出修改意见。发包人逾期未确认也未提出修改意见的，应视为承包人提交的工程签证报告已被发包人认可。

【条文解读】

本条是关于发包人核实的工程签证的时限规定。

对于承包人提出的工程签证，发包人的核实是非常重要的一环，事关工程签证是否产生效力。同样需要注意几点：

(1) 严守诚信原则。核实工程签证同样应当实事求是，不推诿塞责，不搞虚假签证。

(2) 注意因果关系。核实签证是否为合同约定外项目和工作，是否为承包人承担风险范围，提出实质性意见，不得模棱两可。

(3) 明确专职人员。发包人应在合同中或书面通知明确有权核实签证的代理人，并负责任地履行职责。

(4) 及时核实签证。发包人对工程签证应在合同约定的时限内完成，不拖延。

【法条链接】

《建设工程价款结算暂行办法》（财建〔2004〕369号）

第十五条 发包人和承包人要加强施工现场的造价控制，及时对工程合同外的事项如实纪录并履行书面手续。凡由发、承包双方授权的现场代表签字的现场签证以及发、承包双方协商确定的索赔等费用，应在工程竣工结算中如实办理，不得因发、承包双方现场代表的中途变更改变其有效性。

6.7.3 发包人采用计日工计价的工作，承包人应按合同约定提交下列资料送发包人复核：

1 工作名称、内容和数量；

2 投入该工作所有人员的姓名、工种、级别和耗用工时；

3 投入该工作的材料名称、类别和数量；

4 投入该工作的施工设备名称、型号、台数和耗用台时；

5 发包人要求提交的其他资料和凭证。

任一计日工项目持续进行时，承包人应在该项工作实施结束后的24小时内向发包人提交有计日工记录汇总的签证报告。

【条文解读】

本条是关于计日工签证的规定。

本规范将计日工纳入工程签证范畴，计日工来源FIDIC合同条件，在我国工程建设预算定额中称为签证记工，最早出现于2007年《标准施工招标文件》中的通用合同条件，后《建设工程工程量清单计价规范》GB 50500—2008采用计日工，与现场签证并列，2013版计价规范仍然与2008版计价规范一样。计日工与现场签证并列，本规范认为，计日工的实现离不开工程签证，而工程签证的范围远大于计日工，因此，本规范将计日工列入工程签证。

6.7.4 如工程签证的工作已有相应的计日工单价，工程签证中应列明完成该类项目所需的人工、材料和施工机械台班的数量。

如工程签证的工作没有相应的计日工单价，应在工程签证报告中列明完成该签证工作所需的人工、材料和施工机械台班的数量及单价。

【条文解读】

本条是工程签证内容的规定。

工程签证的主要作用之一是为发承包双方完成合同约定外项目和工作的计价提供依据，因此，在过程中完成计价的基础性工作可以有效避免合同争议的发生。

6.7.5 除征得发包人书面同意外，合同工程发生工程签证事项，未经发包人签证确认，承包人便擅自施工的，发生的费用应由承包人承担。

【条文解读】

本条是关于工程签证未签认就施工的责任后果的规定。

本条规定了承包人应发包人要求完成合同以外的零星工作，应进行工程签证。合同对此未作具体约定时，按照财政部、原建设部印发的《建设工程价款结算暂行办法》（财建〔2004〕369号）第十四条（六）的规定：承包人应在接受发包人要求的7天内向发包人提出签证，发包人签证后施工。若没有相应的计日工单价，签证中还应包括用工数量和单价、机械台班数量和单价、使用材料品种及数量和单价等。若发包人未签证同意，承包人施工后发生争议的，责任由承包人自负。

发包人应在收到承包人的签证报告48小时内给予确认或提出修改意见，否则，视为该签证报告已经认可。

6.7.6 工程签证工作完成后的7天内，承包人应按照工程签证内容计算价款，报送发包人确认。

【条文解读】

本条是关于工程签证所涉价款进行计算、确认的规定。

6.7.7 每个支付期末，承包人应向发包人提交本期所有工程的签证汇总表，并应说明本期间有权得到的金额，调整合同价款，列入进度款周期同比例支付。

【条文解读】

本条是关于工程签证价款汇总、支付的规定。

每一支付周期即里程碑节点支付的合同价款是期中结算的重要内容，工程签证涉及的合同价款调整自然也不例外，使工程实施过程中的结算都能如实得到计算，而无须拖延到竣工结算再算总账。

6.8 索 赔

【概述】

工程索赔通常是指在合同履行过程中，合同当事人对于并非己方的原因，而是应由对方承担责任的原因造成的损失，按合同约定或法律法规规定向对方提出经济补偿和（或）工期顺延的要求。

索赔是一个问题的两个方面，是签订合同的双方当事人应该享有的合法权利，承包人可向发包人索赔，发包人也可向承包人索赔，是双方维护自身权益的合法途径，实际上也是发包人与承包人之间在原有工程风险分担在实施过程中的责任再分配，是合同履行阶段一种避免风险的有效方法，有助于建设项目更好的应对履约环境偏差。工程索赔在国际建筑市场上是承包商保护自身正当权益、弥补工程损失、提高经济效益的重要手段。许多工程项目通过成功的索赔，能使工程收入的改善达到工程造价的10%~20%。在国内，索赔及其管理还是工程建设管理中一个较薄弱的环节。索赔是发包人和承包人之间一项正常的、经常发生而普遍存在的合同管理业务，是一种以法律和合同为依据、合情合理的正当行为。

实践中，在探讨索赔的法律性质时经常与合同法中违约责任进行比较，两者既有联系又存在明显区别：

（1）产生原因不同。违约责任是以存在当事人一方不履行合同义务或者履行合同义务不符合约定的违约事实为前提；而索赔事件的成因比较复杂，既包含因合同当事人违约行为产生的索赔，也可因不可归责于当事人的原因主张索赔。

（2）处理方式不同。索赔一般无需在合同中明确约定可以索赔的全部具体事件，其主要作用在于通过索赔机制采用协议的方式解决当事人损失求偿的问题；而违约责任则来源于合同法的一种责任承担方式。违约责任必须以存在合同一方的违约行为为前提，而索赔则归责不问过错，其主要作用在于补偿损失。

（3）表现形式不同。虽然两者都是由合同一方当事人向另一方当事人进行赔偿，但违约责任的形式多样，除支付违约金外，还可以表现为修理、更换、重作、减少价款或者报酬等；而索赔通常表现为费用、时间以及利润的补偿。

实践中，合同价款调整与索赔的关系也是经常比较的内容，两者同样既有联系又有区别。在我国工程建设价款结算中，在法律变化、市场价格波动、工程变更、设计变更等方面，政府文件、业内人士一般均使用工程价款调整的语句，很少使用索赔，索赔是一个舶来语，其英文 Claim Demage 原意表示“有权要求”，法律上叫“权利主张”，汉语翻译为“索赔”，但国内因调整是一个中性词，比较容易接受。而索赔给人一个有错才赔的认知，事实上在原合同法、现民法典对工程建设中出现的各种与合同约定情形不一致均使用“赔偿损失”“承担赔偿责任”等表述，这与索赔接近，是用违约责任来规范的。对非违约应用私法自治，例如市场价格波动下材料价格调整，如用索赔就很难被发包人所接受。一般而言，《民法典》规定的几种情形用索赔，而不是像国外工程均使用索赔来界定各种变化，2004 年《建设工程价款结算暂行办法》正式将索赔费用列入工程竣工结算，《建设工程工程量清单计价规范》GB 50500—2013 又将索赔列入合同价款调整一章，体现中国对外来词汇兼容并蓄。因为，索赔费用进入工程结算，其实质就是对签约合同价的一种调整变更，因而在我国工程建设中，恰当的选用调整和索赔的用语可能更有利于合同价款的协商变更。

减少索赔是工程总承包的优点之一，在施工总承包模式下，索赔的频率相对较多，其原因：一是发包人承担工程量风险，一旦发生变更往往伴随着索赔；二是索赔是承包人增加收入的途径，“中标—变更—索赔”现象较为普遍；三是设计与施工分属不同企业，在各自独立的作业中，相互之间的沟通与融合程度不足，在施工中容易因设计缺陷、可施工性不足等引发索赔。在工程总承包模式下，承包人设计、施工一体化，其单一责任主体的属性简化了与发包人的合同界面，双方就最终交付成果与价款达成一致，对于总价合同范围内工作通常不予调整合同价款和工期，使得发包人的关注点和承包人的盈利模式有所转变，发包人有能力投入项目的投资管控工作中，承包人则更加注重通过设计优化，提高可施工性等方式降低成本。因而使产生索赔的因素减少，发生索赔的频率大幅降低。

鉴于工程总承包模式与施工总承包模式中承发包双方权利义务、风险划分与责任承担皆有不同，施工总承包模式中可以提出索赔的因素，并不能完全适用于工程总承包合同索赔。以设计缺陷、设计变更引致的索赔为例，在施工合同中，施工图文件设计缺陷、设计变更造成承包人工期延误、费用增加，承包人有权要求发包人顺延工期、增加费用和合理利润；而在工程总承包合同中，施工图设计，甚至初步设计属于合同承包人承包范围，承包人对合同约定范围内设计缺陷及非因发包人原因导致的设计变更应独立承担责任。此时，承包人不仅难以向发包人提出索赔，反而会面临被发包人索赔的后果。

那么，工程总承包模式的索赔因素如何判断呢？总的来说，应以合同约定的范围，如无约定或约定不明时，应以法律法规的规定提出索赔，从承包人提出索赔分析，可以考虑以下几个方面：一是合同约定和发包人要求是否发生变更，例如工作范围、功能要求、技术标准等；二是外部因素，例如不可抗力、情势变更、不可预见的地下掩埋物等；三是发包人行为，例如发包人或其委托的代理人发出的指令、通知出现合同外工作的增加，延迟支付合同价款、延迟提供场地等。从发包人索赔分析，主要围绕承包人是否履约，有无违约行为，如质量是否合格，工期是否延误等进行。

工程总承包项目索赔管理的建议如下：

一是明确工程范围与功能标准要求。工程总承包项目发生索赔的频率与项目早期对工程范围和功能标准要求的明确程度有关。由于工程总承包项目普遍采用总价方式，发包人必须在项目初期就对工程范围和相关要求有清晰的认识与定义，交付成果能否满足承包人要求是衡量承包工作完成度的标尺。工程总承包项目索赔管理的难点是：一方面，发包人在招标阶段所掌握的设计资料深度不足，“发包人要求”的内容做到全面而准确存在困难，进而导致发包人在项目实施过程中可能提出变更要求，承包人可能以此为由提出索赔；另一方面，项目参与各方对于实际交付成果是否符合初期提出的工程范围和功能标准要求可能产生分歧，特别是对于发包人要求当中一些偏主观性的描述。因此，发包人应在前期设计和招标阶段对工程总承包项目的工程范围和功能标准要求进行详细编制和严格审查，并且双方应重视在澄清、交底等环节就技术问题和商务条件进行沟通协商，保证承包人能够充分理解业主要求，尽量减少项目实施过程中的分歧。

二是须分担或转移风险。分担或转移风险都是将识别出的风险转变为明确的合同责任，不同的是风险分担方式中的责任承担主体是合同一方或合同双方，而风险转移方式中的责任承担主体是第三方，其目的都是让专业的人做专业的事，以激励风险预防及管控行为，降低风险影响，达到互利共赢的效果。发包人选择工程总承包模式的一个重要原因是，由于战略关注点或自身管理能力等原因，通常不愿意承担过多的风险，而是选择将项目的大部分风险转移给承包人。一般情况下，发包人在合同条款制定环节占有主导地位，加上可能存在的风险重视程度不够、前期评估与沟通不充分，有时会产生风险描述过于笼统、风险范围或责任无限大的情况，进而可能导致风险索赔或项目实施受阻。不同的项目类型，其具体风险分担方案有所差异，但总体而言，通行的分担原则较为一致，主要包括：①风险与收益相匹配。②风险由具有管理能力的一方承担。③单一利益相关方承担的风险要有上限等。具体应用中，双方应在合同签订之前就风险分担进行充分的沟通协商，发包人应重视对项目风险进行清晰完整的描述，并对承包人能力进行必要的考量，避免风险责任不清引起索赔，或因风险责任大到承包人无法承担而导致项目难以顺利实施。

6.8.1 当合同一方向另一方提出索赔时，应有正当的索赔理由和有效证据，并应符合合同的相关约定。

【条文解读】

本条是关于索赔成立条件的规定。

成功的索赔必须具备三要素：一是正当的索赔理由，二是有效的索赔证据，三是符合合同相关约定。

正如民间总结的“有理”才能走四方，“有据”才能行得通，“按约”才能不失效。索赔牵涉到当事人的切身利益，成功的索赔在于充分的事由，确凿的证据，同时符合对证据的要求。

【应用指引】

(1) 索赔理由。工程建设中的索赔事件较为复杂，产生索赔的原因具有多样性，且不须在合同中约定索赔的具体事件，因此，能够从繁杂多变的各类情形中发现索赔事由，提出索赔事由，完全取决当事人的判断，即使同一索赔事由，不同的当事人提出索赔内容也不会完全相同，完全取决于当事人能否举一反三，这是当事人专业水平和能力的博弈，但正当理由应透过现象看本质，索赔理由应符合逻辑。

(2) 索赔证据。索赔证据应符合法律定义的证据要求：①真实性。证据必须是合同履行过程中发生的，反映索赔事件的真实情况。②全面性。证据应全方位说明索赔事件的全过程。③关联性。证据应当相互说明、不能相互矛盾，相互之间具有关联，符合逻辑。④证据的取得和提出应当及时，符合合同约定的时限。⑤合法性。证据应当是合法取得，具有证明效力。

(3) 符合合同约定。①索赔应依法依约提出。②索赔应遵守合同约定程序。③索赔应遵守约定时限，防止逾期失权。

【法条链接】

《中华人民共和国民法典》

第一百八十六条　因当事人一方的违约行为，损害对方人身权益、财产权益的，受损害方有权选择请求其承担违约责任或者侵权责任。

第五百七十七条　当事人一方不履行合同义务或者履行合同义务不符合约定的，应当承担继续履行、采取补救措施或者赔偿损失等违约责任。

第五百七十九条　当事人一方未支付价款、报酬、租金、利息，或者不履行其他金钱债务的，对方可以请求其支付。

第七百九十八条　隐蔽工程在隐蔽以前，承包人应当通知发包人检查。发包人没有及时检查的，承包人可以顺延工程日期，并有权请求赔偿停工、窝工等损失。

第八百条　勘察、设计的质量不符合要求或者未按照期限提交勘察、设计文件拖延工期，造成发包人损失的，勘察人、设计人应当继续完善勘察、设计，减收或者免收勘察、设计费并赔偿损失。

第八百零一条　因施工人的原因致使建设工程质量不符合约定的，发包人有权请求施工人在合理期限内无偿修理或者返工、改建。经过修理或者返工、改建后，造成逾期交付的，施工人应当承担违约责任。

第八百零二条　因承包人的原因致使建设工程在合理使用期限内造成人身损害和财产损失的，承包人应当承担赔偿责任。

第八百零三条　发包人未按照约定的时间和要求提供原材料、设备、场地、资金、技术资料的，承包人可以顺延工程日期，并有权请求赔偿停工、窝工等损失。

第八百零四条　因发包人的原因致使工程中途停建、缓建的，发包人应当采取措施弥补或者减少损失，赔偿承包人因此造成的停工、窝工、倒运、机械设备调迁、材料和构件积压等损失和实际费用。

第八百零五条　因发包人变更计划，提供的资料不准确，或者未按照期限提供必需的勘察、设计工作条件而造成勘察、设计的返工、停工或者修改设计，发包人应当按照勘察人、设计人实际消耗的工作量增付费用。

6.8.2　根据合同约定，承包人认为其有权从发包人得到追加付款和（或）延长工期；发包人认为其有权从承包人得到减少付款和（或）延长缺陷责任期，应按下列程序向对方提出索赔：

1　索赔方应在知道或应当知道索赔事件发生后28天内，向对方提交索赔通知书，说明发生索赔事件的事由。除专用合同条件另有约定外，索赔方逾期未发出索赔通知书的，索赔方无权获得追加/减少付款、延长工期/缺陷责任期，并免除对方与造成索赔事件有关的责任。

2　索赔方应在发出索赔通知书后28天内，向对方正式提交索赔报告。索赔报告应详细说明索赔理由以及要求追加/减少付款的金额，延长工期/缺陷责任期的天数，并附必要的记录和证明材料。

3　索赔事件具有连续影响时，索赔方应每月提交延续索赔通知，说明连续影响的实际情况和记录，列出累积的追加/减少付款的金额和（或）延长工期/缺陷责任期的天数。

4　在索赔事件影响结束后的28天内，索赔方应向对方提交最终索赔报告，说明最终索赔要求的追加/减少付款的金额和（或）延长工期/缺陷责任期的天数，并附必要的记录和证明材料。

【条文解读】

本条是关于发承包双方索赔提出的程序规定。

本规范将承包人的索赔和发包人的索赔纳入统一的索赔处理程序，体现了在索赔方面双方的平等性，即提出索赔的一方称为“索赔方”，被索赔的一方称为“被索赔方”。根据本规范约定索赔行为具有双向性，承包人可以向发包人索赔，发包人亦可以向承包人进行索赔。

【应用指引】

一是应注意索赔通知书和索赔报告的内容区别。一般而言，索赔通知书仅需载明索赔事件的大致情况、有可能造成的后果及索赔方索赔的意思表示即可，无需准确的数据和翔实的证明资料；而索赔报告除了详细说明索赔事件的发生过程和实际所造成的影响外，还应详细列明索赔方索赔的具体项目及依据，如索赔事件给索赔方造成的损失总额、构成明细、计算依据以及相应的证明资料，必要时候还应附具影像资料。

二是索赔方应注意合同中约定的提交索赔通知书的时限，避免逾期丧失索赔的权利，还须注意提交索赔报告、最终索赔报告的时限，虽然逾期提交索赔报告的行为不直接产生丧失索赔权利的后果，但索赔方仍应注意遵守约定的提交索赔报告的时限，避免产生索赔中的争议。

三是索赔方提出索赔通知时，应注意证据的搜集、整理和保存。在提交索赔报告时所附证据包括但不限于以下范围（发包人和承包人的索赔在证据上各有侧重）：①招标文件、工程合同、发包人要求、方案或初步设计文件。②工程实施中的技术交底、工程变更、工程签证等。③有关合同工程的往来函件、指令、通知、批复、答复、会议纪要等。④工程进度计划、工程实施日报、工作日志、备忘录等。⑤进场、开工时间以及影响工程进度的干扰条件（停电、停水等）的日期记录。⑥工程材料设备采购、订货合同、运输、进场、验收、使用等方面的凭据。⑦期中结算以及预付款、进度款的支付数额及日期。⑧工程现场气候记录。⑨工程期中质量检测验收、竣工验收报告等。⑩政府有关部门有关影响工程计价、工期的文件规定等。

四是索赔方式的选择。本条实质上规定的是单项索赔，单项索赔就是采取一事一索赔的方式，即在每一件索赔事项发生后，递交索赔通知书，编报索赔报告书，要求单项解决支付，不与其他的索赔事项混在一起。单项索赔是工程索赔通常采用的方式，它避免了多项索赔的相互影响制约，所以解决起来比较容易。

有时，由于施工过程中受到非常严重的干扰，以致承包人的全部施工活动与原来的计划大不相同，合同规定的工作与变更后的工作相互混淆，承包人无法为索赔保持准确而详细的成本记录资料，无法分辨哪些费用是原定的，哪些费用是新增的，在这种条件下，无法采用单项索赔的方式，而只能采用综合索赔。综合索赔又称总索赔，俗称一揽子索赔，即将整个工程（或某项工程）中所发生的数起索赔事项综合在一起进行索赔。采取这种方式进行索赔，是在特定的情况下被迫采用的一种索赔方法。

采取综合索赔时，承包人必须提出以下证明：①承包商的投标报价是合理的。②实际发生的总成本是合理的。③承包商对成本增加没有任何责任。④不可能采用其他方法准确地计算出实际发生的损失数额。

虽然如此，承包人应该注意，采取综合索赔的方式应尽量避免，因为它涉及的争论因素太多，成功的概率较低。

6.8.3 索赔应按下列程序处理：

1 被索赔方收到索赔方的索赔报告后，应及时审查索赔报告的内容，查验索赔方的记录和证明材料。

2 被索赔方应在收到索赔报告或有关索赔的进一步证明材料后的42天内，将索赔处理结果答复索赔方。如果被索赔方逾期未作出答复，视为索赔已被认可。

3 索赔方接受索赔处理结果，索赔款项在当期进度款中进行追加/减少；索赔方不接受索赔处理结果，应按合同约定的争议解决方式处理。

【条文解读】

本条是关于索赔的处理程序规定。

本条第1款规定被索赔方对索赔方的索赔报告的内容应及时审查，对提交的证明材料应查验是否属实。

第2款规定被索赔方的索赔处理时限，如果被索赔方未在合同约定时限内作出答复，视为索赔报告已被认可。

第3款是对索赔处理结果的规定，无争议的索赔金额在当期进度款中进行追加或减少，体现过程结算。有争议的，进入争议解决程序。

【法条链接】

《建设工程价款结算暂行办法》（财建〔2004〕369号）

第十四条 工程完工后，双方应按照约定的合同价款及合同价款调整内容以及索赔事项，进行工程竣工结算。

（五）索赔价款结算

发承包人未能按合同约定履行自己的各项义务或发生错误，给另一方造成经济损失的，由受损方按合同约定提出索赔，索赔金额按合同约定支付。

6.8.4 当承包人就索赔事项同时提出费用索赔和工期索赔时，发包人认为二者具有关联性的，应结合工程延期，综合作出费用赔偿和工程延期的决定。

【条文解读】

本条是关于工期与费用索赔处理关系的规定。

索赔事件发生后，在造成费用损失时，往往会造成工期的变动。当索赔事件造成的费用损失与工期相关联时，承包人应根据发生的索赔事件向发包人提出费用索赔要求的同时，提出工期延长的要求。

发包人在批准承包人的索赔报告时，应将索赔事件造成的费用损失和工期延长联系起来，综合作出批准费用索赔和工期延长的决定。

6.8.5 发承包双方在按合同约定办理了竣工结算后，承包人在提交的最终结清申请中，只限于提出竣工结算后的索赔，提出索赔的期限应自发承包双方最终结清时终止。

【条文解读】

本条是关于索赔期限终止的规定。

索赔实质上是合同当事人因非己方原因导致投入成本扩大而向另一方主张损失的合同管理活动，是工程合同履行过程中的常见现象。索赔的发生原因较为复杂，索赔事件不同，当事人所能主张的赔偿内容也不同。通常情况下，因一方当事人违约产生的索赔，既可索赔费用和时间，还可以索赔利润，如因发包人无正当理由迟延提供材料设备导致施工受阻的，承包人除可以要求发包人赔偿费用。延长工期外，还可以要求发包人支付合理的利润。但对于不可归责于合同当事人的原因产生的损失，如施工过程中遭遇异常恶劣的气候条件，当事人可以对费用和时间进行索赔，不包括利润。

工程合同的索赔按照请求的主体分类，包括发包人索赔和承包人索赔；按照索赔的内容分类，包括索赔工期、索赔费用和索赔利润；按照索赔的范围分类，包括合同内索赔和合同外索赔；按照索赔的处理方式分类，包括单项索赔和总索赔。

7 工程结算与支付

【概述】

《民法典》定义建设工程合同是承包人进行工程建设，发包人支付建设工程价款的合同，简单一句话道出了建设工程合同的目的，规范了发承包双方的责任和义务。而工程结算无疑直接关系到合同目的实现和发承包双方合同利益的获得，必然受到发承包双方的高度重视。但在近年推行工程总承包的过程中，不少地区的房屋建筑和市政工程项目采用施工总承包的计价方式，导致结算难办、投资失控的合同纠纷呈上升趋势。为在工程总承包的计价方面提供引导，本规范在前几章对工程总承包的定义、计价方式、计价风险、费用组成、价款约定、价款调整的基础上，在本章对工程总承包项目的结算与支付作了规范，其中不少是有别于施工总承包结算与支付的规定，共分6节、29条，包括预付款，期中结算与支付，工期确定的结算与支付，竣工结算与支付，质量保证金，最终结算与支付。

7.1 预 付 款

【概述】

工程预付款来源于预付备料款，是我国工程建设领域一项行之有效的制度。早在中国人民建设银行行使基本建设资金管理职能时，就对预付备料款的拨付作了专门规定。2004年，财政部与原建设部印发的《建设工程价款结算暂行办法》(财建〔2004〕369号)中对预付款的支付及使用作了规定。2011年，《标准设计施工总承包招标文件》中的通用合同条款第17.2条将预付款规定为："预付款用于承包人为合同工程的设计和工程实施购置材料、工程设备、施工设备、修建临时设施以及组织施工队伍进场等。"2020年，住房城乡建设部、国家市场监督管理总局印发的《建设项目工程总承包合同(示范文本)》第14.2.1条对预付款的用途作了相同的规定，可见，预付款已不只是用于备料款，而是扩大了范围。发包人向承包人支付预付款，以合理推进工程进度。但从发包人角度看，也存在着预付款被承包人挪用、甚至破产，导致预付款收不回的风险，因而在目前的国内工程实践中，有的项目没有预付款，从承包人角度看，实际上造成了承包人需要垫付一定的资金用于工程实施工作的风险，这是需要改进的。

本节根据相关规定，分3条简要对预付款的支付比例、支付和扣回等作了规定，具体的需要发承包双方根据工程实际情况，协商在合同中约定。

7.1.1 除合同另有约定外，发包人支付承包人预付款的比例应按签约合同价（扣除预备费）或年度资金计划计算不得低于10%。

【条文解读】

本条是关于预付款支付比例的规定。

预付款额度主要是保证施工所需材料设备的正常储备。数额太少，备料不足，可能造成生产停工待料；数额太多，影响投资有效使用。一般是根据工期、主要材料和设备费用占签约合同价的比例等因素经测算来确定。

（1）百分比法。百分比法是按签约合同价或年度工作量的一定比例确定预付款额度的一种方法。例如：建筑工程一般不超过当年建筑（包括水、电、暖、卫等）工程工作量的25%；安装工程一般不低于当年安装工作量的10%，安装设备价值较大的工程应适当增加（由于设备购置进入工程总承包，因此本规范未设置预付款比例上限）。

（2）协商议定法。协商议定是通过承发包双方自愿协商一致来确定预付款的方法。在商洽时，承包人一般会争取获得较多的预付款，从而保证施工有一个良好的开端得以正常进行。但是，预付款实际上是发包人向承包人提供的一笔无息贷款，可使承包人减少自己垫付的周转资金，从而影响发包人的资金运用，如不能有效控制，则会加大筹资成本，因此，发包人和承包人必然要根据工程的特点、工期长短、市场行情、供求规律等因素，最终经协商确定预付款，从而保证各自目标的实现，达到共同完成建设任务的目的。由协商议定工程预付款，符合建设工程规律、市场规律和价值规律，承发包活动可以多加采用。

【法条链接】

《建设工程价款结算暂行办法》（财建〔2004〕369号）

第十二条 工程预付款结算应符合下列规定：

（一）包工包料工程的预付款按合同约定拨付，原则上预付比例不低于合同金额的10%，不高于合同金额的30%，对重大工程项目，按年度工程计划逐年预付。计价执行《建设工程工程量清单计价规范》GB 50500—2003的工程，实体性消耗和非实体性消耗部分应在合同中分别约定预付款比例。

（二）在具备施工条件的前提下，发包人应在双方签订合同后的一个月内或不迟于约定的开工日期前的7天内预付工程款，发包人不按约定预付，承包人应在预付时间到期后10天内向发包人发出要求预付的通知，发包人收到通知后仍不按要求预付，承包人可在发出通知14天后停止施工，发包人应从约定应付之日起向承包人支付应付款的利息（利率按同期银行贷款利率计），并承担违约责任。

（三）预付的工程款必须在合同中约定抵扣方式，并在工程进度款中进行抵扣。

（四）凡是没有签订合同或不具备施工条件的工程，发包人不得预付工程款，不得以预付款为名转移资金。

《建设工程施工发包与承包计价管理办法》（住房和城乡建设部令第16号）

第十五条　发承包双方应当根据国务院住房城乡建设主管部门和省、自治区、直辖市人民政府住房城乡建设主管部门的规定，结合工程款、建设工期等情况在合同中约定预付工程款的具体事宜。

预付工程款按照合同价款或者年度工程计划额度的一定比例确定和支付，并在工程进度款中予以抵扣。

7.1.2　承包人应按合同约定向发包人提交预付款支付申请，并在发包人支付预付款7天前提供预付款担保，在预付款完全扣回之前，承包人应保证预付款担保持续有效。发包人应在收到支付申请的7天内进行核实，并在核实后的7天内向承包人支付预付款。

【条文解读】

本条是关于预付款支付和预付款担保的规定。

（1）发包人没有按合同约定支付预付款的，承包人基于合同履行的诚实信用原则以及避免扩大损失的原则，有权向发包人发出要求预付的催告通知，发包人收到通知后7天内仍未支付的，亦即发包人有错不纠的，承包人有权按照合同约定追究发包人违约责任。

（2）关于预付款担保，是否需要提交预付款担保首先是一个由发包人自行决策的问题，该担保的价值在于发包人基于担保向承包人提出确保预付款用于拟建工程项目建设的要求，而一旦承包人将预付款挪作他用或宣告破产，将由担保人承担赔偿责任。承包人提交预付款担保的形式可以采用银行保函、担保公司担保等多种形式，具体由发承包双方在专用合同条款中约定。在预付款完全扣回之前，承包人应保证预付款担保持续有效。

发包人在工程款中逐期扣回预付款后，预付款担保额度应相应减少，但剩余的预付款担保金额不得低于未被扣回的预付款金额。

【应用指引】

发承包双方在使用本条款时应注意以下事项：

（1）如采用预付款担保，则需要在工程进度款中抵扣预付款后，相应减少预付款担保的金额，尤其是如果采用保函方式，应当前往保函出具方完善相关的手续。

（2）在签订合同时应注意在专用合同条款中对以下事项作出具体、明确的约定，以增强该款的操作性和执行性，减少不必要的争议：

1）发包人是否支付预付款，预付款的支付比例或金额，预付款的支付时间。

2）预付款扣回的具体方式。

3）需要承包人提供预付款担保的，承包人提供预付款担保的时间、预付款担保的形式等内容。

7.1.3 预付款应按合同约定从应支付给承包人的进度款中扣回，直到扣回的金额达到发包人支付的预付款金额为止。

在工程未完工之前解除合同时，预付款尚未扣清的余额，应纳入解除合同后的结算与支付。

【条文解读】

本条是关于预付款扣回及解除合同工程的预付款处理的规定。

本条第一段规定了预付款的扣回原则。发包人支付给承包人的预付款其性质是“预支”。随着工程进度的推进，拨付的工程进度款的不断增加，工程所需主要材料设备的用量逐步减少，原已支付的预付款应在进度款中陆续予以扣回，直到达到已支付的预付款金额为止。

本条第二段是对某些工程尚未完工，但由于种种原因导致合同解除的，规定了预付款尚未扣清的余额，纳入解除合同后的结算与支付。

【应用指引】

确定起扣点是工程预付款开始扣回的关键，大致有两种方法：一是延用预付款主要是材料、设备备料款的认知，以未完工程所需主要材料设备的价值相当于预付款金额时起扣，以后每次结算进度款时，按其比重扣回预付款，至竣工结算时扣完；二是在承包人完成进度款达到签约合同价的一定比例后开始扣回预付款，直至竣工结算扣完。鉴于工程总承包项目一般体量较大，横跨勘察设计、采购、施工多个阶段，预付款的构成已不只是材料设备备料款，预付款的金额也随之较大，扣回的周期也较长，因此，预付款的起扣点以采用在进度款达到签约合同价的一定比例具有操作性，并在合同专用条件中约定扣回比例。但需注意比例应保证预付款在竣工结算时扣完，同时在进度款支付时及时扣回，避免出现合同价款已支付完而预付款还未扣完的情况。

7.2 期中结算与支付

【概述】

建设项目实施过程中的期中结算与支付是保证工程建设顺利实施的重要基础，历来为发承包双方所重视。发包人的拖延结算与支付进度款将构成违约，合同纠纷由此产生，最后必然是双输结局。

1. 期中结算与支付的沿革

由于建设项目建造金额一般较大，工期较长，早在建设银行行使基本建设资金管理职能时，就对工程价款的结算支付实行预付备料款制度，对结算实行按月结算、分段结算、完工一次结算等针对不同工期的结算制度，2004 年，财政部和原建设部印发的《建设工程价款结算暂行办法》进一步将进度款明确为进度款结算与支付，结算方式为：按月结算与支付、分段结算与支付。但其重心还是放在竣工结算，《建设工程工程量清单计价规范》GB 50500—2013 定义期中结算，试图与工程形象进度及质量检测结论挂钩，做实进度款结算。2014 年 10 月住房城乡建设部印发《关于进一步推进工程造价管理改革的指导意见》提出"转变结算方式、推行过程结算、简化竣工结算"，2020 年 1 月，国务院常务会议要求"在工程建设领域全面推行过程结算"。此后，住房城乡建设部以及大多数省、市、自治区建设部门相继发出了推行过程结算的文件。2022 年 6 月，财政部、住房城乡建设部印发的《关于完善建设工程价款结算有关办法的通知》第二条规定"经双方确认的过程结算文件作为竣工结算文件的组成部分，竣工后原则上不再重复审核。"

2. 期中结算与支付存在的主要问题

（1）重竣工结算、轻期中过程结算的思维根深蒂固，特别是财政、审计部门对投资的监管仍是竣工结算，导致国有资金项目的发包人往往选择经财评或审计的竣工结算作为支付依据。

（2）现行合同示范文本没有过程中的期中结算，仅有进度款支付条款，而没有结算，何谈支付，结算是算账，支付是给钱，二者是有区别的，带来合同约定的缺失。

（3）计价方法不利于期中结算，本来我国在 2003 年推行工程量清单计价，为期中结算打开了大门，但材料价差调整、营改增后的计价方法都较为烦琐，制约了期中结算的实施。

（4）发包人不按约进行期中结算与支付的违约成本太低，导致进度款拖欠越演越烈。

（5）对期中结算的法律性质认识不清。不管是期中结算、终止结算还是竣工结算，都是结算，实质反映的是当事人之间的债权债务关系，《最高人民法院关于审理建设工程施工合同纠纷案件适用法律问题的解释（一）》（法释〔2020〕25 号）规定："当事人在诉讼前已经对建设工程价款结算达成协议，诉讼中一方当事人申请对工程造价进行鉴定的，人民法院不予准许。"就已说明了双方达成的结算具有法律效力。

3. 健全期中结算与支付的机制

（1）财政、审计等工程建设投资管理部门需要进一步转变投资管理理念，适应不同发承包模式下过程结算的需要。

（2）工程建设各类合同范本应增加过程中期中结算这一环节，使期中结算由发承包双方在合同中有所约定，保障期中结算依约进行。

（3）期中结算应采用形象进度与质量检测的阶段相一致，便于划分工程进度节点，避免质量争议。

（4）工程计价规则应有利于期中结算的办理，例如应采用指数法进行价差调整，防止计价争议影响期中结算。

需要注意的是，自过程结算的要求提出来以后，又出现将进度款结算、期中结算、过程结算对立起来找差异的研究。那么，透过现象看本质，进度款结算不是过程中的，期中结算不是在过程产生的，三者之间有实质性的区分吗？过程结算不是一个口号，如果我们不转变观念，不改进现行计价的烦琐方法，可能过程结算又将流于形式。

本节在期中结算与支付上的方法完全有别于施工总承包的计量计价，发承包双方须更新观念，以工程总承包的思维对待这一变化。

7.2.1 发承包双方应按照合同约定的时间、程序和方法，在合同履行过程中根据完成进度计划的里程碑节点办理期中价款结算，并按照合同价款支付分解表支付进度款，进度款支付比例不应低于80%。发承包双方可在确保承包人提供质量保证金的前提下，在合同中约定进度款支付比例。

里程碑相邻节点之间超过一个月的，发包人应按照下一里程碑节点的工程价款，按月按约定比例预支付人工费。

采用工程量清单计价的项目，应按合同约定对完成的里程碑节点应予计算的工程量及单价进行结算，支付进度款，如已预支付人工费的予以扣减。

【条文解读】

本条是关于期中结算节点，支付比例的规定。

本条第一段按照建设项目工程总承包的客观要求，规定发承包双方按照完成约定的里程碑节点办理期中结算的要求，并根据财政部、住房城乡建设部《关于完善建设工程价款结算有关办法的通知》（财建〔2022〕183号）的规定，将进度款的支付比例调整为“应不低于已完成工程价款的80%，同时，在确保不超出工程总概（预）算以及工程决（结）算工作顺利开展的前提下，除按合同约定保留不超过工程价款总额3%的质量保证金外，进度款支付比例可由发承包双方根据项目实际情况自行确定”。《建设工程质量保证金管理办法》（建质〔2017〕138号）第六条规定：“在工程项目竣工前，已经缴纳履约保证金的，发包人不得同时预留工程质量保证金。/采用工程质量保证担保、工程质量保险等其他保证方式的，发包人不得再预留保证金。”可见，在确保承包人提供质量保证的前提下，发承包双方也可在合同中约定高于80%的进度款支付比例。由于本规范将工程总承包的计价基础控制在相应的发承包阶段的投资估算或设计概算所对应的发包工作范围之内，一般不会发生超概的情况，因此，除合同中约定预留质量保证金3%以外，可将进度款支付比例到97%，采用工程质量担保或保险的项目，其期中结算的金额也可全额支付。

鉴于工程实施中的里程碑节点有可能跨月，因此，本条第二段根据《保障农民工工资支付条例》的规定，对里程碑相邻节点之间超过一个月的，规定发包人应按约定比例支付人工费，合同中未约定比例的，按各专业测算的人工费占工程款的比例预支付人工费。

第三段规定了对单价项目也按完成的里程碑节点办理结算，按照实际完成的应予计量的工程数量与其单价进行结算支付进度款。

【法条链接】

《保证农民工工资支付条例》（国务院令第724号）

第二十四条　建设单位应当向施工单位提供工程款支付担保。

建设单位与施工总承包单位依法订立书面工程施工合同，应当约定工程款计量周期、工程款进度结算办法以及人工费用拨付周期，并按照保障农民工工资按时足额支付的要求约定人工费用。人工费用拨付周期不得超过1个月。

建设单位与施工总承包单位应当将工程施工合同保存备查。

第二十九条　建设单位应当按照合同约定及时拨付工程款，并将人工费用及时足额拨付至农民工工资专用账户，加强对施工总承包单位按时足额支付农民工工资的监督。

因建设单位未按照合同约定及时拨付工程款导致农民工工资拖欠的，建设单位应当以未结清的工程款为限先行垫付被拖欠的农民工工资。

建设单位应当以项目为单位建立保障农民工工资支付协调机制和工资拖欠预防机制，督促施工总承包单位加强劳动用工管理，妥善处理与农民工工资支付相关的矛盾纠纷。发生农民工集体讨薪事件的，建设单位应当会同施工总承包单位及时处理，并向项目所在地人力资源社会保障行政部门和相关行业工程建设主管部门报告有关情况。

第五十七条　有下列情形之一的，由人力资源社会保障行政部门、相关行业工程建设主管部门按照职责责令限期改正；逾期不改正的，责令项目停工，并处5万元以上10万元以下的罚款：

（一）建设单位未依法提供工程款支付担保；

（二）建设单位未按约定及时足额向农民工工资专用账户拨付工程款中的人工费用；

（三）建设单位或者施工总承包单位拒不提供或者无法提供工程施工合同、农民工工资专用账户有关资料。

《建设工程价款结算暂行办法》（财建〔2004〕369号）

第十三条　工程进度款结算与支付应当符合下列规定：

（一）工程进度款结算方式

1. 按月结算与支付。即实行按月支付进度款，竣工后清算的办法。合同工期在两个年度以上的工程，在年终进行工程盘点，办理年度结算。

2. 分段结算与支付。即当年开工、当年不能竣工的工程按照工程形象进度，划分不同阶段支付工程进度款。具体划分在合同中明确。

（二）工程量计算

1. 承包人应当按照合同约定的方法和时间，向发包人提交已完工程量的报告。发包人接到报告后14天内核实已完工程量，并在核实前1天通知承包人，承包人应提供条件并派人参加核实，承包人收到通知后不参加核实，以发包人核实的工程量作为工程价款支付的依据。发包人不按约定时间通知承包人，致使承包人未能参加核实，核实结果无效。

2. 发包人收到承包人报告后14天内未核实完工程量，从第15天起，承包人报告的工程量即视为被确认，作为工程价款支付的依据，双方合同另有约定的，按合同执行。

3. 对承包人超出设计图纸（含设计变更）范围和因承包人原因造成返工的工程量，发包人不予计量。

（三）工程进度款支付

1. 根据确定的工程计量结果，承包人向发包人提出支付工程进度款申请，14天内，发包人应按不低于工程价款的60%，不高于工程价款的90%向承包人支付工程进度款。按约定时间发包人应扣回的预付款，与工程进度款同期结算抵扣。

2. 发包人超过约定的支付时间不支付工程进度款，承包人应及时向发包人发出要求付款的通知，发包人收到承包人通知后仍不能按要求付款，可与承包人协商签订延期付款协议，经承包人同意后可延期支付，协议应明确延期支付的时间和从工程计量结果确认后第15天起计算应付款的利息（利率按同期银行贷款利率计）。

3. 发包人不按合同约定支付工程进度款，双方又未达成延期付款协议，导致施工无法进行，承包人可停止施工，由发包人承担违约责任。

《关于完善建设工程价款结算有关办法的通知》（财建〔2022〕183号）

一、提高建设工程进度款支付比例。政府机关、事业单位、国有企业建设工程进度款支付应不低于已完成工程价款的80%；同时，在确保不超出工程总概（预）算以及工程决（结）算工作顺利开展的前提下，除按合同约定保留不超过工程价款总额3%的质量保证金外，进度款支付比例可由发承包双方根据项目实际情况自行确定。在结算过程中，若发生进度款支付超出实际已完成工程价款的情况，承包单位应按规定在结算后30日内向发包单位返还多收到的工程进度款。

二、当年开工、当年不能竣工的新开工项目可以推行过程结算。发承包双方通过合同约定，将施工过程按时间或进度节点划分施工周期，对周期内已完成且无争议的工程量（含变更、签证、索赔等）进行价款计算、确认和支付，支付金额不得超出已完工部分对应的批复概（预）算。经双方确认的过程结算文件作为竣工结算文件的组成部分，竣工后原则上不再重复审核。

《建设工程质量保证金管理办法》（建质〔2017〕138号）

第六条 在工程项目竣工前，已经缴纳履约保证金的，发包人不得同时预留工程质量保证金。

采用工程质量保证担保、工程质量保险等其他保证方式的，发包人不得再预留保证金。

7.2.2 承包人应根据实际完成进度计划的里程碑节点到期后的7天内向发包人提出进度款支付申请，支付申请的内容应符合合同的约定。

【条文解读】

本条是关于承包人提出支付申请的时限与内容的规定。

由于工程总承包项目除合同专用条件约定的以实际完成工程量计算的单价项目外，其余均属于总价合同的组成部分，工程数量不予调整，也不存在按施工图纸计量，因此，本条的规定实际上要求承包人在完成了合同约定的进度计划的里程碑节点之后即办理期中价款结算，在7天内按期中结算的金额向发包人申请进度款支付，支付的比例应与合同约定比例一致。

7.2.3 发包人应在收到承包人进度款支付申请后的7天内，对申请内容予以核实，确认后应向承包人出具进度款支付证书并在支付证书签发后7天内支付进度款。

发包人逾期未签发进度款支付证书且未提出异议的，视为承包人提交的进度款支付申请已被发包人认可，承包人应向发包人发出要求付款的通知，发包人应在收到承包人通知14天内，按照承包人支付申请的金额向承包人支付进度款。

发承包双方对进度款支付不能达成一致时，发包人应对无异议部分予以支付，有异议部分应按争议解决办法处理。

【条文解读】

本条是关于发包人复核承包人进度款支付申请的程序规定。除非专用合同条件另有约定。

本条第一段规定发包人复核承包人进度款支付申请和支付进度款的时限均为7天。

本条第二段规定发包人逾期未复核且未提出异议的，视为认可进度款支付申请，在承包人发出付款通知后，发包人应在14天内按支付申请的金额向承包人支付进度款。

第三段规定如发承包双方对进度款支付不能达成一致时，发包人应无异议部分予以支付，有异议部分按争议解决办法处理。

7.2.4 发包人未按合同约定支付进度款的，可再次通知发包人支付，发包人收到承包人通知后仍不能按要求付款时，可与承包人协商签订延期付款协议，经承包人同意后可延期支付，协议应明确延期支付的时间和在应付期限逾期之日起应支付的应付款的利息。

发包人不按合同约定支付进度款，双方又未达成延期付款协议，导致施工无法进行，承包人有权暂停施工，发包人应承担由此增加的费用和延误的工期，向承包人支付合理利润，并承担违约责任。

【条文解读】

本条是关于发包人拖延支付进度款应承担责任的规定。

《建设工程价款结算暂行办法》（财建〔2004〕369号）规定："发包人不按合同约定支付工程进度款，双方又未达成延期付款协议，导致施工无法进行，承包人可停止施工，由发包人承担违约责任"。

本条第一段发包人逾期支付工程进度款，在承包人催告仍不能支付时，可与承包人协商签订延期付款协议，协议须明确延期支付的时间以及在应付期限逾期之日起支付承包人应付款的利息。在《标准设计施工总承包招标文件》中通用合同条款第17.3.4条（2）将其规定为："发包人不按期支付的，按专用合同条款的约定支付逾期付款违约金。"在《建设项目工程总承包合同（示范文本）》第14.3.2条规定："发包人逾期支付进度款的，按照贷款市场报价利率（LPR）支付利息；逾期支付超过56天的，按照贷款市场报价利率（LPR）的两倍支付利息。"不论采用何种方式建议发承包双方在合同中约定，避免造成纠纷时按照人民法院的规定判决。

本条第二段根据上述规定提出在发包人不按约定支付工程进度款，又未达成延期付款协议的情形下，承包人应当暂停施工，避免工程款的小拖欠变成工程款的大拖欠，承担有可能形成的更大的风险或损失。而由此增加的费用和延误的工期，以及承包人的合理利润，均由发包人承担违约责任。

【法条链接】

《最高人民法院关于审理建设工程施工合同纠纷案件适用法律问题的解释（一）》（法释〔2020〕25号）

第二十六条　当事人对欠付工程价款利息计付标准有约定的，按照约定处理。没有约定的，按照同期同类贷款利率或者同期贷款市场报价利率计息。

第二十七条　利息从应付工程价款之日开始计付。当事人对付款时间没有约定或者约定不明的，下列时间视为应付款时间：

（一）建设工程已实际交付的，为交付之日；

（二）建设工程没有交付的，为提交竣工结算文件之日；

（三）建设工程未交付，工程价款也未结算的，为当事人起诉之日。

7.2.5 在对已签发的进度款支付证书进行阶段汇总和复核中发现错误、遗漏或重复的，发包人和承包人均有权提出修正申请。经发包人和承包人同意的修正，应在下期过程结算进度款中支付或扣除。

【条文解读】

本条是关于进度款支付中错误给予修正的规定。

本条提出了进度款支付中错误的修正、处理程序，避免工程实施过程中的期中结算出现错误如何解决的担忧，按照财政部、住房城乡建设部《关于完善建设工程价款结算有关办法的通知》（财建〔2022〕183 号）的规定："在结算过程中，若发生进度款支付超出实际已完成工程价款的情况，承包单位应按规定在结算后 30 日内向发包单位返还多收到的工程进度款。"

7.3 工期确定的结算与支付

【概述】

工程造价的确定与建设工期的长短密切相关，建设项目按照合同约定的工期顺利完工与拖延工期完工的竣工结算必然存在差异。本规范改变了以往工程计价的规范仅在个别条文涉及工期规定，在相关环节均有工期的规定，并单列一节规定工期的最终确定。

7.3.1 发包人应当按照合同约定及时向承包人发出开工通知，在合同工程实施过程中应避免发生影响承包人工期延误的情形，并应督促承包人按照工程总进度计划实施。

【条文解读】

本条是关于开工通知及按计划实施工程进度的规定。

本条是针对发包人的规定，包含三个方面：一是要求发包人按照合同约定向承包人发出开工通知，并提供符合合同约定的开工条件；二是要求发包人在合同履行过程中避免发生影响工期延误的情形；三是要求发包人应做好项目管理，督促承包人按照工程总进度计划实施，避免工期延误。

7.3.2 合同工程完工后，发承包双方应根据合同约定对合同履约过程中的工期进行确认。

【条文解读】

本条是关于发承包双方对工期确认的规定。

由于在工程建设期间，有可能因为发包人原因，或承包人原因，或非发承包双方的其他原因会对工程的实施造成一定的影响，导致工期不能按合同约定实现，因此本条规定工程完工后，发承包双方应在按合同约定对工期进行确认，以明确工期是延误还是提前，以及延误责任的归属等。

7.3.3 除合同另有约定外，实际开工时间和竣工时间可按下列规定计算：

1 实际开工时间应以发包人发出的开工通知或批准的开工报告上载明的开工时间起计算。

2 实际竣工时间可按下列规定计算：

1）工程经竣工验收合格的，以承包人提交竣工验收申请报告的时间为实际竣工时间；

2）发包人在收到承包人竣工验收申请报告之日起，未在合同约定的时间内完成竣工验收的，以承包人提交竣工验收申请报告之日为实际竣工时间；

3）工程未经竣工验收，发包人擅自使用的，以发包人占有建设工程之日为实际竣工时间。

【条文解读】

本条是对开工时间和竣工时间计算的规定。

工期采用一个时间段或截止日为表现方式，一般都在工程合同中予以写明，但实际竣工时间往往会引起争议。有时承包人可能会比合同预计的日期提前完工，有时也可能因为种种原因不能如期完工，而工程完工之日和竣工验收合格之日也有个时间差，究竟以哪个时间点作为实际竣工日期至关重要。确定实际竣工时间，其法律意义涉及工期是否延误以及给付工程款的本金及利息的起算时间、计算违约金以及风险转移等诸多问题。

竣工时间是判断合同工程是否如期完工的依据，根据实际开工时间和实际竣工时间计算所得的工期总日历天数即为承包人完成合同工程的实际工期总日历天数，实际工期总天数与合同约定的工期总天数（含发包人批准的延长工期的天数）的差额，即为工期提前或延误的天数。

建设工程经过竣工验收且合格的，方能视为建设工程最终完成即竣工。《最高人民法院关于审理建设工程施工合同纠纷案件适用法律问题的解释（一）》（法释〔2020〕25号）对竣工日期的确定作了具体规定，当事人对建设工程实际竣工日期有争议的，视三种不同情形分别予以认定：

（1）“建设工程经竣工验收合格的，以竣工验收合格之日为竣工日期”（《建设项目工程总承包合同（示范文本）》也采用了这一规定）。而《建设工程施工合同（示范文本）》GF-2017-0201 和《标准设计施工总承包招标文件》《标准施工招标文件》的通用合同条款定义为：工程经验收合格的，以承包人提交竣工验收申请报告之日为实际竣工日期，并在工程接收证书中载明。很明显，上述文件的规定之间存在差异，“竣工验收合格之日”时间长于“竣工验收申请报告之日”，因验收必然需要时间。将验收时间也算成工期，逻辑上存在问题，而将承包人不能控制的验收时间规定为承包人的工期，对承包人也不公平。从工程建设领域长期的合同示范文本来看，显然“竣工验收申请报告之日”符合惯例，也与司法解释本条第（二）项的规定意思一致。鉴于人民法院对工期纠纷案件将采用该司法解释进行裁判，建议发承包双方应就竣工时间的起算时间，在专用合同条件中明确约定。

（2）“承包人已经提交竣工验收报告，发包人拖延验收的，以承包人提交验收报告之日为竣工时间”。《民法典》第一百五十九条规定：“附条件的民事法律行为，当事人为自己的利益不正当地阻止条件成就的，视为条件已经成就”，因此发包人为了自己的利益拖延验收的，应当视为条件成就，否则也不利于保护承包人的利益。如何认定“发包人拖延验收”，司法解释未作定义，可以参照工程合同示范文本通用合同条款的相关规定，例如，《建设工程施工合同》和《建设项目工程总承包合同（示范文本）》规定：因发包人原因，未在监理人收到承包人提交的竣工验收申请报告 42 天内完成竣工验收，以提交竣工验收申请报告的日期为实际竣工日期。《标准设计施工总承包招标文件》中通用合同条款规定为 56 天。建议发承包双方应就此在专用合同条件中明确约定。

（3）“建设工程未经竣工验收，发包人擅自使用的，以转移占有建设工程之日为竣工日期”。建设工程质量关系到人身、财产安全甚至公共安全，根据《建筑法》《建设工程质量管理条例》等规定，建设工程经验收合格的，方可交付使用；使用未经竣工验收合格的建设工程属于应受处罚的违法行为，发包人对此亦应当明知。如果发包人仍然使用未经竣工验收的建设工程，可以认为发包人已经以其行为认可了建设工程质量合格或者自愿承担质量瑕疵和风险，也表明发包人已经实现了合同目的，发包人再以未经竣工验收合格为由，拒付承包人工程款已无道理。所以《最高人民法院关于审理建设工程施工合同纠纷案件适用法律问题的解释》（法释〔2004〕14 号）也规定：“建设工程未经竣工验收，发包人擅自使用后，又以使用部分质量不符合约定为由主张权利的，不予支持；但是承包人应当在建设工程的合理使用寿命内对地基基础工程和主体结构质量承担民事责任。”

7.3.4　实际工期应为实际竣工时间减去实际开工时间的天数。

合同约定工期加上发包人批准延长的工期减去实际工期，如为正数时，应为工期提前的天数；如为负数时，应为延误工期的天数。

【条文解读】

本条是关于实际工期计算的规定。

计算实际工期与合同约定工期的对比，是确定工期是否提前或延误的需要，以便按合同约定由发包人给予奖励，或承包人给予赔偿。

本条第一段规定实际工期的计算，第二段规定约定工期与实际工期的对比，以明确工期提前或延误的天数。

7.3.5 工期提前的，按照合同约定的补偿、奖励额度计算，应作为追加的合同价款列入竣工结算款一并支付。

工期延误的，按照合同约定的赔偿额度计算误期赔偿费，应列入竣工结算，在结算款中扣除。

【条文解读】

本条是关于工期提前或延误处理的规定。

【法条链接】

《建设工程价款结算暂行办法》(财建〔2004〕369号)

第十七条 工程竣工结算以合同工期为准，实际施工工期比合同工期提前或延后，发、承包双方应按合同约定的奖惩办法执行。

7.4 竣工结算与支付

【概述】

工程完工，实现了合同目的，办理竣工结算与支付是发承包双方依法依约履行法律和合同义务的行为，FIDIC黄皮书和银皮书的竣工报告是按照期中付款程序，本规范仍然按照我国惯例，单独规定了竣工结算程序。但在实践中，竣工结算难办导致工程价款延期支付仍是合同纠纷案件居高不下的主要原因。本节根据工程总承包的特点，提出了与施工总承包具有明显区分的结算思路。

7.4.1 合同工程完工后，承包人可在提交工程竣工验收申请时向发包人提交竣工结算文件。竣工结算文件应包括下列内容，并应附证明文件：

1 截止工程完工，按照合同约定完成的所有工作、工程的合同价款；

2 按照合同约定的工期，确认工期提前或延后的天数和增加或减少的金额；

3 按照合同约定，调整合同价款应增加或减少的金额；

4 按照合同约定，确认工程变更、工程签证、索赔等应增加或减少的金额；

5 实际已收到金额以及发包人还应支付的金额；

6 其他主张及说明。

【条文解读】

本条是关于竣工结算文件提交时间及内容的规定。

(1) 关于承包人竣工结算文件提交时间，本规范依据《民法典》《建筑法》以及《建设工程价款结算暂行办法》和国家标准《建设工程工程量清单计价规范》GB 50500—2013 的相关规定，提出“可在提交工程竣工验收申请时向发包人提交竣工结算文件”。

《标准施工合同条件》和《标准设计施工总承包招标文件》中通用合同条款在第17.5.1条均规定：工程接收证书签发后，承包人应按专用合同条款约定的份数和期限向监理人提交竣工付款申请单，并提供相关证明材料。而按照第18.3.3条的规定，工程接收证书是在发包人验收后同意接受工程的，监理人在收到竣工验收申请报告后的56天内，向承包人发出。《建设项目工程总承包合同（示范文本）》第14.5.1条规定：“除专用合同条件另有约定外，承包人应在工程竣工验收合格后42天内向工程师提交竣工结算申请单”，从时间规定来看，如加上验收时间，42天与56天都在两个月左右。从名称来看，前者是“竣工付款”，后者为“竣工结算”，其内涵又存在重大差异，前者是付款，与支付同义，后者是结算，与支付又有时间距离。不知上述合同范本出于什么目的，根据什么依据规定。我国工程结算的久拖不结是否与此有关呢?

《民法典》第七百九十九条规定：“建设工程竣工后，发包人应当根据施工图纸及说明书、国家颁发的施工验收规范和质量检验标准及时进行验收。验收合格的，发包人应当按照约定支付价款，并接收该建设工程”。按此规定，验收合格的，是支付价款。《建筑法》第六十一条“交付竣工验收的建筑工程，必须符合规定的建筑工程质量标准，有完整的工程技术经济资料和经签署的工程保修书，并具备国家规定的其他竣工条件。”完整的工程技术经济资料难道不包括合同价款结算文件吗?

《建设工程价款结算暂行办法》（财建〔2004〕369号）也规定：“单项工程竣工后，承包人应在提交竣工验收报告的同时，向发包人递交竣工结算报告及完整的结算资料”，《建设工程工程量清单计价规范》GB 50500—2013，也有类似规定。而合同范本基本上采用了FIDIC合同条件的语言描述和程序，明显与我国法律、相关文件及实践不相符合。

此外，采用的竣工付款申请单、竣工结算申请单与我国法律与相关文件和国家标准的用词不吻合，例如《最高人民法院关于审理建设工程施工合同纠纷案件适用法律问题的解释（一）》（法释〔2020〕25号）的用词为“竣工结算文件”，《建设工程价款结算暂行办法》（财建〔2004〕369号）的用词为“竣工结算报告”，《建筑工程施工发包与承包计价管理办法》（住房城乡建设部令第16号）和国家标准《建设工程工程量清单计价规范》GB 50500—2013的用词为“竣工结算文件”，按照习惯，我国工程价款结算与支付是两个密切相关的步骤，经发承包双方办理认可的结算文件，表示双方对工程合同履行完毕应予支付价款的清算和认可，呈现的是债权债务关系，没有双方的结算文件支撑，仅谈支付在司法实践上反映的是一方当事人的主张，意味着发承包双方还未就工程价款结算的具体数额达成一致，特别是政府投资项目，财政、审计部门对竣工结算更是十分关注。

（2）关于承包人提交竣工结算文件的内容。

1）截止工程完工申请工程竣工验收完成合同约定所有工作、工程的价款。

可调总价合同=签约合同价-预备费±调整的合同金额±索赔金额，

固定总价合同=签约合同价±索赔金额。

2）按照工期提前或延后应增加或减少的金额。

3）按照合同约定，调整合同价款应增加或减少的金额，例如单价项目按实际工程量计算的金额的增加或减少。

4）按照合同约定，因工程变更、签证、索赔计算应增加或减少的金额。

5）承包人已收到的金额以及计算发包人还应支付的金额。

6）其他主张及说明，例如质量保证金的预留和最后结清等。

【法条链接】

《中华人民共和国民法典》

第七百九十九条　建设工程竣工后，发包人应当根据施工图纸及说明书、国家颁发的施工验收规范和质量检验标准及时进行验收。验收合格的，发包人应当按照约定支付价款，并接收该建设工程。

建设工程竣工经验收合格后，方可交付使用；未经验收或者验收不合格的，不得交付使用。

《中华人民共和国建筑法》

第六十一条　交付竣工验收的建筑工程，必须符合规定的建筑工程质量标准，有完整的工程技术经济资料和经签署的工程保修书，并具备国家规定的其他竣工条件。

建筑工程竣工经验收合格后，方可交付使用；未经验收或者验收不合格的，不得交付使用。

《建设工程价款结算暂行办法》（财建〔2004〕369号）

第十四条　工程完工后，双方应按照约定的合同价款及合同价款调整内容以及索赔事项，进行工程竣工结算。

（一）工程竣工结算方式

工程竣工结算分为单位工程竣工结算、单项工程竣工结算和建设项目竣工总结算。

（二）工程竣工结算编审

1. 单位工程竣工结算由承包人编制，发包人审查；实行总承包的工程，由具体承包人编制，在总包人审查的基础上，发包人审查。

2. 单项工程竣工结算或建设项目竣工总结算由总（承）包人编制，发包人可直接进行审查，也可以委托具有相应资质的工程造价咨询机构进行审查。政府投资项目，由同级财政部门审查。单项工程竣工结算或建设项目竣工总结算经发、承包人签字盖章后有效。

承包人应在合同约定期限内完成项目竣工结算编制工作，未在规定期限内完成的并且提不出正当理由延期的，责任自负。

（三）工程竣工结算审查期限

单项工程竣工后，承包人应在提交竣工验收报告的同时，向发包人递交竣工结算报告及完整的结算资料，发包人应按以下规定时限进行核对（审查）并提出审查意见。

	工程竣工结算报告金额	审查时间
1	500 万元以下	从接到竣工结算报告和完整的竣工结算资料之日起 20 天
2	500 万元~2 000 万元	从接到竣工结算报告和完整的竣工结算资料之日起 30 天
3	2 000 万元~5 000 万元	从接到竣工结算报告和完整的竣工结算资料之日起 45 天
4	5 000 万元以上	从接到竣工结算报告和完整的竣工结算资料之日起 60 天

建设项目竣工总结算在最后一个单项工程竣工结算审查确认后 15 天内汇总，送发包人后 30 天内审查完成。

（四）工程竣工价款结算

发包人收到承包人递交的竣工结算报告及完整的结算资料后，应按本办法规定的期限（合同约定有期限的，从其约定）进行核实，给予确认或者提出修改意见。发包人根据确认的竣工结算报告向承包人支付工程竣工结算价款，保留 5% 左右的质量保证（保修）金，待工程交付使用 1 年质保期到期后清算（合同另有约定的，从其约定），质保期内如有返修，发生费用应在质量保证（保修）金内扣除。

（五）索赔价款结算

发、承包人未能按合同约定履行自己的各项义务或发生错误，给另一方造成经济损失的，由受损方按合同约定提出索赔，索赔金额按合同约定支付。

（六）合同以外零星项目工程价款结算

发包人要求承包人完成合同以外零星项目，承包人应在接受发包人要求的 7 天内就用工数量和单价、机械台班数量和单价、使用材料和金额等向发包人提出施工签证，发包人签证后施工，如发包人未签证，承包人施工后发生争议的，责任由承包人自负。

《建筑工程施工发包与承包计价管理办法》（住房城乡建设部令第16号）

第十八条　工程完工后，应当按照下列规定进行竣工结算：

（一）承包方应当在工程完工后的约定期限内提交竣工结算文件。

7.4.2　发承包双方应在合同约定时间内办理工程竣工结算，在合同工程实施过程中已经办理并确认的期中结算的价款应直接进入竣工结算。

竣工结算价可依据合同形式按照下列规定计算：

1　可调总价合同的竣工结算价=签约合同价-预备费±合同约定调整价款和索赔的金额；

2　固定总价合同的竣工结算价=签约合同价±索赔金额。

未支付的价款=竣工结算价格-已支付的合同价款。

【条文解读】

本条是关于竣工结算价如何计算的规定。

按照国务院“在工程建设领域全面推行过程结算”的要求，2017年住房城乡建设部《关于加强和改善工程造价监管的意见》（建标〔2017〕209号）提出推行工程价款过程结算制度以及《建设工程工程量清单计价规范》GB 50500—2013第11.2.6条规定：“发承包双方在合同工程实施过程中已经确认的工程计量结果和合同价款，在竣工结算办理中应直接进入结算”，2022年6月，财政部、住房城乡建设部《关于完善建设工程价款结算有关办法的通知》（财建〔2022〕183号）规定：“经双方确认的过程结算文件作为竣工结算文件的组成部分，竣工后原则上不再重复审核。”因此，本条规定：“在合同工程实施过程中已经办理并确认的期中结算的价款应直接进入竣工结算”。避免重复审核，节约社会成本。

第二段~第四段区分可调总价合同和固定总价合同分别列出竣工结算价的计算式。由于工程总承包模式采用总价合同，与施工总承包模式采用单价合同相比，竣工结算就简化多了，仅是在签约合同价的基础上根据合同约定的价款调整和索赔金额进行增减计算，大大简化了结算程序，体现了工程总承包的优势。

第五段列出了未支付合同价款的计算式。

7.4.3　除合同另有约定外，发包人应在收到承包人提交的完整的竣工结算文件后的28天内审核完毕。发包人经核实，认为承包人还需进一步补充资料和修改结算文件，应在上述时限内向承包人提出核实意见，承包人在收到核实意见后的14天内按照发包人提出的要求补充资料，修改竣工结算文件，并应再次提交给发包人复核后批准。发包人应在收到承包人再次提交的竣工结算文件后的28天内予以复核，并应将复核结果通知承包人。

【条文解读】

本条是关于竣工结算文件复核程序的规定。

竣工结算文件的提出、核对与再复核是发承包双方准确办理竣工结算的权利和责任，是由表及里、由此及彼、由粗到细的过程。核对过程中，任何无异议的部分，双方均应签字确认下来，对于有异议部分，双方应以事实、证据为依据，本着诚信、公平的原则切实缩小分歧，解决争议。

《建设工程价款结算暂行办法》第十六条规定："承包人如未在规定时间内提供完整的工程竣工结算资料，经发包人催促后14天内仍未提供或没有明确答复，发包人有权根据已有资料进行审查，责任由承包人自负"，本条规定与上述规定是一致的。

7.4.4 除合同另有约定外，发包人在收到承包人竣工结算文件后的28天内，不审核竣工结算或未提出审核意见时，应视为承包人提交的竣工结算文件已被发包人认可，竣工结算办理完毕。

承包人对发包人的核实意见有异议的，应在收到发包人提出的核实意见后的28天内提出异议；对于无异议部分，发包人应签发临时竣工付款证书，并按照合同约定完成付款；承包人逾期未提出异议的，应视为认可发包人的核实意见，竣工结算办理完毕。

【条文解读】

本条是关于发承包人未履行结算义务及其后果的规定。

本条第一段规定了发包人未在竣工结算中履行核对责任的后果。在工程建设施工阶段，工程竣工验收合格，发承包人就应当办清竣工结算。结算时，先由承包人提交竣工结算文件，由发包人核对，而有的发包人收到竣工结算文件后迟迟不予答复或根本不予答复，以达到拖欠或者不支付合同价款的目的。这种行为不仅严重侵害了承包人的合法权益，还造成了拖欠农民工工资的现象，造成严重的社会问题。为此，2004年，《最高人民法院关于审理建设工程施工合同纠纷案件适用法律问题的解释》（法释〔2004〕14号）第二十条规定："当事人约定，发包人收到竣工结算文件后，在约定期限内不予答复，视为认可竣工结算文件的，按照约定处理。承包人请求按照竣工结算文件结算工程价款的，应予支持"。2020年，在《民法典》实施后，最高人民法院梳理两次关于施工合同纠纷案件的司法解释，重新发布了新的司法解释，在第21条保留该条，仅在"应予支持"前面增加了"人民法院"。

财政部、原建设部印发的《建设工程价款结算暂行办法》（财建〔2004〕369号）第十六条规定："发包人收到竣工结算报告及完整的结算资料后，在本办法规定或合同约定期限内，对结算报告及资料没有提出意见，则视同认可。"

本条第二段规定了承包人对发包人核实意见逾期未提出异议的后果。

7.4.5 除合同另有约定外，发包人委托造价咨询人审核竣工结算时，工程造价咨询人应在收到发包人转交承包人竣工结算文件之日起28天内审核完毕，审核结论与承包人竣工结算文件不一致的，应提交给承包人复核，承包人应在14天内将同意审核结论或不同意见的说明提交工程造价咨询人，工程造价咨询人收到承包人提出的异议后，应在28天内再次复核完毕，并应将复核结果通知承包人。对于无异议部分，发包人应签发临时竣工付款证书，并按照合同约定完成付款；承包人逾期未提出书面异议的，应视为工程造价咨询人审核的竣工结算文件已被承包人认可。

【条文解读】

本条是关于工程造价咨询人受托审核结算事项的规定。

针对目前工程建设领域中工程造价咨询企业进入工程造价控制和管理，受发包人委托办理竣工结算是普遍现象这一状况，本条作了规定，并明示：承包人逾期未提出书面异议的，视为工程造价咨询人核对的竣工结算文件已被承包人认可。

7.4.6 发承包双方对竣工结算不能达成一致时，发包人应对无异议部分结算支付，有异议部分应按争议解决办法处理。

【条文解读】

本条是关于结算不能达成一致，应对无异议部分予以结算支付的规定。

7.4.7 承包人应根据办理的竣工结算文件，向发包人提交竣工结算款支付申请。除合同另有约定外，发包人应在收到承包人提交竣工结算款支付申请后7天内予以核实，并向承包人支付结算款。

【条文解读】

本条是关于竣工结算支付的规定。

7.4.8 发包人未按照合同约定支付竣工结算款的，承包人可催告发包人支付，并有权获得延迟支付的利息。利息计付标准有约定的，应按照约定处理。没有约定的，按照同期同类贷款利率或者同期贷款市场报价利率计息。

逾期56天后仍未支付的，除法律另有规定外，承包人可与发包人协商将该工程折价，也可直接向人民法院申请将该工程依法拍卖。承包人就该工程折价或拍卖的价款优先受偿。

【条文解读】

本条是关于发包人结算延期支付后果责任，承包人未按合同约定得到竣工结算价款时应采取措施的规定。

竣工结算办理完毕后，发包人应按合同约定向承包人支付合同价款。发包人按合同约定应向承包人支付而未支付的工程款视为拖欠工程款。

【法条链接】

《中华人民共和国民法典》

第八百零七条　发包人未按照约定支付价款的，承包人可以催告发包人在合理期限内支付价款。发包人逾期不支付的，除根据建设工程的性质不宜折价、拍卖外，承包人可以与发包人协议将该工程折价，也可以请求人民法院将该工程依法拍卖。建设工程的价款就该工程折价或者拍卖的价款优先受偿。

《最高人民法院关于审理建设工程施工合同纠纷案件适用法律问题的解释（一）》（法释〔2020〕25号）

第二十六条　当事人对欠付工程价款利息计付标准有约定的，按照约定处理；没有约定的，按照同期同类贷款利率或者同期贷款市场报价利率计息。

第二十七条　利息从应付工程价款之日开始计付。当事人对付款时间没有约定或者约定不明的，下列时间视为应付款时间：

（一）建设工程已实际交付的，为交付之日；

（二）建设工程没有交付的，为提交竣工结算文件之日；

（三）建设工程未交付，工程价款也未结算的，为当事人起诉之日。

第三十五条　与发包人订立建设工程施工合同的承包人，依据民法典第八百零七条的规定请求其承建工程的价款就工程折价或者拍卖的价款优先受偿的，人民法院应予支持。

第三十六条　承包人根据民法典第八百零七条规定享有的建设工程价款优先受偿权优于抵押权和其他债权。

第三十七条　装饰装修工程具备折价或者拍卖条件，装饰装修工程的承包人请求工程价款就该装饰装修工程折价或者拍卖的价款优先受偿的，人民法院应予支持。

第三十八条　建设工程质量合格，承包人请求其承建工程的价款就工程折价或者拍卖的价款优先受偿的，人民法院应予支持。

第三十九条　未竣工的建设工程质量合格，承包人请求其承建工程的价款就其承建工程部分折价或者拍卖的价款优先受偿的，人民法院应予支持。

第四十条　承包人建设工程价款优先受偿的范围依照国务院有关行政主管部门关于建设工程价款范围的规定确定。

承包人就逾期支付建设工程价款的利息、违约金、损害赔偿金等主张优先受偿的，人民法院不予支持。

第四十一条 承包人应当在合理期限内行使建设工程价款优先受偿权，但最长不得超过十八个月，自发包人应当给付建设工程价款之日起算。

第四十二条 发包人与承包人约定放弃或者限制建设工程价款优先受偿权，损害建筑工人利益，发包人根据该约定主张承包人不享有建设工程价款优先受偿权的，人民法院不予支持。

7.5 质量保证金

【概述】

《建设工程质量保证金管理办法》（建质〔2017〕138号）规定："建设工程质量保证金是指发包人与承包人在建设工程承包合同中约定，从应付的工程款中预留，用以保证承包人在缺陷责任期内对建设工程出现的缺陷进行维修的资金。/缺陷是指建设工程质量不符合工程建设强制性标准、设计文件以及承包合同的约定。/缺陷责任期一般为1年，最长不超过2年。由发承包双方在合同中约定。"《建筑法》第六十二条规定："建筑工程实行质量保修制度"，并规定保修范围，并在第七十条规定了不履行保修义务或拖延履行保修义务的处罚及其承担损失赔偿责任的范围。《建设工程质量管理条例》第三十九条规定："建设工程实行质量保修制度"，并在第四十条规定了正常使用条件下，建设工程最低保修期限，保修期自竣工验收合格之日起计算，在第六十六条规定了不履行保修义务的处罚。但上述两文件均未提及缺陷责任期，也未规定质量保修金。

缺陷责任期在我国的采用受到了FIDIC合同条件的很大影响，而FIDIC合同中的缺陷责任期的定义又来自英式合同，在普通法系下，缺陷责任期满后才开始法定的潜伏责任期，但在我国，缺陷责任期与质量保修期的起始时间都是实际竣工日期，因此就产生了缺陷责任期与保修期的期限重叠，并在有时二者混用，这一点是发承包双方在合同中约定时需要注意的。由于质量保证金是合同价款结算支付的内容之一，本节因此作了规定。

7.5.1 承包人应按照合同约定提供质量保证金，保证金可采用下列方式：

1 质量保证金银行保函；

2 相应比例的工程款；

3 工程质量保证担保；

4 工程质量保险；

5 双方约定的其他方式。

【条文解读】

本条是关于质量保证金方式的规定。

按照住房城乡建设部、财政部《建设工程质量保证金管理办法》（建质〔2017〕138号）的规定，质量保证金可采用银行保函、预留保证金、工程质量保证担保、工程质量保险，但为了提高资金的使用效率，采用工程质量保证担保或工程质量保险的方式较好。

【法条链接】

《建设工程质量保证金管理办法》（建质〔2017〕138号）

第三条　发包人应当在招标文件中明确保证金预留、返还等内容，并与承包人在合同条款中对涉及保证金的下列事项进行约定：

（一）保证金预留、返还方式；

（二）保证金预留比例、期限；

（三）保证金是否计付利息，如计付利息，利息的计算方式；

（四）缺陷责任期的期限及计算方式；

（五）保证金预留、返还及工程维修质量、费用等争议的处理程序；

（六）缺陷责任期内出现缺陷的索赔方式；

（七）逾期返还保证金的违约金支付办法及违约责任。

第五条　推行银行保函制度，承包人可以银行保函替代预留保证金。

第六条　在工程项目竣工前，已经缴纳履约保证金的，发包人不得同时预留工程质量保证金。

采用工程质量保证担保、工程质量保险等其他保证方式的，发包人不得再预留保证金。

第七条　发包人应按照合同约定方式预留保证金，保证金总预留比例不得高于工程价款结算总额的3%。合同约定由承包人以银行保函替代预留保证金的，保函金额不得高于工程价款结算总额的3%。

7.5.2　缺陷责任期内，承包人未按照合同约定履行属于自身责任的工程缺陷的修复义务的，发包人有权从质量保证金中扣除用于缺陷修复的各项支出。

【条文解读】

本条是关于承包人不履行自身责任造成的质量缺陷修复义务及其后果的规定。

按照住房城乡建设部、财政部《建设工程质量保证金管理办法》（建质〔2017〕138号）第九条规定："缺陷责任期内，由承包人原因造成的缺陷，承包人应负责维修，并承担鉴定及维修费用。如承包人不维修也不承担费用，发包人可按合同约定从保证金或银行保函中扣除，费用超出保证金额的，发包人可按合同约定向承包人进行索赔。承包人维修并承担相应费用后，不免除对工程的损失赔偿责任。"

7.5.3 在合同约定的缺陷责任期终止后，发包人应按照合同约定，将剩余的质量保证金返还给承包人。剩余质量保证金的返还，并不能免除承包人按照法律法规规定和（或）合同约定应承担的质量保修责任和应履行的质量保修义务。

【条文解读】

本条是关于退还剩余质量保证金的规定。

按照住房城乡建设部、财政部《建设工程质量保证金管理办法》（建质〔2017〕138号）第十一条规定："发包人在接到承包人返还保证金申请后，应于14天内会同承包人按照合同约定的内容进行核实。如无异议，发包人应当按照约定将保证金返还给承包人。对返还期限没有约定或者约定不明确的，发包人应当在核实后14天内将保证金返还承包人，逾期未返还的，依法承担违约责任。发包人在接到承包人返还保证金申请后14天内不予答复，经催告后14天内仍不予答复，视同认可承包人的返还保证金申请。"

【法条链接】

《最高人民法院关于审理建设工程施工合同纠纷案件适用法律问题的解释（一）》（法释〔2020〕25号）

第十七条 有下列情形之一，承包人请求发包人返还工程质量保证金的，人民法院应予支持：

（一）当事人约定的工程质量保证金返还期限届满；

（二）当事人未约定工程质量保证金返还期限的，自建设工程通过竣工验收之日起满二年；

（三）因发包人原因建设工程未按约定期限进行竣工验收的，自承包人提交工程竣工验收报告九十日后当事人约定的工程质量保证金返还期限届满；当事人未约定工程质量保证金返还期限的，自承包人提交工程竣工验收报告九十日后起满二年。

发包人返还工程质量保证金后，不影响承包人根据合同约定或者法律规定履行工程保修义务。

《建设工程质量保证金管理办法》（建质〔2017〕138号）

第八条 缺陷责任期从工程通过竣工验收之日起计。由于承包人原因导致工程无法按规定期限进行竣工验收的，缺陷责任期从实际通过竣工验收之日起计。由于发包人原因导致工程无法按规定期限进行竣工验收的，在承包人提交竣工验收报告90天后，工程自动进入缺陷责任期。

第九条　缺陷责任期内，由承包人原因造成的缺陷，承包人应负责维修，并承担鉴定及维修费用。如承包人不维修也不承担费用，发包人可按合同约定从保证金或银行保函中扣除，费用超出保证金额的，发包人可按合同约定向承包人进行索赔。承包人维修并承担相应费用后，不免除对工程的损失赔偿责任。

由他人原因造成的缺陷，发包人负责组织维修，承包人不承担费用，且发包人不得从保证金中扣除费用。

第十条　缺陷责任期内，承包人认真履行合同约定的责任，到期后，承包人向发包人申请返还保证金。

第十一条　发包人在接到承包人返还保证金申请后，应于14天内会同承包人按照合同约定的内容进行核实。如无异议，发包人应当按照约定将保证金返还给承包人。对返还期限没有约定或者约定不明确的，发包人应当在核实后14天内将保证金返还承包人，逾期未返还的，依法承担违约责任。发包人在接到承包人返还保证金申请后14天内不予答复，经催告后14天内仍不予答复，视同认可承包人的返还保证金申请。

7.6 最终结清

【概述】

最终结清工作是发承包双方在履行合同中需要共同完成的一项工作，其主要工作范围是在承包人缺陷责任期满后就该项目质量保证金，发生的维修费用等款项进行的结算与支付，本节对此作了规定。

7.6.1　缺陷责任期终止后，承包人应按照合同约定的期限向发包人提交最终结清支付申请。发包人对最终结清支付申请有异议的，有权要求承包人进行修正和提供补充资料。承包人修正后，应再次向发包人提交修正后的最终结清支付申请。

【条文解读】

本条规定了承包人提出最终结清支付申请的要求。

缺陷责任期终止后，承包人已完成合同约定的全部承包工作，但合同工程的财务账目需要结清，所以，承包人应向发包人提交最终结清支付申请。发包人对最终结清支付申请有异议的，有权要求承包人进行修正和提供补充资料。承包人修正后，应再次向发包人提交修正后的最终结清支付申请。

7.6.2　除合同另有约定外，发包人应在收到最终结清支付申请后的14天内予以核实，向承包人支付最终结清款。

【条文解读】

本条是关于发包人核实最终结清支付申请的规定。

7.6.3 若发包人未在合同约定的时间内核实，又未提出具体意见的，视为承包人提交的最终结清支付申请已被发包人认可。

【条文解读】

本条是关于发包人未按约定核实最终结清支付申请的责任规定。

7.6.4 发包人未按期最终结清支付的，承包人可催告发包人支付，并有权获得延迟支付的利息。

【条文解读】

本条是关于发包人未按期结清支付的后果的规定。

【法条链接】

《最高人民法院关于审理建设工程施工合同纠纷案件适用法律问题的解释（一）》（法释〔2020〕25号）

第二十六条 当事人对欠付工程价款利息计付标准有约定的，按照约定处理。没有约定的，按照同期同类贷款利率或者同期贷款市场报价利率计息。

7.6.5 承包人对发包人支付的最终结清款有异议的，应按照合同约定的争议解决方式处理。

【条文解读】

本条是关于最终结清异议的解决方式的规定。

8 合同解除的结算与支付

【概述】

合同解除不是合同履行的常态，为了限制合同解除权的行使，法律规定了合同解除制度，即合意（协议）解除、约定解除和法定解除。《民法典》第五百六十二条规定："当事人协商一致，可以解除合同。/当事人可以约定一方解除合同的事由。解除合同的事由发生时，解除权人可以解除合同。"即合同可以由当事人协议（即合意）或约定解除。《民法典》第五百六十三条规定了合同的法定解除的5种情形，并在第二款规定："以持续履行的债务为内容的不定期合同，当事人可以随时解除合同，但是应当在合理期限之前通知对方。"即合同的法定解除。从性质上看，当事人通过协商或约定解除均是合同自由原则的体现，是意思自治原则的应有之义，当事人有权订立合同，亦有权解除合同。而法定解除则指合同生效后未履行完毕前，当事人在法律规定的解除事由出现时，通过行使解除权而使合同关系归于消灭。判断合同法定解除的标准是"不能实现合同目的"，即是合同法定解除的实质性条件。合同的法定解除与约定解除的不同之处在于法定解除的事由由法律直接规定，只要发生法律规定的具体情形，当事人即可主张解除合同，而无须征得对方当事人的同意。而约定解除的事由则完全依当事人意思自治。相对约定解除，法定解除赋予当事人单方解除合同的权利，因而需要由法律明确规定解除合同的正当理由以示慎重。即没有法律明确规定，当事人一方无权单方解除合同。

鉴于建设工程合同的特性，解除工程合同对发承包双方来讲，损失都很大，为了防止社会资源浪费，因此，除了协议或约定解除，法律不赋予发承包人享有任意单方解除权，对于建设工程合同履行而言，只要发包人"未按约定支付工程价款"，且在催告后未履行，无论承包人能否施工，都可以解除合同。在此，实际上加大了对承包人合法利益的保护，加重了发包人违约的法律责任。《民法典》第五百六十三条规定了法定解除合同的情形，发承包双方可以援引该条文解除合同。

既然工程合同除协议或约定解除外，是一个合法有效合同的非常态解除，就存在对合同解除后相关事项的处理问题。《民法典》第五百六十六条规定："合同解除后，尚未履行的，终止履行；已经履行的，根据履行情况和合同性质，当事人可以请求恢复原状或者采取其他补救措施，并有权请求赔偿损失。/合同因违约解除的，解除权人可以请求违约方承担违约责任，但是当事人另有约定的除外。"《民法典》第五百六十七条规定："合同的权利义务关系终止，不影响合同中结算和清理条款的效力。"本章就此对不同条件下合同解除后的结算与支付作出了指引。

8.1 一般规定

【概述】

本节针对合同解除后的一些共性问题作了规定，明确了合同解除后发承包应注意的一些事项及其处理。

8.1.1 工程总承包合同解除后，发承包双方应保护现场，及时采取下列措施做好清点与结算工作：

1 清点已完成的勘察和设计工作以及总承包其他费的应付价款；

2 清点已完成的里程碑节点以及相邻里程碑节点之间的工程部位、测量工程量；

3 清点施工现场人员、材料、设备、施工机械数量以及采购合同；

4 核对工程变更、工程签证、索赔所涉及的有关资料；

5 将清点结果汇总造册，发承包双方签认；

6 按照合同约定或本规范第8.2节~第8.4节的规定办理结算与支付。

【条文解读】

本条是关于工程总承包合同解除后，应采取措施的规定。

工程合同解除后，无论是协议解除、约定解除还是法定解除，发承包双方都存在着对已完工程的工程量进行清算，对已由承包人采购用于合同工程的材料、设备等进行交接等事宜。对于上述工作，发承包双方协议解除合同时，有可能一切都能协商好，而不发生争议。但对于约定解除或法定解除合同，发承包双方发生不同看法，产生争议的可能性就很大。因此，本条规定，发承包双方应保护现场，采取措施做好清点工作，避免发生争议。

8.1.2 发承包双方不能一致做好清点工作的，任一方均应做好单方清点工作，必要时应采取拍照、摄像等方式留取证据材料。

【条文解读】

本条是关于发承包双方不能达成一致，任一方均应做好清点工作的规定。

工程实践中存在合同解除后，发承包双方不能达成共同做好清点工作的现象时有发生，这对后续合同价款的结算造成困扰，导致合同纠纷案件的发生。因此，为减少这一状况的负面影响，本条规定在发承包双方不能共同一致做好清点工作的前提下，任一方均应单方做好清点工作，采取拍照、摄像等有效方式留取证据材料，避免现场破坏后双方的争议扩大，以便减轻合同纠纷案件的处理难度。

8.1.3 发承包双方办理结算合同价款支付时，应扣除发包人应向承包人收回的价款，应扣除的金额超过了应支付的金额，承包人应在结算办理后7天内将其差额退还给发包人；扣除后剩余的结算金额发包人应在结算办理后7天内向承包人支付。

【条文解读】

本条是关于合同解除后发承包双方结算金额支付的规定。

8.1.4 发承包双方不能就解除合同后的清点与结算达成一致的，应按照合同约定的争议解决方式处理。

【条文解读】

本条是关于合同解除后双方不能就结算达成一致的处理方式的规定。

8.2 协议解除合同后的结算与支付

【概述】

发承包双方达成一致协议解除工程合同的，表现了双方的意思自治。

8.2.1 发承包双方协商一致解除工程总承包合同的，应按照达成的协议办理终止结算并支付结算价款。

【条文解读】

本条是关于协商解除合同发承包双方结算的规定。

8.2.2 发承包双方虽对解除合同达成一致，但对合同解除后的终止结算发生争议时，应按照合同约定的争议解决方式处理。

【条文解读】

本条是关于协商解除合同后，发承包双方就结算发生争议的处理的规定。

8.3 违约解除合同后的结算与支付

【概述】

因违约解除合同，应区分发承包双方之间的违约责任办理结算，这对发承包双方都是有区别的，本节就此作了原则规定。

8.3.1 因承包人违约导致合同解除的，发包人应暂停向承包人支付任何价款。除合同另有约定外，发承包双方应在合同解除后28天内，清点合同解除时承包人已完成的合同工作并办理结算，结算应包括下列内容：

1 已完成的勘察设计等总承包其他工作的价款；

2 已完成的里程碑节点及相邻里程碑节点之间的工程合同价款；

3 按工程进度计划已运至现场的材料和设备的价款；

4 工程签证、发包人索赔的金额；

5 按合同约定核算承包人应支付的违约金以及给发包人造成损失的赔偿金额；

6 其他应由承包人承担的费用。

【条文解读】

本条是关于因承包人违约导致合同解除，发承包双方办理结算的规定。

按照《民法典》第五百六十三条和第八百零六条规定，在承包人违约致使合同目的无法实现时，发包人可以解除合同，并由承包人承担相应的违约责任。合同解除后，发承包双方应及时核对已完成工程量以及各项应付款项，对工程有关的材料、设备以及工程本身的移交进行妥善处理。避免双方再就此发生争议，便于工程后续施工的顺利衔接。

【法条链接】

《中华人民共和国民法典》

第五百六十三条 有下列情形之一的，当事人可以解除合同：

（一）因不可抗力致使不能实现合同目的；

（二）在履行期限届满前，当事人一方明确表示或者以自己的行为表明不履行主要债务；

（三）当事人一方迟延履行主要债务，经催告后在合理期限内仍未履行；

（四）当事人一方迟延履行债务或者有其他违约行为致使不能实现合同目的；

（五）法律规定的其他情形。

以持续履行的债务为内容的不定期合同，当事人可以随时解除合同，但是应当在合理期限之前通知对方。

第五百六十五条 当事人一方依法主张解除合同的，应当通知对方。合同自通知到达对方时解除；通知载明债务人在一定期限内不履行债务则合同自动解除，债务人在该期限内未履行债务的，合同自通知载明的期限届满时解除。对方对解除合同有异议的，任何一方当事人均可以请求人民法院或者仲裁机构确认解除行为的效力。

当事人一方未通知对方，直接以提起诉讼或者申请仲裁的方式依法主张解除合同，人民法院或者仲裁机构确认该主张的，合同自起诉状副本或者仲裁申请书副本送达对方时解除。

第五百六十六条　合同解除后，尚未履行的，终止履行；已经履行的，根据履行情况和合同性质，当事人可以请求恢复原状或者采取其他补救措施，并有权请求赔偿损失。

合同因违约解除的，解除权人可以请求违约方承担违约责任，但是当事人另有约定的除外。

主合同解除后，担保人对债务人应当承担的民事责任仍应当承担担保责任，但是担保合同另有约定的除外。

第五百六十七条　合同的权利义务关系终止，不影响合同中结算和清理条款的效力。

第五百九十一条　当事人一方违约后，对方应当采取适当措施防止损失的扩大；没有采取适当措施致使损失扩大的，不得就扩大的损失请求赔偿。

当事人因防止损失扩大而支出的合理费用，由违约方负担。

第五百九十二条　当事人都违反合同的，应当各自承担相应的责任。

当事人一方违约造成对方损失，对方对损失的发生有过错的，可以减少相应的损失赔偿额。

第八百零六条　承包人将建设工程转包、违法分包的，发包人可以解除合同。

发包人提供的主要建筑材料、建筑构配件和设备不符合强制性标准或者不履行协助义务，致使承包人无法施工，经催告后在合理期限内仍未履行相应义务的，承包人可以解除合同。

合同解除后，已经完成的建设工程质量合格的，发包人应当按照约定支付相应的工程价款；已经完成的建设工程质量不合格的，参照本法第七百九十三条的规定处理。

《中华人民共和国标准设计施工总承包招标文件》（2012年版）

第四章　第一节　通用合同条款

22.1.4　发包人发出合同解除通知后的估价、付款和结清

（1）承包人收到发包人解除合同通知后28天内，监理人按第3.5款商定或确定承包人实际完成工作的价值，包括发包人扣留承包人的材料、设备及临时设施和承包人已提供的设计、材料、施工设备、工程设备、临时工程等的价值。

（2）发包人发出解除合同通知后，发包人有权暂停对承包人的一切付款，查清各项付款和已扣款金额，包括承包人应支付的违约金。

（3）发包人发出解除合同通知后，发包人有权按第23.4款的约定向承包人索赔由于解除合同给发包人造成的损失。

（4）合同双方确认合同价款后，发包人颁发最终结清付款证书，并结清全部合同

款项。

(5) 发包人和承包人未能就解除合同后的结清达成一致而形成争议的，按第24条的约定执行。

《建设项目工程总承包合同（示范文本）》GF-2020-0216

16.1.3 因承包人违约解除合同后的估价、付款和结算

因承包人原因导致合同解除的，则合同当事人应在合同解除后28天内完成估价、付款和清算，并按以下约定执行：

(1) 合同解除后，按第3.6款［商定或确定］商定或确定承包人实际完成工作对应的合同价款，以及承包人已提供的材料、工程设备、施工设备和临时工程等的价值；

(2) 合同解除后，承包人应支付的违约金；

(3) 合同解除后，因解除合同给发包人造成的损失；

(4) 合同解除后，承包人应按照发包人的指示完成现场的清理和撤离；

(5) 发包人和承包人应在合同解除后进行清算，出具最终结清付款证书，结清全部款项。

因承包人违约解除合同的，发包人有权暂停对承包人的付款，查清各项付款和已扣款项，发包人和承包人未能就合同解除后的清算和款项支付达成一致的，按照第20条［争议解决］的约定处理。

8.3.2 因发包人违约导致合同解除的，除合同另有约定外，发承包双方应在28天内清点核实合同解除时承包人已完成的合同工作并办理结算，结算应包括下列内容：

1 已完成的勘察设计等总承包其他工作的价款；

2 已完成的里程碑节点及相邻里程碑节点之间的工程合同价款；

3 承包人为本工程订购并已付款或外包加工定制的材料、设备和其他物品的价款，以及因本工程合同解除造成的损失（如承包人已签订采购合同但还未付款，如撤销合同应付的违约金）；

4 工程签证，承包人索赔的金额；

5 按合同约定核算发包人应支付的违约金以及给承包人造成损失的赔偿金额；

6 承包人员工、机械设备撤离现场及遣散承包人员工的费用；

7 其他应由发包人承担的费用。如工程停工后直至移交给发包人，由承包人负责的工地安全保卫，仓库看管等员工的费用；承包人主张合同解除后应由发包人给予合理的费用及预期利润等。

【条文解读】

本条是关于因发包人违约导致合同解除，发承包双方办理结算的规定。

按照《民法典》第五百六十三条第二款~第四款、第八百零六条的规定，在发包人违约导致合同目的无法实现时，承包人可以解除合同，合同解除后，发承包双方应及时核对已完成工程量以及各项应付款项，尤其是承包人应及时统计各项应计价款，并准备相应的证明材料。

《民法典》第八百零四条规定："因发包人的原因致使工程中途停建、缓建的，发包人应当采取措施弥补或者减少损失，赔偿承包人因此造成的停工、窝工、倒运、机械设备调迁、材料和构件积压等损失和实际费用。"《民法典》第五百九十一条规定："当事人一方违约后，对方应当采取适当措施防止损失的扩大；没有采取适当措施致使损失扩大的，不得就扩大的损失要求赔偿。/当事人因防止损失扩大而支出的合理费用，由违约方承担。"

《民法典》第八百零六条规定："合同解除后，已经完成的建设工程质量合格的，发包人应当按照约定支付相应的工程价款；已经完成的建设工程质量不合格的，参照本法第七百九十三条的规定处理。"

《民法典》第五百九十二条规定："当事人都违反合同的，应当各自承担相应的责任。/当事人一方违约造成对方损失，对方对损失的发生有过错的，可以减少相应的损失赔偿额。"当事人都违反合同的，应当各自承担相应的责任。另外，承包人应就工程有关的材料、设备以及工程本身的移交和照管进行妥善处理，避免造成新的损失，导致双方就此产生纠纷，便于工程后续施工的顺利衔接。

【法条链接】

《中华人民共和国民法典》

第五百六十三条　有下列情形之一的，当事人可以解除合同：

（一）因不可抗力致使不能实现合同目的；

（二）在履行期限届满前，当事人一方明确表示或者以自己的行为表明不履行主要债务；

（三）当事人一方迟延履行主要债务，经催告后在合理期限内仍未履行；

（四）当事人一方迟延履行债务或者有其他违约行为致使不能实现合同目的；

（五）法律规定的其他情形。

以持续履行的债务为内容的不定期合同，当事人可以随时解除合同，但是应当在合理期限之前通知对方。

第五百六十五条　当事人一方依法主张解除合同的，应当通知对方。合同自通知到达对方时解除；通知载明债务人在一定期限内不履行债务则合同自动解除，债务人在该期限内未履行债务的，合同自通知载明的期限届满时解除。对方对解除合同有异议的，任何一方当事人均可以请求人民法院或者仲裁机构确认解除行为的效力。

第五百六十六条　合同解除后，尚未履行的，终止履行；已经履行的，根据履行情况和合同性质，当事人可以请求恢复原状或者采取其他补救措施，并有权请求赔偿损失。

合同因违约解除的，解除权人可以请求违约方承担违约责任，但是当事人另有约定的除外。

主合同解除后，担保人对债务人应当承担的民事责任仍应当承担担保责任，但是担保合同另有约定的除外。

第五百六十七条　合同的权利义务关系终止，不影响合同中结算和清理条款的效力。

第五百九十一条　当事人一方违约后，对方应当采取适当措施防止损失的扩大；没有采取适当措施致使损失扩大的，不得就扩大的损失请求赔偿。

当事人因防止损失扩大而支出的合理费用，由违约方负担。

第五百九十二条　当事人都违反合同的，应当各自承担相应的责任。

当事人一方违约造成对方损失，对方对损失的发生有过错的，可以减少相应的损失赔偿额。

第八百零四条　因发包人的原因致使工程中途停建、缓建的，发包人应当采取措施弥补或者减少损失，赔偿承包人因此造成的停工、窝工、倒运、机械设备调迁、材料和构件积压等损失和实际费用。

第八百零六条　承包人将建设工程转包、违法分包的，发包人可以解除合同。

发包人提供的主要建筑材料、建筑构配件和设备不符合强制性标准或者不履行协助义务，致使承包人无法施工，经催告后在合理期限内仍未履行相应义务的，承包人可以解除合同。

合同解除后，已经完成的建设工程质量合格的，发包人应当按照约定支付相应的工程价款；已经完成的建设工程质量不合格的，参照本法第七百九十三条的规定处理。

《中华人民共和国标准设计施工总承包招标文件》(2012年版)

第四节章　第一节　通用合同条款

22.2.3　解除合同后的付款

因发包人违约解除合同的，发包人应在解除合同后28天内向承包人支付下列款项，承包人应在此期限内及时向发包人提交要求支付下列金额的有关资料和凭证：

(1) 承包人发出解除合同通知前所完成工作的价款；

(2) 承包人为该工程施工订购并已付款的材料、工程设备和其他物品的金额。发包人付款后，该材料、工程设备和其他物品归发包人所有；

(3) 承包人为完成工程所发生的，而发包人未支付的金额；

(4) 承包人撤离施工场地以及遣散承包人人员的金额；

(5) 因解除合同造成的承包人损失；

(6) 按合同约定在承包人发出解除合同通知前应支付给承包人的其他金额。

发包人应按本项约定支付上述金额并退还质量保证金和履约担保，但有权要求承包人支付应偿还给发包人的各项金额。

《建设项目工程总承包合同（示范文本）》GF-2020-0216

16.2.3 因发包人违约解除合同后的付款

承包人按照本款约定解除合同的，发包人应在解除合同后28天内支付下列款项，并退还履约担保：

(1) 合同解除前所完成工作的价款；

(2) 承包人为工程施工订购并已付款的材料、工程设备和其他物品的价款；发包人付款后，该材料、工程设备和其他物品归发包人所有；

(3) 承包人为完成工程所发生的，而发包人未支付的金额；

(4) 承包人撤离施工现场以及遣散承包人人员的款项；

(5) 按照合同约定在合同解除前应支付的违约金；

(6) 按照合同约定应当支付给承包人的其他款项；

(7) 按照合同约定应返还的质量保证金；

(8) 因解除合同给承包人造成的损失。

承包人应妥善做好已完工程和与工程有关的已购材料、工程设备的保护和移交工作，并将施工设备和人员撤出施工现场，发包人应为承包人撤出提供必要条件。

8.4 因不可抗力解除合同后的结算与支付

【概述】

因不可抗力解除合同属于法定解除合同的范畴，发承包双方的结算也有别于违约解除，本节据此作了规定。

8.4.1 由于不可抗力致使合同无法履行而解除合同的，发承包双方应办理清点与结算。除合同另有约定外，结算应包括下列内容：

1 已完成的勘察设计等总承包其他工作的价款；

2 已完成的里程碑节点及相邻里程碑节点之间的工程合同价款；

3 本规范第6.5.1条规定的由发包人承担的费用；

4 承包人为本工程订购并已付款或外包加工定制的材料、设备和其他物品的价款，以及发包人指示承包人退货或解除订货合同而产生的费用，或因不能退货或解除合同而产生的损失；

5 承包人撤离现场所需的合理费用，包括员工遣送费和临时工程拆除、施工设备运离现场的费用；

6 承包人为完成合同工程而预期开支的其他合理费用，且该项费用未包括在其他各项支付之内。

【条文解读】

本条是关于因不可抗力解除合同双方办理结算的规定。

《民法典》第五百六十三条规定，因不可抗力致使不能实现合同目的，当事人可以解除合同。因不可抗力导致合同解除的落脚点在于“不能实现合同目的”，而非“不可抗力”。不可抗力或暂时阻碍合同履行，或影响合同部分内容的履行，但只有在因不可抗力达到“不能实现合同目的”的程度时，当事人才能解除合同。《合同法》因不可抗力不能履行合同包括了三种情形：一是合同全部不能履行；二是合同部分不能履行；三是合同一时不能履行或延迟履行。如 5·12 汶川地震就造成了一些工程停建，合同全部不能履行，只能解除合同；有的工程减少建设规模，合同部分不能履行；2020 年新冠肺炎疫情，造成了很多工程合同的延迟履行。

合同解除后发包人对于承包人已完工程应当支付，但是工程的质量必须经发包人验收合格；对于承包人已经购买的材料、设备或者正在交付的材料、设备是为了实施本工程所需，所以发包人同样应当向承包人承担上述材料、设备的款项。同理，发包人要求退货或解除订货合同而产生的费用或因不能退货或解除合同而产生的损失，均是由实施发包人的工程产生，应当由发包人承担，承包人撤离现场以及遣散承包人员工的费用，应当由发包人承担。

【法条链接】

《中华人民共和国民法典》

第一百八十条 因不可抗力不能履行民事义务的，不承担民事责任。法律另有规定的，依照其规定。

不可抗力是不能预见、不能避免且不能克服的客观情况。

第五百六十三条 有下列情形之一的，当事人可以解除合同：

（一）因不可抗力致使不能实现合同目的；

（二）在履行期限届满前，当事人一方明确表示或者以自己的行为表明不履行主要债务；

（三）当事人一方迟延履行主要债务，经催告后在合理期限内仍未履行；

（四）当事人一方迟延履行债务或者有其他违约行为致使不能实现合同目的；

（五）法律规定的其他情形。

以持续履行的债务为内容的不定期合同，当事人可以随时解除合同，但是应当在合理期限之前通知对方。

第五百九十条　当事人一方因不可抗力不能履行合同的，根据不可抗力的影响，部分或者全部免除责任，但是法律另有规定的除外。因不可抗力不能履行合同的，应当及时通知对方，以减轻可能给对方造成的损失，并应当在合理期限内提供证明。

当事人迟延履行后发生不可抗力的，不免除其违约责任。

《建设项目工程总承包合同（示范文本）》GF-2020-0216

17.6　因不可抗力解除合同

因单次不可抗力导致合同无法履行连续超过84天或累计超过140天的，发包人和承包人均有权解除合同。合同解除后，承包人应按照第10.5款［竣工退场］的规定进行。由双方当事人按照第3.6款［商定或确定］商定或确定发包人应支付的款项，该款项包括：

（1）合同解除前承包人已完成工作的价款；

（2）承包人为工程订购的并已交付给承包人，或承包人有责任接受交付的材料、工程设备和其他物品的价款；当发包人支付上述费用后，此项材料、工程设备与其他物品应成为发包人的财产，承包人应将其交由发包人处理；

（3）发包人指示承包人退货或解除订货合同而产生的费用，或因不能退货或解除合同而产生的损失；

（4）承包人撤离施工现场以及遣散承包人人员的费用；

（5）按照合同约定在合同解除前应支付给承包人的其他款项；

（6）扣减承包人按照合同约定应向发包人支付的款项；

（7）双方商定或确定的其他款项。

除专用合同条件另有约定外，合同解除后，发包人应当在商定或确定上述款项后28天内完成上述款项的支付。

9　合同价款与工期争议的解决

【概述】

由于建设工程具有建造周期长、不确定因素多等特点，在工程合同履行过程中出现争议也是难免的。因此，发承包双方发生争议后，可以进行协商和解从而达到消除争议的目的；也可以请第三方调解从而达到定争止纷的目的；若争议继续存在，双方可以继续通过司法途径解决，当然，也可以直接进入仲裁或诉讼解决争议。但是，不论采用何种方式，只有及时并有效的解决实施过程中的合同价款争议，避免争议扩大，避免工期延长或工程停工，才是工程建设顺利进行的必要保证。因此，立足把争议解决在萌芽状态，或尽可能在争议前期过程中予以解决对发承包双方实现合同目的较为理想。

9.1　暂　　定

【概述】

从现行工程总承包合同范本以及监理合同、造价咨询合同范本的内容来看，合同中一般会对监理工程师或造价工程师在合同履行过程中对发承包双方有争议时如何处理有所约定。因此，本节规定了合同约定的监理工程师或造价工程师，对有关合同价款争议处理和暂定结果的时限以及发承包双方或一方不同意监理工程师或造价工程师对合同价款争议处理暂定结果的解决办法，以求推动争议在施工过程中就能够由监理工程师或造价工程师予以解决。

9.1.1　若发包人和承包人之间就工程进度、进度款结算与支付、工程变更、签证与索赔、价款与工期调整等发生争议，应首先根据合同约定，提交合同约定职责范围内的工程师解决，并抄送另一方。工程师在收到此件后14天内应将暂定结果通知发包人和承包人，发承包双方对暂定结果可按下列规定处理：

1　发承包双方对暂定结果认可的，应以书面形式予以确认，暂定结果成为最终决定；

2　发承包双方在收到工程师的暂定结果通知之后的14天内未对暂定结果予以确认也未提出不同意见的，应视为发承包双方已认可该暂定结果；

3　发承包双方或一方不同意暂定结果的，应以书面形式向工程师提出，说明理由和自己认为正确的结果，同时抄送另一方，此时该暂定结果成为争议。

【条文解读】

本条是关于发承包双方发生争议首先由工程师解决的规定。

本条提出的工程师泛指发包人负责管理合同工程的现场代表，或其委托的第三方机构派驻管理合同工程并经发包人同意的监理工程师、造价工程师。

本条包括三个方面：一是发包人和承包人就价款、工期等的争议，首先应根据合同约定，提交工程师解决，并抄送另一方；二是工程师应在收到后 14 天内将暂定的处理结果通知发承包双方；三是发承包双方对暂定结果的三种处理方式：①书面确认，暂定成为最终决定。②双方在 14 天内未确认也未提出异议，视为认可。③双方或一方书面不同意，暂定结果成为争议。

9.1.2 在暂定结果对发承包双方履约不产生实质影响的前提下，发承包双方应实施该结果，直到按照发承包双方认可的争议解决办法改变暂定结果为止，由此导致承包人增加的费用和延误的工期应由责任方承担。

【条文解读】

本条是关于暂定结果实施及其后果责任的规定。

本条规定包含了两层含义：一是在发承包双方或一方对暂定结果有异议的情况下，只要对履约不产生实质性影响，发承包双方应按该暂定结果执行，直到按照合同约定或双方认可的争议解决办法改变了该暂定结果时为止，其主要考量是继续实施该工程不至于导致停工、造成损失；二是争议的暂定结果被双方认可的解决办法改变以后，导致的费用增加或工期延误分清责任后，由负有责任的发包人或承包人分别承担。

9.2 协商和解

【概述】

和解是指平息纷争，重归于好。其基因是植根于中华传统文化的“和”“和合”“和谐”“和为贵”。当事人通过协商，达到双方都可以接受的结果，从争议走向新的“和谐”，体现了中华传统文化的精髓和中华民族解决纠纷的智慧。在法律上和解指当事人在平等的基础上相互协商、互谅互让，进而对纠纷的解决达成协议的活动。和解又分为诉外和解和诉后和解。诉外和解指争议事件当事人约定互相让步，不经诉讼平息纷争，重归于好。诉后和解指争议事件当事人为处理和结束诉讼达成解决争议问题的协议。其结果是撤回诉讼或中止诉讼。

9.2.1 合同争议发生后，发承包双方应首先选择协商和解，发承包双方任何时候都可进行协商，协商达成一致的，双方应签订书面和解协议，和解协议对发承包双方均有约束力。

【条文解读】

本条是关于发承包双方和解的规定。

【法条链接】

《中华人民共和国民事诉讼法》

第五十三条　双方当事人可以自行和解。

9.2.2　协商不能达成一致的，发包人或承包人均可选择合同约定的其他方式解决争议。

【条文解读】

本条是关于发承包双方不能和解的，选择合同约定的争议解决方法的规定。

9.3　调　　解

【概述】

调解是指劝说争议方消除纠纷。法律上的调解是指双方或多方当事人就争议的实体权利、义务，在调解人的主持下，通过疏导、协商，促成各方达成协议、解决纠纷的方法。

对当事人而言，已经发生的合同争议是否需要解决以及采取何种方式解决，对自己的实体权利是坚持还是放弃，或在多大程度上妥协，当事人均可自主地作出决定。这种自主权的理论基础是私法上的“意思自治”原则和民事程序法上的处分原则。

调解可分为诉外调解和诉后调解，也可以分为法院调解、仲裁调解、行政调解、行业调解、商事调解。本规范旨在引导合同当事人采用调解的方式处理解决工程实施过程中的争议，将争议解决于萌芽状态，避免争议的扩大，造成大的损失。

当事人在争议上的互相让步是调解的重要条件，退一步海阔天空，通过自愿协商解决合同纠纷，可以有效降低双方的对抗性。根据党的十八届四中全会关于深化多元化纠纷调解机制改革的精神，让每一类纠纷都能通过最适合的纠纷解决方式得以解决，让纠纷当事人能得到需要的个性化的纠纷解决服务，是社会治理精细化的必然要求。在工程建设中，调解人从专业角度为当事人解决纠纷提供辅助性的协调和帮助，为解决纠纷打破僵局提供契机和建议，最终着眼点是当事人的和解，但是否和解仍然是当事人的权利。因为调解仅是过程、方法和手段，而和解才是目的和结果。从解决纠纷的效果来看，通过调解，促使当事人达成和解，更有利于争议处分结果的执行和当事人合作关系的修复和和好。

本节依据我国相关法律规定，特别是多元化纠纷解决机制的建立，分别针对工程合同履行的阶段提出了不同的调整选择，如合同履行过程中可由发承包双方约定1~3名调解员，在过程中对双方的争议进行调解，在工程完工后，就竣工结算、工期调整可选择行政调解、行业调解或商事调解，即使进入了仲裁或诉讼程序，也宜选择调解解决争议。

9.3.1 合同争议发生后，发承包双方和解不成时，宜选择在仲裁或诉讼前进行调解，在调解人的协助下，争取达成调解协议。

【条文解读】

本条是关于发承包双方不经仲裁或诉讼寻求调解的规定。

在我国工程建设领域，发承包双方发生争议时的调解主要出现在仲裁或诉讼中，即所谓的仲裁调解和法院调解。这种情形下的调解往往既伤和气，又耗时较长，且增加诉讼成本，因此，诉前调解是解决双方争议的好方式。

9.3.2 发承包双方宜选择在合同工程实施过程中委托调解人进行调解，促使争议及时得到解决。过程中的调解宜包括下列程序：

1 发承包双方在合同中约定或在合同签订后约定争议调解人；

2 发承包双方可协议调换或终止任何调解人，但双方都不能单独采取行动，除非双方另有协议，在最终结清后，调解人的任期即终止；

3 发生合同争议后，任何一方可将该争议以书面形式提交调解人，并将副本抄送另一方，委托调解人调解；

4 发承包双方应按照调解人提出的要求，为调解人提供所需要的资料、现场进入权及相应设施；

5 调解人应在收到调解委托后28天内或由调解人建议并经发承包双方认可的其他期限内提出调解建议，发承包双方接受调解建议的，经双方签字后作为合同的补充文件，双方都应遵照执行；

6 发承包双方中任一方不接受调解人的调解建议时，应继续按照合同实施工程，直到在后续发承包双方有认可的争议解决办法，再对调解建议进行改变。

【条文解读】

本条是关于委托调解人在合同履行过程对争议事项进行调解的程序规定。

由于建设工程合同纠纷不同于其他合同纠纷，建设工程项目通常具有投资大、建设周期长、技术要求高等特点，停工、窝工必然发生大量的费用，因此，该类纠纷应迅速解决，避免损失进一步扩大。第三方介入调解有利于缓解合同当事人的对立情绪，经济、及时地解决纠纷，也有利于减少合同当事人因诉讼或仲裁所花费的时间和精力，争取更多的时间迅速集中精力完成工程建设，从事经营活动。同时，第三方介入调解的过程也是宣传法律、加强法制观念的过程，有利于促进合同当事人依法办事、依合同办事。

合同当事人在使用本条款时应注意以下事项：

（1）建议在专用合同条款中明确约定其选择的调解机构，或调解员，或调解小组等，并对于实施调解的规则、程序、费用等方面进行详细的约定，以利于调解程序的实施。

（2）当事人和解或调解达成一致后，应该签订协议，并将该协议作为工程合同的补充文件，否则，对双方当事人缺乏法律约束力，不利于协议的执行。

（3）当事人关于结算等问题达成的纠纷解决协议系独立协议，不因工程合同的无效而无效。

【应用指引】

本条借鉴争议评审的一般程序提出了合同履行过程中的调整程序；

（1）发承包双方约定争议调解人，这是过程中进行调解的关键一步，包括两方面，一是时间点，可在合同中约定，也可在签约后约定；二是如何约定，本条未明确，建议可参考仲裁员的约定，发承包双方各推荐1人，再共同推荐1人任组长，组成3人调解小组，但实践中比较困难，如发承包双方能共同推荐1人，可由其任独立调解员，也无需成立3人小组了，在不能共推的情况下，可采用以下方法：①由双方推荐的调解员共推1人任首席调解员或组长。②由调解员所在的调解机构选择1人担任首席调解员。

（2）一是调解员的调换，可由发承包双方商议调换，双方都不能单独采取行动更换调解员，除非双方另有约定，二是最终结清，调解人任期终止。

（3）争议的提出：任一方可将争议提交调解人进行调解，但需注意，一是必须书面形式说明争议事项，二是副本抄送另一方。

（4）为调解提供条件，一是调解所需要的材料，二是进入现场或相应设施的调查的权力，发承包双方均应配合协助调解员的工作。

（5）调解建议的提出和确认，一是调解员提出调解建议的时间为接受调解委托后28天内或调解员建议发承包双方认可的期限内，二是发承包双方接受调解建议的，经发承包双方签字作为达成的和解协议作为合同的补充文件，双方遵照执行。

（6）发承包双方中任一方对调解的调解建议有异议的，并明确表示不接受的，双方可选择采用合同约定的其他争议解决方式，直到后续的解决争议方式对调解建议进行了更改。

9.3.3 若发承包双方在工程完工后，就竣工结算、工期调整等发生争议时，发承包双方可选择下列方式委托调解：

1 行政调解；

2 行业调解；

3 商事调解。

【条文解读】

本条是关于调解方式选择的规定。

中共中央《关于全面推进依法治国若干重大问题的决定》要求："健全社会矛盾纠纷预防化解机制""加强行业性、专业性人民调解组织建设"。2016 年 6 月，《最高人民法院关于人民法院进一步深化多元化纠纷解决机制改革的意见》（法发〔2016〕14 号）提出"建设功能完备、形式多样、运行规范的诉调对接平台，畅通纠纷解决渠道，引导当事人选择适当的纠纷解决方式；合理配置纠纷解决的社会资源，完善和解、调解、仲裁、公证、行政裁决、行政复议与诉讼有机衔接、相互协调的多元化纠纷解决机制；充分发挥司法在多元化纠纷解决机制建设中的引领、推动和保障作用"的主要目标。该意见在制度建设方面提出了健全特邀调解制度、设立法院专职调解员制度、推动律师调解制度建设、探索无异议调解方案认可机制等制度；在程序安排方面提出建设纠纷解决告知程序、鼓励当事人先行协商和解、探索建立调解前置程序、健全委派、委托调解程序等安排。可见，从目前国家和最高人民法院的政策环境看，和解与调解是解决民商事争议首选的两种方式。

如合同当事人之间无法就争议达成一致，且未起诉或未申请仲裁，还可以请求政府建设行政主管部门、行业协会或者其他第三方进行调解。

在我国，诉讼前适应工程价款纠纷的调解方式主要是：行政调解、行业调解以及商事调解：

（1）行政调解，工程建设行政管理部门或其下属机构（如工程造价管理单位），以其所掌握的业务知识与经验，通过说服教育的方式促使双方当事人自愿达成调解协议，但行政调解的性质有可能产生国家行政机关对经济活动执行管理和监督的一种方式。

（2）行业调解，指行业内的专业调解机构根据调解规则，组织、协调和解决双方商事纠纷。如"中国建设工程造价管理协会调解委员会"以及一些省市造价协会成立的调解委员会，其业务范围主要包含：调解会员及会员与其他当事人之间发生的建设工程合同纠纷；协助当事人将调解协议转化成具有强制执行效力的法律文书等。行业调解机构的调解员一般由有该行业专业知识、实践经验、道德品行良好的专业人士组成。其优势在于行业调解更注重行业内部自我约束，更具有令行业内部成员信服的权威性。

（3）商事调解，建设工程合同纠纷除可以经工程建设行政管理部门、行业协会外，还可以委托其他第三方进行调解。目前有北京仲裁委员会调解中心、中国国际经济贸易仲裁委员会调解中心等。但商事调解的运用并不普遍。

【应用指引】

建设工程合同纠纷不同于一般民事合同纠纷，由于建设工程具有建设周期长、投资规模大、技术要求高等特点，发生纠纷可能使工程停工或需更换承包人，后续的争议解决所消耗的时间往往很长，在因纠纷发生损失的基础上又消耗了当事人大量的资源及时间成本，因此解决该类纠纷应尽量避免被专业问题的认定或鉴定拉长时间，考虑经济、快速的化解争议，将双方损失最小化。因而调解更重视双方远期共同利益，而不是单纯强调损失赔偿。发承包双方选择专业的调解机构处理纠纷，更有利于及时高效地化解争议，得到专业的、公正的调解结果。

实践上，建议发承包双方在合同中明确约定选择的调解机构。在发承包双方就调解达成一致后，应依照调解建议的内容，签订书面协议，经双方签字盖章后作为合同补充文件供双方后期遵照执行。

【法条链接】

《最高人民法院关于人民法院进一步深化多元化纠纷解决机制改革的意见》（法发〔2016〕14号）

9. 加强与商事调解组织、行业调解组织的对接。积极推动具备条件的商会、行业协会、调解协会、民办非企业单位、商事仲裁机构等设立商事调解组织、行业调解组织，在投资、金融、证券期货、保险、房地产、工程承包、技术转让、环境保护、电子商务、知识产权、国际贸易等领域提供商事调解服务或者行业调解服务。完善调解规则和对接程序，发挥商事调解组织、行业调解组织专业化、职业化优势。

26. 鼓励当事人先行协商和解。鼓励当事人就纠纷解决先行协商，达成和解协议。当事人双方均有律师代理的，鼓励律师引导当事人先行和解。特邀调解员、相关专家或者其他人员根据当事人的申请或委托参与协商，可以为纠纷解决提供辅助性的协调和帮助。

38. 发挥诉讼费用杠杆作用。当事人自行和解而申请撤诉的，免交案件受理费。当事人接受法院委托调解的，人民法院可以适当减免诉讼费用。一方当事人无正当理由不参与调解或者不履行调解协议、故意拖延诉讼的，人民法院可以酌情增加其诉讼费用的负担部分。

《河北省多元化解纠纷条例》

第四十二条　对起诉到人民法院的民商事纠纷，人民法院应当进行诉讼风险告知，引导当事人选择适宜的途径化解纠纷。适合调解的，依法组织调解，也可以委托调解组织进行调解；当事人不同意调解或者调解不成的，应当及时立案，依法审理。

对起诉到人民法院的行政争议，起诉人同意诉前化解的，人民法院与涉诉行政机关应当共同做好诉前化解工作。当事人不同意诉前化解或者诉前化解不成的，应当及时转入诉讼程序。

《四川省纠纷多元化解条例》

第三十三条　引导当事人选择纠纷化解途径，按照下列次序进行：

（一）引导和解；

（二）当事人不愿和解或者和解不成的，引导调解；

（三）当事人不愿调解或者调解不成，或者纠纷不适宜调解的，引导当事人选择其他非诉讼或者诉讼途径。依法应当由行政机关或者仲裁机构先行处理的，告知当事人申请行政机关或者仲裁机构先行处理。

《山东省多元化解纠纷促进条例》

第二十二条　当事人可以向调解组织或者有关人员申请调解，调解组织和有关人员也可以主动调解。一方当事人明确拒绝调解的，不得强制调解。

第二十三条　经调解达成调解协议的，调解组织可以制作调解协议书。当事人就部分争议事项达成调解协议的，调解组织可以就该事项制作调解协议书。

第二十四条　当事人未达成调解协议的，调解组织可以在征得其同意后，对没有争议的事实作出书面记载，由双方当事人签字确认并记录在卷，也可以根据当事人要求，如实记载调解的起止时间、调解不成的原因等情况。

9.3.4　合同争议发生后，若发承包双方进入仲裁或诉讼程序，宜选择仲裁调解或司法调解，争取达成调解协议。

【条文解读】

本条是关于发承包双方在仲裁或诉讼中选择调解的规定。

法院或仲裁调解，又称诉讼或仲裁中调解，是我国法律规定的一项重要制度，在诉讼和仲裁前及全过程中应当基于自愿和合法的原则进行调解，其调解协议经法院或仲裁机构确认，即具有法律上的效力。这种调解的启动不仅需要双方当事人具有调解的意愿，而且需要启动起诉或者申请仲裁的程序，在整个调解过程中受到规范程序的约束，但其优势也很明显，一般的调解协议仅具有合同效力，以这种方式进行调解结案的调解书经双方签字后，属于生效的法律文书，具有强制执行力。

【法条链接】

《中华人民共和国民事诉讼法》

第九条　人民法院审理民事案件，应当根据自愿和合法的原则进行调解；调解不成的，应当及时判决。

第九十七条　人民法院进行调解，可以由审判员一人主持，也可以由合议庭主持，并尽可能就地进行。

人民法院进行调解，可以用简便方式通知当事人、证人到庭。

《中华人民共和国仲裁法》

第四十九条　当事人申请仲裁后，可以自行和解。达成和解协议的，可以请求仲裁庭根据和解协议作出裁决书，也可以撤回仲裁申请。

第五十条　当事人达成和解协议，撤回仲裁申请后反悔的，可以根据仲裁协议申请仲裁。

第五十一条　仲裁庭在作出裁决前，可以先行调解。当事人自愿调解的，仲裁庭应当调解。调解不成的，应当及时作出裁决。

调解达成协议的，仲裁庭应当制作调解书或者根据协议的结果制作裁决书。调解书与裁决书具有同等法律效力。

第五十二条　调解书应当写明仲裁请求和当事人协议的结果。调解书由仲裁员签名，加盖仲裁委员会印章，送达双方当事人。

调解书经双方当事人签收后，即发生法律效力。

在调解书签收前当事人反悔的，仲裁庭应当及时作出裁决。

9.4　仲裁、诉讼

【概述】

仲裁或诉讼是发承包双方如何选择争议解决方式的问题，仲裁或诉讼都是解决争议的有效途径，因此发承包双方在签订合同时应充分了解仲裁与诉讼的特点与区别，从处理工程建设合同纠纷来看，二者有明显的区别：①当事人意愿。仲裁需双方在合同中约定或签订仲裁协议，而诉讼无需双方协商，但已选择仲裁的，人民法院不予受理。②审理程序。仲裁是一裁终局，诉讼是两审终审，且可上诉。③裁判人选择。发承包双方可共选一人作独任仲裁员，也可各选一名仲裁员，诉讼由法院指定法官审理。④仲裁是发承包双方选定，法院设有地域和级别限制，诉讼中的工程合同纠纷案件是法院专属管辖和级别管辖。⑤保密。仲裁一般不公开，诉讼一般是公开审理。

9.4.1　发承包双方的协商和解或调解均未达成一致意见，其中一方可就此争议事项根据合同约定的仲裁协议申请仲裁。

【条文解读】

本条规定了发承包双方未实现和解，任一方都可根据约定申请仲裁。需要指出的是，协议仲裁时，应遵守《中华人民共和国仲裁法》相关规定，第四条：“当事人采用仲裁方式解决纠纷，应当双方自愿，达成仲裁协议。没有仲裁协议，一方申请仲裁的，仲裁委员会不予受理”；第五条：“当事人达成仲裁协议，一方向人民法院起诉的，人民法院不予受理，但仲裁协议无效的除外”；第六条：“仲裁委员会应当由当事人协议选定。/仲裁不实行级别管辖和地域管辖。”

【法条链接】

《中华人民共和国仲裁法》

第四条　当事人采用仲裁方式解决纠纷，应当双方自愿，达成仲裁协议。没有仲裁协议，一方申请仲裁的，仲裁委员会不予受理。

第五条　当事人达成仲裁协议，一方向人民法院起诉的，人民法院不予受理，但仲裁协议无效的除外。

第六条　仲裁委员会应当由当事人协议选定。

仲裁不实行级别管辖和地域管辖。

第九条　仲裁实行一裁终局的制度。裁决作出后，当事人就同一纠纷再申请仲裁或者向人民法院起诉的，仲裁委员会或者人民法院不予受理。

裁决被人民法院依法裁定撤销或者不予执行的，当事人就该纠纷可以根据双方重新达成的仲裁协议申请仲裁，也可以向人民法院起诉。

第十六条　仲裁协议包括合同中订立的仲裁条款和以其他书面方式在纠纷发生前或者纠纷发生后达成的请求仲裁的协议。

仲裁协议应当具有下列内容：

（一）请求仲裁的意思表示；

（二）仲裁事项；

（三）选定的仲裁委员会。

第十九条　仲裁协议独立存在，合同的变更、解除、终止或者无效，不影响仲裁协议的效力。

仲裁庭有权确认合同的效力。

《最高人民法院关于适用〈中华人民共和国民事诉讼法〉的解释》
（法释〔2015〕5号，2022年3月修正）

第二百一十五条　依照民事诉讼法第一百二十七条第二项的规定，当事人在书面合同中订有仲裁条款，或者在发生纠纷后达成书面仲裁协议，一方向人民法院起诉的，人民法院应当告知原告向仲裁机构申请仲裁，其坚持起诉的，裁定不予受理，但仲裁条款或者仲裁协议不成立、无效、失效、内容不明确无法执行的除外。

9.4.2 在本规范第9.1节~第9.3节规定的期限之内，暂定结果或和解协议或调解书已经有约束力的情况下，当发承包中一方未能遵守暂定结果或和解协议或调解书时，另一方可将未能遵守暂定结果或不执行和解协议或调解书达成的事项提交仲裁或诉讼。

【条文解读】

本条是关于发承包中一方未能遵守和解协议或调解书另一方可选择仲裁或诉讼。

9.4.3 发包人、承包人在履行合同时发生争议，双方不愿和解、调解或者和解、调解不成，又没有达成仲裁协议的，可依法向有管辖权的人民法院提起诉讼。

【条文解读】

本条是发承包双方未达成仲裁时，依法向人民法院提起诉讼的规定。

【法条链接】

《中华人民共和国民事诉讼法》

第三十四条 下列案件，由本条规定的人民法院专属管辖：

（一）因不动产纠纷提起的诉讼，由不动产所在地人民法院管辖；

（二）因港口作业中发生纠纷提起的诉讼，由港口所在地人民法院管辖；

（三）因继承遗产纠纷提起的诉讼，由被继承人死亡时住所地或者主要遗产所在地人民法院管辖。

《最高人民法院关于适用〈中华人民共和国民事诉讼法〉的解释》

（法释〔2015〕5号，2022年3月修正）

第二十八条 农村土地承包经营合同纠纷、房屋租赁合同纠纷、建设工程施工合同纠纷、政策性房屋买卖合同纠纷，按照不动产纠纷确定管辖。

10　工程总承包计价表式

【概述】

鉴于工程总承包计价与施工总承包计价存在重大区分，因此，在计价表格方面也存在诸多不同，本规范附录设计了一些适用于工程总承包计价的表格样式，供使用者参考使用。

10.0.1　工程总承包计价表格的设置应在满足工程总承包计价的需要、方便使用的前提下设置。

【条文解读】

本条是关于计价表格设置原则的规定。

本条提出了工程总承包计价表格的设置前提是满足需要、方便使用。

10.0.2　本规范附录 A 至附录 D 提供了工程总承包的主要计价表格，发承包双方使用时可调整补充。

【条文解读】

本条是关于附录计价表格使用的说明。

本条规定发承包双方在使用附录中的计价表格时，根据需要可以进行补充增加、减少和调整修改。

10.0.3　本规范附录 A 为工程总承包项目/价格清单。适用于工程总承包交易过程中使用，包括总说明，标底（最高投标限价）/投标报价汇总表，工程费用项目/价格清单，工程总承包其他费项目/价格清单，预备费，发包人提供主要材料、设备一览表。

【条文解读】

本条是关于附录 A 包含表格的说明。

附录 A 为适用于工程总承包交易过程中使用的项目/价格清单。

总说明、标底（最高投标限价）/投标报价汇总表，工程费用项目/价格清单，工程总承包其他费项目/价格清单，适用于不同阶段的计价，只是具体内容如说明、金额等不同，故使用同一表格。

工程费用项目/价格清单在实践中：①可以增加工程内容。②在价格清单中项目名称下应当细分由承包人填写本项目施工设计的细目构成（参见《房屋工程总承包工程量计算规范应用指南》《市政及城市轨道交通工程总承包工程量计算规范应用指南》中案例部分）。

设备购置费及安装工程费项目/价格清单在实践中应注意：①发包人采用EPC模式时明确建设目标—如生产能力、发包人要求，其设备选型，设备的技术参数、规格型号由承包人填报并注明采购品牌。②发包人明确采购设备的技术参数、规格型号的，承包人应注明采购的品牌。

预备费表示的注实际上是针对可调总价合同设置的，如是固定总价合同本条注应修改为“发包人应将预备费列入项目清单中，投标人对上述预备费可以增加可以减少，计入投标总价中包干使用。”

本规范虽不主张在工程总承包中由发包人提供（即甲供）材料和设备，但仍设置了发包人提供主要材料、设备一览表，以供有此需要的发包人选用。

10.0.4 本规范附录B为价格指数权重表。使用时可在下列两种方式中选用：

1 本规范B.1价格指数权重表（投标人填报发包人确认）适用于承包人在投标阶段填报价格指数的权重范围及权重建议，由发承包双方在合同签订阶段确认最终权重；

2 本规范B.2价格指数权重表（发包人提出承包人确认）适用于发包人在招标文件中提供价格指数权重，投标人应在投标报价中考虑价格指数的权重与实际价格指数权重的差异。

【条文解读】

本条是关于附录B价格指数权重表使用的规定。

价格指数权重表的约定是采用指数法进行调整的基本条件，但采用什么步骤实现这一约定是一个难点，例如传统上都规定由投标人在投标函中提出，这一规定如发包人未在招标文件中提出，可以说形同虚设。由于发包人在招标过程中实质上处于主导地位，因此，本规范在保留传统规定的情况下，新增加了由发包人提出，承包人确认这一反转程序，以期推动这一方式的实施。

（1）本规范B.1价格指数权重表（投标人填报发包人确认）适用于承包人在投标阶段填报价格指数的权重范围及权重建议，由发承包双方在合同签订阶段确认最终权重，这一方式在实践中由于发包人在招标文件中没有标明，效果未达到预期。

（2）本规范B.2价格指数权重表（发包人提出承包人确认）适用于发包人在招标文件中提供价格指数权重，投标人应在投标报价中考虑价格指数的权重与所报价格指数权重的差异，提出变值权重以便发承包双方根据招投标确认在合同中约定。这是本规范新增设的一种约定方式，其核心是发包人已决定本工程采用指数法调整，并根据掌握的价格数据提出了变值权重及其范围，以便于承包人在投标时响应，做出确认或提出修正，有利于推动发承包双方形成共识，在合同中约定。

例：某建设项目发包人在招标文件中提出了本工程采用指数法调整合同价款，并提出价格指数权重表（见表 10-1），承包人在投标中对该表作出了响应，对人工费和混凝土的权重提出更改，双方经计算确认数据。

表 10-1　价格指数权重表（发包人提出承包人确认）

工程名称：某建设项目

序号	名称	变值权重 B			基本价格指数		现行价格指数	
		代号	建议	确认	代号	指数	代号	指数
1	人工费	B_1	0. 20	0. 22	F_{01}	110%	F_{t1}	110%
2	钢材	B_2	0. 13	0. 13	F_{02}	105%	F_{t2}	107%
3	混凝土	B_3	0. 15	0. 16	F_{03}	540	F_{t3}	550
4	电缆	B_4	0. 02	0. 02	F_{04}	110%	F_{t4}	118%
定值权重 A			0. 50	0. 47	—	—	—	—
合计			1		—		—	

承包人完成了某里程碑节点，该节点约定合同价款为 2 150 万元，经质量检验合格后，进入进度款结算与支付环节，按照约定本节点应扣回预付款 80 万元。根据约定的价格指数权重表，套入公式（10-1）后计算，该里程碑节点的合同价款应调增 12. 42 万元。

$$\triangle P=P_0\left[A+\left(B_1\times\frac{F_{t1}}{F_{01}}+B_2\times\frac{F_{t2}}{F_{02}}+B_3\times\frac{F_{t3}}{F_{03}}+\cdots\cdots+B_n\times\frac{F_{tn}}{F_{0n}}\right)-1\right] \tag{10-1}$$

$P_0=2\ 150-80=2\ 070$（万元）

$$\triangle P=2\ 070\times\left[0.47+\left(0.22\times\frac{110\%}{110\%}+0.13\times\frac{107\%}{105\%}+0.16\times\frac{550}{540}+0.02\times\frac{118\%}{110\%}\right)-1\right]$$

$=2\ 070\times(0.47+0.22+0.132+0.163+0.021-1)$

$=2\ 070\times 0.006$

$=12.42$（万元）

【应用指引】

对于建设项目是约定一个价格指数权重表，还是可以约定多个权重表，可以根据建设项目的特点，如结构简单，功能单一，工期较短，是否影响权重的变化等因素决定。根据工程里程碑节点选择代表性材料 3 个～5 个作为调整材料价差的代表进入变值权重，需要说明的是，使用价格指数法公式，可以一个单项工程约定，也可以根据里程碑节点使用材料情况，应用1个或几个节点约定权重。

例如：竖向土石方工程一般数量较大，与其他可调材料没有关联，可以单独约定；在主体结构工程中土建与机电安装也可以分别约定权重。

示例1：某房建项目地面以上为群体项目，分别为12层二栋、15层三栋、18层二栋，采用工程总承包模式，合同约定划分9个里程碑节点（见表10-2，表中合同价款为建筑安装工程费）。

表10-2　里程碑节点表

节点编号	里程碑节点	完成时间	合同价款支付分解（元）
1	土石方工程及基坑桩支护完成	某年1月12日	15 683 355
2	地下室结构封顶	某年4月6日	35 685 786
3	地上1层~3层主体结构完成	某年5月5日	22 868 600
4	地上4层~6层主体结构完成	某年6月6日	21 398 600
5	地上7层~9层主体结构完成	某年7月7日	21 398 600
6	地上10层~12层主体结构完成	某年8月8日	22 156 980
7	地上13层~15层主体结构完成，地下室安装工程完成	某年9月24日	18 956 958
8	地上16层~18层主体结构完成，地上安装工程完成	某年11月8日	20 985 630
9	装饰工程完成，安装工程调试完成，竣工验收	某年2月6日	31 148 058

由于该项目工期较长，按照不同里程碑节点使用材料分为里程碑节点1与节点2、节点3~节点6、节点7与节点8、节点9四个价格指数权重表（见表10-3~表10-6）。基本价格指数来源为《常用建材及人工价格指数》。

表10-3　里程碑节点1与节点2价格指数权重表

序号	名称	变值权重 B			基本价格指数	
		代号	建议	确认	代号	指数
1	人工	B_3	0.111	0.104	F_{03}	102.33
2	钢筋	B_1	0.143	0.144	F_{01}	87.21
3	商品混凝土	B_2	0.160	0.162	F_{02}	80.11
定值权重 A			0.586	0.590	—	—
合计			1		—	

表 10-4 里程碑节点 3~节点 6 价格指数权重表

序号	名称	变值权重 B			基本价格指数	
		代号	建议	确认	代号	指数
1	人工	B_4	0.180	0.181	F_{04}	102.33
2	钢筋	B_1	0.160	0.158	F_{01}	87.21
3	商品混凝土	B_2	0.172	0.166	F_{02}	80.11
4	装配式构件	B_3	0.111	0.123	F_{03}	94.90
定值权重 A			0.377	0.372	—	—
合计			1		—	

表 10-5 里程碑节点 7 与节点 8 价格指数权重表

序号	名称	变值权重 B			基本价格指数	
		代号	建议	确认	代号	指数
1	人工	B_6	0.190	0.192	F_{06}	102.33
2	钢筋	B_1	0.119	0.115	F_{01}	87.21
3	商品混凝土	B_2	0.125	0.123	F_{02}	80.11
4	装配式构件	B_3	0.050	0.053	F_{03}	94.90
5	电缆	B_4	0.045	0.045	F_{04}	90.82
6	镀锌无缝钢管	B_5	0.021	0.021	F_{05}	85.48
定值权重 A			0.45	0.451	—	—
合计			1		—	

表 10-6 里程碑节点 9 价格指数权重表

序号	名称	变值权重 B			基本价格指数	
		代号	建议	确认	代号	指数
1	人工	B_1	0.230	0.223	F_{01}	102.33
定值权重 A			0.770	0.777	—	—
合计			1		—	

示例 2：某房建项目为 10 层独栋建筑无地下室，采用工程总承包模式。合同约定本工程划分 5 个里程碑节点（见表 10-7，表中合同价款为建筑安装工程费）。

表 10-7 里程碑节点表

节点编号	里程碑节点	完成时间	合同价款支付分解（元）
1	±0.00 以下工程完成	某年 12 月 15 日	1 542 349
2	1 层~4 层主体结构完成	某年 1 月 16 日	3 686 174

表10-7(续)

节点编号	里程碑节点	完成时间	合同价款支付分解（元）
3	5层~8层主体结构完成	某年3月10日	4 286 173
4	9层~10层主体结构完成	某年4月28日	3 296 000
5	装饰、安装调试完成，竣工验收	某年6月30日	4 644 038

由于该项目工期较短，变值权重确认后不随里程碑节点变化。价格指数权重表如表10-8所示。

表10-8 价格指数权重表

序号	名称	变值权重 B			基本价格指数	
		代号	建议	确认	代号	指数
1	人工	B_6	0. 190	0. 211	F_{06}	102. 33
2	钢筋	B_1	0. 103	0. 114	F_{01}	87. 21
3	商品混凝土	B_2	0. 107	0. 118	F_{02}	80. 11
4	装配式构件	B_3	0. 021	0. 021	F_{03}	94. 90
5	电缆	B_4	0. 028	0. 028	F_{04}	90. 82
6	镀锌无缝钢管	B_5	0. 010	0. 010	F_{05}	85. 48
定值权重 A			0. 541	0. 498	—	—
合计			1		—	

目前，我国工程建设领域中的建筑材料价格信息的发布来源呈多元化趋势。在选用约定价格信息来源时应注意以下几点：一是政府投资项目应尽可能采用工程造价管理机构发布的人工、材料价格信息，现已有20余个省、市、自治区和一些专业工程造价管理机构发布了人工费调整系（指）数。二是常用建筑材料价格指数在一些专业网站上有所发布，如钢材网等，可以选择。三是如果基本价格指数已确定选用某机构（网站）发布的信息，其现行价格指数也应当采用同一机构（网站）发布的指数，不能更换。

没有可选用的价格指数来源，如何约定价格指数权重表。价格和价格指数是可以互相转换的，当某一可调因子没有价格指数来源时，可以采用价格代替。例如我国仍有少数地区工程造价管理机构未发布人工费调整系（指）数，但发布了人工单价。因此，如将人工费作为可调因子，发承包双方可在当地发布的人工单价中选择最常用且占工程造价价值最大的人工单价作为人工费指数的代表，将基准期的人工单价列入基本价格指数栏，到里程碑节点完工后，将现行人工单价代入指数法公式，同样计算出差额。再如商品混凝土，同样可选取该项目使用量最大的某一强度等级的混凝土价格作为代表，列入基本价格指数，当完成某一里程碑节点时，再确定该混凝土的现行价格代入公式，同样可以计算出调整金额。

10.0.5 本规范附录C为合同价款支付分解表。使用时可在下列两种方式中选用：

1 合同价款支付分解表中的里程碑节点及对应的“金额占比”，由投标人在投标文件中根据工程进度计划设置里程碑节点，并计算里程碑节点对应的“金额占比”，由发承包双方在合同签订阶段确认；

2 合同价款支付分解表中的里程碑节点及对应的“金额占比”由发包人在招标文件中提供里程碑节点及对应的“金额占比”；投标人应在投标报价中考虑里程碑节点“金额占比”与实际“金额占比”的差异，并向发包人提出，以便合理调整“金额占比”。

【条文解读】

本条是关于附录C合同价款支付分解表使用的规定。

确定里程碑节点及金额占比关系到合同价款在工程实施过程中的期中结算与支付。发承包双方应本着诚信、公平原则，实事求是的确定里程碑节点（如避免节点之间时间过长）和金额占比。金额占比应与里程碑完成的工程数量或工作量的价值相匹配，避免发包人将金额占比往后期压缩，导致对承包人的工程款拖欠；同时，避免承包人将金额占比往前期扩大，导致发包人超额支付的现象。

10.0.6 本规范附录D为合同价款结算、支付申请/核准表。适用于工程总承包合同履行过程中的预付款、单价项目计量计价、进度款、工程签证、索赔(费用和工期)、竣工结算、最终结清支付。

【条文解读】

本条是附录D合同价款结算支付表使用的规定。

参考文献

[1] 最高人民法院民法典贯彻实施工作领导小组．中华人民共和国民法典总则编理解与适用［M］．北京：人民法院出版社，2020.

[2] 最高人民法院民法典贯彻实施工作领导小组．中华人民共和国民法典合同编理解与适用［M］．北京：人民法院出版社，2020.

[3] 国际咨询工程师联合会．设计采购施工（EPC）/交钥匙工程合同条件（原书 2017 年版）［M］．唐萍，张瑞杰，等，译．北京：机械工业出版社，2021.

[4] 国际咨询工程师联合会．生产设备和设计—施工合同条件（原书 2017 年版）［M］．唐萍，张瑞杰，等，译．北京：机械工业出版社，2021.

[5] 国际咨询工程师联合会．施工合同条件（原书 2017 年版）［M］．唐萍，张瑞杰，等，译．北京：机械工业出版社，2021.

[6] 规范编制组．2013 建设工程计价计量规范辅导［M］．北京：中国计划出版社，2013.

[7] 规范编制组．建设工程造价鉴定规范 GB/T 51262—2017 理解与适用［M］．北京：中国计划出版社，2021.

[8] 邱闯．中华人民共和国标准设计施工总承包招标文件（2012 年版）合同条件使用指南［M］．北京：中国建筑工业出版社，2012.

[9] 陈慧，赵阿敏，邱翔．2017. 营改增计价规则调整存在的问题及其影响研究［J］．建筑经济，38（03）：63-65.

[10] 李浩，唐文哲，沈文欣，等．国内 EPC 工程项目索赔管理研究：以杨房沟水电站为例［J］．建筑经济，2020，41（04）：59-63.

[11] 厉华，齐国舟．建设项目工程总承包其他费的构成与计取研究［J］．建筑经济，2021，42（12）：46-52.

[12] 林峰．EPC 联合体分配方式及优化研究［J］．建筑经济，2022，43（08）：42-48.

[13] 沈栋．再交涉制度对建设工程施工合同适用情势变更原则的影响分析［J］建筑经济，2020，41（12）：31-35.

[14] 宿辉，田少卫．《工程总承包管理办法》的法律适应性研究［J］．建筑经济，2020，41（08）：69-72.

[15] 孙凌志，夏秋艳，任杰．工程总承包项目最高投标限价计价研究［J］建筑经济，2021，42（12）：39-45.

[16] 孙凌志，张北雁．工程总承包项目合同价款调整技术研究［J］．建筑经济，2020，41（05）：77-81.

[17] 严玲，李卓阳．工程总承包合同条件下业主方发起变更的风险责任认定研究［J］．建筑经济，2020，41（03）：11-15.

[18] 严玲，刘瑞．设计施工总承包模式下设计审批争议的成因及其应对策略［J］．建筑经济．2022，43（10）：49-57.

[19] 曾玉华，黄勇飞．工程总承包模式下的“发包人要求”［J］．中国勘察设计，2021，（03）：50-53.

[20] 周健武，刘金灿，吴学文，等．工程总承包模式下政府投资项目《发包人要求》编制问题研究［J］．建筑经济，2022，43（08）：99-104.